教育部高等学校电子信息类专业教学指导委员会规划教材

高等学校电子信息类专业系列教材·新形态教材

单片机及嵌入式系统原理

尹勇 撒继铭 娄平 郭志强 王克浩 刘佳宜 编著

清华大学出版社
北京

内 容 简 介

本书以51单片机为理论基础,以嵌入式ARM为应用样例,系统完整地阐述单片机与嵌入式系统的原理及应用,是一本兼顾理论与实践的实用教材。全书共14章,主要内容包括微型计算机的基础知识,如数制与编码、总线、接口、堆栈、中断、定时与计数等,在此基础上详细讲解了51单片机的基本结构、寄存器、指令系统、基本接口、应用编程和外部扩展等内容。针对嵌入式系统的现状与发展趋势,本书介绍了ARM嵌入式微处理器和常用嵌入式操作系统,以STM32F103系列芯片为例,详细阐述了ARM的硬件设计方法和软件开发过程。

本书力图体现基础性、实用性和先进性,深入浅出、循序渐进,以基础知识为铺垫,结合实际应用对软、硬件进行讲解,并精心安排了大量习题。

本书可作为高等院校计算机类、电子信息类、机械类等专业本科生的教材,也可作为相关专业学生的教材或相关工程人员的参考用书。

版权所有,侵权必究。举报: 010-62782989, beiqinquan@tup.tsinghua.edu.cn。

图书在版编目(CIP)数据

单片机及嵌入式系统原理/尹勇等编著. --北京:清华大学出版社,2025.4.
(高等学校电子信息类专业系列教材). -- ISBN 978-7-302-68950-8
Ⅰ.TP368.1
中国国家版本馆CIP数据核字第2025K18C07号

策划编辑: 刘 星
责任编辑: 李 晔
封面设计: 刘 键
责任校对: 王勤勤
责任印制: 杨 艳

出版发行: 清华大学出版社
网　　址: https://www.tup.com.cn, https://www.wqxuetang.com
地　　址: 北京清华大学学研大厦A座　　邮　编: 100084
社 总 机: 010-83470000　　邮　购: 010-62786544
投稿与读者服务: 010-62776969, c-service@tup.tsinghua.edu.cn
质量反馈: 010-62772015, zhiliang@tup.tsinghua.edu.cn
课件下载: https://www.tup.com.cn, 010-83470236
印 装 者: 三河市铭诚印务有限公司
经　　销: 全国新华书店
开　　本: 185mm×260mm　　印 张: 19.5　　字 数: 476千字
版　　次: 2025年6月第1版　　印 次: 2025年6月第1次印刷
印　　数: 1~1500
定　　价: 59.00元

产品编号: 105329-01

前言
PREFACE

单片机(Single-Chip Microcomputer)是一种集成电路芯片,它采用超大规模集成电路技术,将中央处理器(CPU)、随机存储器(RAM)、只读存储器(ROM)、多种 I/O 接口和中断系统、定时器/计数器等功能集成到一块芯片上,构成一个小而完善的微型计算机系统,在工业控制领域有着广泛应用。

单片机具有体积小、质量轻、价格低等优点,为学习、应用和开发提供了便利条件。同时,学习使用单片机是了解计算机原理与结构的最佳选择。因此,众多高等院校的电子信息类、通信类、自动化类、机电一体化类等专业都开设了单片机相关课程。

近年来,在"大众创业、万众创新"的新势态以及"新质生产力"的需求牵引下,高等院校的教学目标更加注重对学生的基本理论素质培养以及发现问题、分析问题和解决问题的综合能力培养。51 单片机非常适合本科教学中的基本理论素质和实践动手能力的培养目标。在基础理论方面,51 单片机教材包括计算机常用的数制和编码、数据在计算机中的表示方法、定点数与浮点数等、大端(小端)格式、规则字和非规则字等基础理论;在设计应用方面,该类教材涉及中断、定时器/计数器、串行接口通信、总线、扩展、A/D 转换和 D/A 转换等实践知识。同时,大多数 51 单片机方面的教材以汇编语言讲解为主,结合寄存器、内存、时序等计算机底层知识,让学生既能充分掌握其基本原理,又能培养学生的实践动手能力。

另外,整个 51 体系只有 21 个寄存器、111 条汇编指令,因而其入门容易,教学周期大大缩短。相比之下,高端的 ARM 等嵌入式微处理器寄存器超过 1000 个,其内存组织结构复杂,指令众多,加之一些生涩难懂的定义,让很多学生初学时望而却步,对仅有 40 多个课时的课堂教学而言,教师也无法系统地进行讲解。此外,51 单片机具有计算机的基本功能,只要学会了 51 单片机,就容易理解其他高端的 ARM 等嵌入式微处理器。与高端的 ARM 等嵌入式微处理器相比,51 单片机芯片造价低,对于学生来说其学习成本很低,可以大量购买芯片回来自己动手实验,因而非常适合教学使用。

应该知道,尽管 51 单片机在电子信息类本科教育中具有不可替代的作用,然而随着毕业生人数的逐年增加,毕业生就业压力普遍增大,社会对电子信息类本科毕业生的期望值也逐年提高。这就要求学生在学好 51 单片机的基础上,能进一步有针对性地学习 ARM 等高档嵌入式微处理器,了解主流嵌入式微处理器的结构与原理,熟悉嵌入式操作系统,掌握嵌入式软件开发流程和嵌入式项目的开发方法,并结合安卓开发、数据库开发、网络开发、图像处理等进一步提升专业技能。

基于以上原因,本书在单片机的基础理论、芯片结构、汇编指令等基础知识方面,以 51 单片机为样本进行讲解。然后,以社会上广泛使用的 STM32 为样本,以 STM32F103 系列芯片为例,从实际开发应用的角度讲解 ARM 嵌入式微处理器的硬件设计方法和软件开发过程。

本书共分 14 章，内容深入浅出，丰富实用。本书主要内容安排如下。

第 1 章主要介绍微型计算机的基础知识，包括计算机的产生和发展、计算机的分类及特点、计算机的架构和指令集、计算机中常用数制和编码、数据在计算机中的表示方法以及定点数与浮点数等。

第 2 章主要介绍计算机的基本工作原理，包括中央处理单元、存储器、I/O 接口、总线等组成单元及计算机中数据的基本单位等。本章举例介绍了 8086 计算机系统、家用微型计算机（PC）和 51 单片机的组成与工作原理，并进行了对比和分析，还介绍了流水线等概念。

第 3 章是在第 1 章和第 2 章的基础上，以 51 单片机为核心，介绍了单片机的分类、发展及应用。以 8051 单片机系统为例，介绍了 51 单片机的存储器组织、51 单片机 CPU 的内部结构、51 单片机的时钟与复位、51 单片机的引脚功能和最小系统等。结合 51 单片机的特点，对微机原理的堆栈部分进行了详细介绍。

第 4 章以 51 单片机的指令集为主线，主要介绍 51 单片机的寻址方式和指令系统，详细分析了各种寻址方式的特点，并逐一介绍了 51 单片机的基本指令。

第 5 章基于第 4 章的寻址方式和基本指令，对单片机的汇编语言编程进行了讲解。

第 6 章介绍了微机原理中的中断基本概念，包括中断、中断源、中断系统、中断优先级和中断嵌套等。结合 51 单片机，详细给出了中断的具体处理过程和应用举例。

第 7 章是在第 2 章介绍的 I/O 接口概念的基础上，针对 51 单片机的 I/O 接口进行了详细讲解，并给出了 LED 数码管在 I/O 接口中的实际应用。

第 8 章介绍了微机原理中定时/计数的基本概念，结合 51 单片机，详细介绍了其定时器/计数器的结构、组成、工作方式、基本寄存器、初始值设置等，给出了 51 单片机定时和计数的应用举例。

第 9 章对微机原理中的串行通信技术进行了介绍，包括同步和异步通信、串行通信的方向、串行通信的波特率以及基本的 RS-232 连接。结合 51 单片机，详细讲解了 51 单片机系统中串行通信的结构、工作原理、基本寄存器、工作方式等，并给出了应用举例。

第 10 章介绍了微机原理中的扩展方法，包括系统总线和扩展的基本概念，译码、片选和总线的基本概念。以 51 单片机为例，详细讲解了存储器的扩展、I/O 接口的扩展，并给出了综合应用。

第 11 章介绍了嵌入式系统特点、分类，特别对基于 ARM 的微处理器进行了详细介绍，在此基础上，进一步介绍了嵌入式操作系统。

第 12 章对 ARM 开发工具的使用进行了详细介绍，包括 ARM 应用程序的调试方法和 Keil MDK-ARM 集成开发环境的使用技巧。考虑到固件库（库函数）是 STM32 应用程序开发的基础，本章还详细介绍了 STM32 固件库的目录结构，并通过一个例子详细讲解了 STM32 的工程模板构建过程。

第 13 章是 ARM 系统硬件设计，包括硬件的选择、系统的结构、单元电路设计等，详细介绍了 STM32 的硬件电路板设计过程与电路的调试方法，同时讲解基于 STM32 芯片的最小系统。

第 14 章在 ARM 系统硬件设计的基础上，详细讲解了 ARM 应用开发过程，包括异步串行接口编程、GPIO 操作编程、显示编程、中断编程、定时及 PWM 编程、A/D 转换编程以及 SPI 总线编程。

本书深入浅出、通俗易学,具有良好的可读性,既可作为本科电子信息类专业的教材,也可供自学考试和成人教育有关专业选用,还可供研究生及科研人员参考使用。

本书由尹勇统稿,其中,尹勇负责第 1~10 章的编写,撒继铭负责第 11~14 章的编写。此外,娄平、郭志强、王克浩、刘佳宜等也给予了指导和帮助,在此表示感谢。

配 套 资 源

- **程序代码等资源**:扫描目录上方的"配套资源"二维码下载。
- **教学课件、教学大纲、电子教案、习题答案等资源**:在清华大学出版社官方网站本书页面下载,或者扫描封底的"书圈"二维码在公众号下载。
- **微课视频**(332 分钟,49 集):扫描书中相应章节中的二维码在线学习。

注:请先扫描封底刮刮卡中的文泉云盘防盗码进行绑定后再获取配套资源。

本书参考和引用了大量图书和网络文献,教材的完成离不开这些宝贵的资源和同行无私的奉献,在此特向他们表示崇高的敬意和衷心的感谢。同时由于编者水平有限,书中难免存在一些缺点和错误,恳请广大读者批评指正。

编 者

2025 年 3 月

目 录
CONTENTS

配套资源

第1章 计算机的基础知识 1

▶ 视频讲解：5分钟，1集

1.1 概述 1
  1.1.1 计算机的产生和发展 1
  1.1.2 计算机的分类及特点 2
  1.1.3 计算机的架构和指令集分类 3

1.2 数制与编码 5
  1.2.1 数制的基本概念 5
  1.2.2 常用的数制分类 5
  1.2.3 数制的表示方法 6
  1.2.4 数制转换 7

1.3 数据的表示 9
  1.3.1 数据在计算机内的表示 9
  1.3.2 带符号二进制数的表示法 10
  1.3.3 二进制数的算术运算 12
  1.3.4 二进制数的逻辑运算 16

1.4 常用编码 17
  1.4.1 BCD码 17
  1.4.2 ASCII码 18
  1.4.3 汉字编码 19

*1.5 定点数与浮点数 20
  1.5.1 定点数 20
  1.5.2 浮点数 21

习题 21

第2章 计算机的基本工作原理 23

▶ 视频讲解：10分钟，4集

2.1 计算机的组成单元 23
2.2 中央处理单元 23
2.3 存储器 24
  2.3.1 计算机存储简介 24
  2.3.2 半导体存储器 26
  2.3.3 半导体存储器的工作原理 27
2.4 I/O接口 29

- 2.4.1 I/O接口的功能 …… 30
- 2.4.2 CPU与I/O接口之间的信息 …… 30
- 2.4.3 I/O接口的内部结构 …… 31
- 2.5 总线 …… 31
  - 2.5.1 内部总线 …… 32
  - 2.5.2 系统总线 …… 33
  - 2.5.3 外部总线 …… 34
- 2.6 数据的基本单位 …… 34
  - 2.6.1 单位表示 …… 34
  - 2.6.2 大端格式和小端格式 …… 35
  - 2.6.3 规则字和非规则字 …… 36
- 2.7 计算机系统 …… 37
  - 2.7.1 8086计算机系统 …… 37
  - 2.7.2 PC系统 …… 37
  - 2.7.3 51单片机系统 …… 38
- 2.8 计算机的程序执行 …… 39
  - 2.8.1 PC的程序执行 …… 39
  - 2.8.2 51单片机的程序执行 …… 39
- 2.9 流水线 …… 40
- 习题 …… 40

第3章 51单片机及其内部结构 …… 41

▶ 视频讲解：18分钟,4集

- 3.1 单片机简介 …… 41
  - 3.1.1 单片机的发展 …… 41
  - 3.1.2 单片机的分类 …… 42
  - 3.1.3 单片机应用等级 …… 45
  - 3.1.4 单片机应用领域 …… 45
- 3.2 51单片机的内部结构 …… 46
- 3.3 存储器 …… 47
  - 3.3.1 51单片机的存储器组织 …… 47
  - 3.3.2 程序存储器 …… 48
  - 3.3.3 外部数据存储器 …… 49
  - 3.3.4 内部数据存储器 …… 49
- 3.4 特殊功能寄存器 …… 51
- 3.5 时钟电路与复位电路 …… 56
  - 3.5.1 时钟电路 …… 56
  - 3.5.2 基本时序单位 …… 57
  - 3.5.3 复位电路 …… 58
- 3.6 引脚功能 …… 59
- 3.7 单片机最小系统 …… 60
- 习题 …… 61

第4章 51单片机的指令系统 63

▶ 视频讲解：32分钟，5集

4.1 寻址方式 63
    4.1.1 立即寻址 64
    4.1.2 直接寻址 64
    4.1.3 寄存器寻址 65
    4.1.4 寄存器间接寻址 65
    4.1.5 变址寻址 66
    4.1.6 相对寻址 67
    4.1.7 位寻址 67

4.2 基本指令 67
    4.2.1 传送类指令 67
    4.2.2 字节交换指令 70
    4.2.3 算术运算和逻辑运算指令 71
    4.2.4 控制转移指令 75
    4.2.5 位操作指令 78

习题 79

第5章 51单片机汇编程序设计 82

▶ 视频讲解：19分钟，3集

5.1 汇编语言的语句格式 82
5.2 伪指令 83
5.3 顺序程序设计 85
5.4 分支程序设计 85
5.5 循环程序设计 85
5.6 位操作程序设计 86
*5.7 子程序 87

习题 87

第6章 51单片机中断系统 89

▶ 视频讲解：21分钟，5集

6.1 中断的基本概念 89
    6.1.1 中断、中断系统和中断源 89
    6.1.2 中断的种类 89
    6.1.3 中断优先级和中断嵌套 90

6.2 51单片机的中断结构 91
    6.2.1 中断源 91
    6.2.2 51单片机中断寄存器 91
    6.2.3 中断响应过程 94
    6.2.4 中断的清除 95

6.3 中断的程序设计 96
    6.3.1 中断初始化 96
    6.3.2 主程序的安排 96
    6.3.3 中断编程举例 96

习题 ·· 99

第 7 章　51 单片机 I/O 接口 ·· 101

▶ 视频讲解：14 分钟,2 集

7.1　P0~P3 口的功能和内部结构 ·· 101
　　7.1.1　功能和内部结构 ·· 101
　　7.1.2　负载能力 ·· 103
7.2　I/O 接口编程举例 ·· 104
7.3　用并行接口设计 LED 数码显示器 ·· 105
　　7.3.1　LED 数码管结构及编码 ·· 105
　　7.3.2　LED 数码管的显示方式 ·· 107
　　7.3.3　LED 数码管译码 ·· 108
习题 ·· 110

第 8 章　51 单片机定时器/计数器 ·· 112

▶ 视频讲解：40 分钟,5 集

8.1　概述 ·· 112
　　8.1.1　定时与计数的概念 ·· 112
　　8.1.2　定时的方法 ··· 112
　　8.1.3　初始值与溢出 ··· 113
8.2　51 单片机定时器/计数器工作原理 ·· 113
　　8.2.1　单片机定时器/计数器结构 ·· 113
　　8.2.2　定时器/计数器的寄存器 ·· 114
8.3　51 单片机定时器/计数器的工作方式 ·· 115
　　8.3.1　工作方式 ·· 115
　　8.3.2　初始值 C 及加载 ··· 116
8.4　51 单片机定时器/计数器的应用 ·· 118
　　8.4.1　定时器/计数器的初始化编程 ··· 118
　　8.4.2　应用编程举例 ··· 118
习题 ·· 120

第 9 章　51 单片机的串行接口 ·· 122

▶ 视频讲解：55 分钟,5 集

9.1　概述 ·· 122
　　9.1.1　异步通信方式 ··· 122
　　9.1.2　通信方向 ·· 123
　　9.1.3　串行接口的任务 ··· 123
　　9.1.4　波特率 ·· 124
　　9.1.5　RS-232 介绍及通信线的连接 ·· 124
　　9.1.6　单片机串行通信电路 ··· 126
9.2　单片机串行接口的结构与工作原理 ·· 127
　　9.2.1　串行接口结构 ··· 127
　　9.2.2　工作原理 ·· 128
　　9.2.3　波特率的设定 ··· 128
9.3　串行接口的控制寄存器 ··· 129

        9.3.1 串行接口的控制寄存器 SCON ………………………………………………… 129
        9.3.2 电源控制寄存器 PCON …………………………………………………………… 129
    9.4 串行接口的工作方式 ……………………………………………………………………… 130
    9.5 串行接口的应用编程 ……………………………………………………………………… 131
    习题 …………………………………………………………………………………………………… 134

第 10 章 51 单片机的扩展 …………………………………………………………………………… 136

▶ 视频讲解：73 分钟，4 集

  10.1 单片机系统总线和系统扩展方法 ……………………………………………………………… 136
        10.1.1 单片机系统的引脚 ………………………………………………………………… 136
        10.1.2 外围芯片的引脚 …………………………………………………………………… 137
        10.1.3 系统扩展的方法 …………………………………………………………………… 137
        10.1.4 译码方法 …………………………………………………………………………… 138
  10.2 时序 …………………………………………………………………………………………… 141
        10.2.1 信号与时序 ………………………………………………………………………… 141
        10.2.2 编程访问 …………………………………………………………………………… 143
  10.3 I/O 接口的扩展 ……………………………………………………………………………… 143
        10.3.1 基本概念 …………………………………………………………………………… 143
        10.3.2 通用锁存器、缓冲器的扩展 ……………………………………………………… 145
  10.4 存储器和 I/O 综合扩展举例 ………………………………………………………………… 145
  习题 …………………………………………………………………………………………………… 146

第 11 章 嵌入式系统概述 …………………………………………………………………………… 148

▶ 视频讲解：11 分钟，3 集

  11.1 嵌入式系统 …………………………………………………………………………………… 148
  11.2 嵌入式系统的特点、分类和应用 ……………………………………………………………… 149
  11.3 嵌入式处理器 ………………………………………………………………………………… 151
  11.4 ARM 微处理器 ……………………………………………………………………………… 152
        11.4.1 ARM 公司简介 …………………………………………………………………… 152
        11.4.2 ARM 微处理器 …………………………………………………………………… 152
        11.4.3 RISC 结构 ………………………………………………………………………… 153
        11.4.4 ARM 微处理器的体系结构 ……………………………………………………… 154
  11.5 嵌入式操作系统 ……………………………………………………………………………… 157
        11.5.1 嵌入式操作系统基本概念 ………………………………………………………… 157
        11.5.2 嵌入式操作系统内核基础 ………………………………………………………… 159
        11.5.3 常见的嵌入式操作系统 …………………………………………………………… 161
  习题 …………………………………………………………………………………………………… 163

第 12 章 ARM 开发工具的使用 …………………………………………………………………… 164

▶ 视频讲解：14 分钟，3 集

  12.1 开发工具概述 ………………………………………………………………………………… 164
  12.2 MDK 开发工具 ……………………………………………………………………………… 166
  12.3 固件库（库函数）及 MDK 工程模板创建 ………………………………………………… 170
        12.3.1 STM32 固件库 …………………………………………………………………… 170
        12.3.2 工程模板的创建 …………………………………………………………………… 174

12.4 软件模拟仿真 …… 184
12.5 编程下载 …… 188
12.6 硬件仿真 …… 191
习题 …… 192

第13章 ARM 硬件设计 …… 193

▶ 视频讲解：8 分钟，2 集

13.1 硬件的选择 …… 193
 13.1.1 CPU 的选择 …… 193
 13.1.2 外围芯片的选择 …… 195
13.2 嵌入式硬件系统的结构 …… 196
13.3 STM32 芯片概述 …… 197
 13.3.1 ARM Cortex 内核 …… 197
 13.3.2 STM32 芯片结构 …… 197
13.4 单元电路设计 …… 200
 13.4.1 电源电路 …… 201
 13.4.2 晶振电路 …… 202
 13.4.3 看门狗与复位电路 …… 202
 13.4.4 启动设置电路 …… 203
 13.4.5 USB 转串行接口电路 …… 204
 13.4.6 JTAG 接口电路 …… 204
 13.4.7 I^2C 接口电路 …… 205
 13.4.8 网络接口电路 …… 205
13.5 STM32 最小系统 …… 206
13.6 硬件电路板设计注意事项 …… 209
13.7 硬件电路的调试 …… 210
习题 …… 210

第14章 ARM 应用开发 …… 212

▶ 视频讲解：12 分钟，3 集

14.1 GPIO 应用 …… 212
 14.1.1 GPIO 概述及引脚命名 …… 212
 14.1.2 GPIO 内部结构 …… 212
 14.1.3 GPIO 工作模式 …… 212
 14.1.4 GPIO 输出速度 …… 213
 14.1.5 复用功能重映射 …… 213
 14.1.6 GPIO 控制寄存器 …… 213
 14.1.7 GPIO 输出库函数 …… 214
 14.1.8 项目实例 …… 218
14.2 定时器与 PWM 应用 …… 219
 14.2.1 STM32F103 定时器概述 …… 219
 14.2.2 基本定时器 …… 220
 14.2.3 通用定时器 …… 222
 14.2.4 高级定时器 …… 226

14.2.5 定时器相关库函数 …… 227
14.2.6 项目实例 …… 230
14.3 按键与蜂鸣器 …… 235
14.3.1 GPIO 输入库函数 …… 235
14.3.2 项目实例 …… 236
14.4 数码管显示 …… 240
14.4.1 数码管工作原理 …… 240
14.4.2 数码管编码方式 …… 240
14.4.3 项目实例 …… 241
14.5 中断系统应用 …… 244
14.5.1 STM32F103 中断系统 …… 244
14.5.2 STM32F103 外部中断/事件控制器 EXTI …… 246
14.5.3 STM32 中断相关库函数 …… 247
14.5.4 项目实例 …… 250
14.6 串行通信 …… 253
14.6.1 STM32F103 的 USART 工作原理 …… 253
14.6.2 USART 相关库函数 …… 257
14.6.3 项目实例 …… 259
14.7 SPI 通信应用 …… 263
14.7.1 SPI 通信原理 …… 263
14.7.2 STM32F103 的 SPI 工作原理 …… 263
14.7.3 SPI 库函数 …… 267
14.7.4 项目实例 …… 269
14.8 模数转换应用 …… 280
14.8.1 ADC 概述 …… 280
14.8.2 STM32F103 的 ADC 工作原理 …… 281
14.8.3 ADC 相关库函数 …… 286
14.8.4 项目实例 …… 290
习题 …… 294

参考文献 …… 295

微课视频清单

序 号	视 频 名 称	时长/min	书 中 位 置
1	1.3 数据在计算机内的表示	5	1.3 节节首
2	2.6.1 单位表示	2	2.6.1 节节首
3	2.6.2 大端格式和小端格式	3	2.6.2 节节首
4	2.6.3 规则字和非规则字	2	2.6.3 节节首
5	2.8 计算机的程序执行	3	2.8 节节首
6	3.3 存储器	5	3.3 节节首
7	3.4 特殊功能寄存器	8	3.4 节节首
8	3.5 时钟电路与复位电路	3	3.5 节节首
9	3.6 引脚功能	2	3.6 节节首
10	4.0 前言	3	第 4 章第 1 段话处
11	4.1 寻址方式	13	4.1 节节首
12	4.2.1 传送类指令	5	4.2.1 节节首
13	4.2.3 算术运算和逻辑运算指令	8	4.2.3 节节首
14	4.2.4 控制转移指令	3	4.2.4 节节首
15	5.0 前言	2	第 5 章第 1 段话处
16	5.2 伪指令	4	5.2 节节首
17	5.3~5.6 基本程序设计	13	5.3 节节首
18	6.1.1-2 中断、中断系统和中断源	8	6.1 节节首
19	6.1.3 中断处理过程	2	6.1.3 节节首上
20	6.1.3 中断优先级和中断嵌套	3	6.1.3 节节首下
21	6.2 51 单片机的中断系统	3	6.2 节节首
22	6.3 中断的程序设计	5	6.3 节节首
23	7.1 P0~P3 口的功能和内部结构	7	7.1 节节首
24	7.2 I/O 接口编程举例	7	7.2 节节首
25	8.2.1 单片机定时器计数器结构	6	8.2.1 节节首
26	8.2.2 定时器计数器的寄存器	2	8.2.2 节节首
27	8.3 51 单片机定时器计数器的工作方式	12	8.3 节节首
28	8.3.2 初始值 C 及加载	8	8.3.2 节节首
29	8.4 51 单片机定时器计数器的应用	12	8.4 节节首
30	9.1 概述	8	9.1 节节首
31	9.2 单片机串行接口的结构与工作原理	18	9.2 节节首
32	9.3 串行接口的控制寄存器	4	9.3 节节首

续表

序号	视频名称	时长/min	书中位置
33	9.4 串行口的工作方式	7	9.4 节节首
34	9.5 串行口的应用编程	18	9.5 节节首
35	10.1 单片机系统总线和系统扩展方法	22	10.1 节节首
36	10.1.4 译码方法	19	10.1.4 节节首
37	10.3 I/O 接口的扩展	20	10.3 节节首
38	10.4 存储器和 I/O 综合扩展举例	12	10.4 节节首
39	b1-什么是嵌入式系统	4	11.1 节节首
40	b2-嵌入式处理器	3	11.3 节节首
41	b3-ARM 微处理器	4	11.4 节节首
42	b4-开发工具概述	5	12.1 节节首
43	b5-MDK 开发工具简介	4	12.2 节节首
44	b6-软件模拟仿真	5	12.4 节节首
45	b7-CPU 的选择	4	13.1.1 节节首
46	b8-硬件电路板设计注意事项	4	13.6 节节首
47	b9-GPIO 概述	5	14.1 节节首
48	b10-STM32F103 定时器概述	3	14.2 节节首
49	b11-SPI 通信应用	4	14.7 节节首

第1章 计算机的基础知识
CHAPTER 1

本章主要对计算机的产生和发展、计算机的分类和特点、计算机的架构、计算机中的数制和编码等内容进行介绍,所涉及的知识对所有类别的计算机都适用。

1.1 概述

1.1.1 计算机的产生和发展

计算机(全称:电子计算机;别称:电脑)是20世纪最伟大的科学技术发明之一,它是一种能够按照程序对各种数据和信息进行自动加工和处理的电子设备。计算机的产生和发展到目前为止共经历了以下几个阶段。

(1) 第一个阶段:1946年以前。第一台计算机是著名科学家帕斯卡(B. Pascal)发明的机械计算机。帕斯卡的计算机是一种由众多齿轮组成的装置,其外形是一个长方盒子,它需要使用各种钥匙旋紧发条后才能转动,且只能够做加法和减法。这一时代的计算机采用机械运行方式,主要用于完成简单的加减法运算。

(2) 第二个阶段:1946—1959年。这段时期称为"电子管计算机时代"。计算机内部元件使用的是电子管,主要用于军事目的和科学研究。具有代表性的计算机有:电子数值积分计算机(Electronic Numerical Integrator And Computer,ENIAC)、电子离散变量计算机(the Electronic Discrete Variable Computer,EDVAC)、电子延迟存储自动计算器(the Electronic Delay Storage Automatic Calculator,EDSAC)和通用自动计算机 UNIVAC-Ⅰ(Universal Automatic Computer)。商业用计算机起源于美国国际商业机器公司(International Business Machine Corporation,简称为 IBM 公司)。1952—1954年,IBM 公司先后推出了用于科学计算的 IBM 701(1952年)、用于数据处理的 IBM 702(1953年),以及它们的后继产品 IBM 703(1954年)。这些计算机后来被称为 IBM 700系列。这一时代的计算机除 ENIAC 外,一般按存储程序模式工作。

(3) 第三个阶段:1960—1964年。由于在计算机中采用了比电子管更先进的晶体管,所以这段时期称为"晶体管计算机时代"。晶体管比电子管小很多,不需要暖机时间、消耗能量较少、处理更迅速、性能更可靠。此外,这一时代的计算机程序语言从机器语言发展到汇编语言。随后,高级语言 FORTRAN 语言和 COBOL 语言出现并被广泛使用,且开始使用磁盘和磁带作为辅助存储器。这一时代的计算机主要用于商业、大学教学和政府机关。

(4) 第四个阶段：1965—1970 年。在此期间，集成电路（Integrated Circuit，IC）被应用到计算机中。集成电路是做在晶片上的一个完整的电子电路，晶片比指甲还小，却包含了几千个晶体管元件。这一时期的计算机主要以中、小规模集成电路为电子器件，并且出现了操作系统，计算机的功能越来越强，应用范围越来越广。它们不仅用于科学计算，还用于文字处理、企业管理、自动控制等领域，并出现了计算机技术与通信技术相结合的信息管理系统，可用于生产管理、交通管理、情报检索等领域。这个时代的计算机代表是 IBM 360 系列。

(5) 第五个阶段：从 1971 年到现在。这一时代被称为"大规模集成电路计算机时代"。计算机使用的元件依然是集成电路，不过此阶段的集成电路已经大大改善，它包含着几十万到上百万个晶体管，人们称之为大规模集成电路（Large Scale Integrated circuit，LSI）和超大规模集成电路（Very Large Scale Integrated circuit，VLSI）。在这一阶段，微处理器和微型计算机应运而生，字长 4 位、8 位、16 位、32 位和 64 位的微型计算机相继问世并得到广泛应用，高级语言种类进一步增加，操作系统日趋完善，并且具备批量处理、分时处理、实时处理等多种功能。同时，数据库管理系统、通信处理程序、网络软件等也不断添加到软件系统中，软件系统的功能不断增强。

(6) 新一代计算机：从 20 世纪 80 年代开始，日本、美国以及欧洲相继开展了新一代计算机的研究。新一代计算机是把信息采集、存储、处理、通信和人工智能结合在一起的计算机系统，它不仅能进行一般的信息处理，而且能进行面向知识的处理，具有形式推理、联想、学习和解释能力，能帮助人类开拓未知领域和获取新的知识。新一代计算机的典型研究方向有：

① "知识信息处理系统"（Knowledge Information Processing System，KIPS）智能计算机。与传统的计算机依据事先安排的既定程序处理问题的模式不同，这种计算机根据用户提出的问题，自动选择内置在知识库中的规则，通过推理来处理问题。

② 神经网络计算机（Neural Network Computer，NNC）。这种计算机用简单的数据处理单元模拟人脑的神经元，并利用神经元节点的分布式存储和关联模拟人脑活动。

③ 生物计算机（Biological Computer，BC）。这种计算机使用由生物工程技术产生的蛋白质分子为主要原料的生物芯片，它具有生物体自调节能力、自修复能力以及再生能力，更易于模拟人脑的运行机制。

1.1.2 计算机的分类及特点

按照比较流行的分类法，计算机可以根据其规模和处理能力分为大型（超级）计算机、小型计算机（简称小型机）、微型计算机和工作站等几大类。

1. 大型计算机

大型计算机包括通常所说的（超）大、中型计算机，通常指大、快、贵的计算机。目前世界上运行最快的超级机速度为每秒 1704 亿次浮点运算。例如，美国的克雷公司生产的 Cray-1、Cray-2 和 Cray-3，IBM 公司生产的 IBM 360、370、4300、3090 以及 9000 系列等都是著名的大型计算机。这些计算机主要应用于大范围天气预报、流体湍流分析、海洋环境与污染分析、卫星照片整理、原子核物理探索及核试验模拟、洲际导弹和航天器的辅助设计和模拟等。中国目前自主研发的大型计算机有"天河""星云""曙光""银河""神威"等系列。大型计算机被誉为计算机中的珠穆朗玛峰，是理论和试验之外的第三种科学研究手段，以"天河一号"为代表的(超)大型计算机的发展,意味着我国在战略高技术和大型基础科技装备研制领域实现了重大突破,对于维护国家安全,提升国家经济与科技实力意义重大。

2. 小型计算机

由于大型计算机价格高昂、操作复杂,无法形成普及性的应用。随着集成电路的问世,20世纪60年代DEC推出了一系列小型计算机(Minicomputer)。小型机通常为中小企事业单位所采用,例如,美国DEC公司的VAX系列、DG公司的MV系列、IBM公司的AS/400系列以及富士通公司的K系列,都是有名的小型计算机。

3. 微型计算机

微型计算机(Microcomputer)又称微型计算机或个人计算机,广泛应用于办公、教育领域及普通家庭。台式机、笔记本计算机、PDA、单片机、DSP、ARM等计算机,都属于微型计算机范畴。随着微型计算机的普及,人们对其要求也不断提高,其功能由单一的计算工具向着集音/视频、电话、传真和电视等功能于一体的多媒体计算机的方向发展,逐渐成为人们日常生活和工作中不可或缺的工具。

4. 工作站

工作站(Workstation)具有自己鲜明的特点,它的运算速度通常比微型计算机快,需要配置大屏幕显示器和大容量的存储器,并且具有较强的网络通信功能,主要用于特殊的专业领域,例如图像处理、计算机辅助设计等方面。工作站又分为初级工作站、工程工作站、超级工作站以及超级绘图工作站等,典型机型有HP-Apollo工作站、Sun工作站等。

计算机按用途又可分为专用计算机和通用计算机。专用计算机与通用计算机在其效率、速度、配置、结构复杂程度、造价和适应性等方面有所区别。比如在导弹和火箭上使用的计算机很大部分就是专用计算机。这些计算机非常先进,但用户不能用它来编辑文档或者玩游戏。而通用计算机适应性很强、应用面很广,但其运行效率、速度和经济性依据不同的应用对象会受到不同程度的影响。

1.1.3 计算机的架构和指令集分类

1. 冯·诺依曼结构和哈佛结构

在计算机中,CPU与其部件(如内存、接口等)进行交互必须经过3种类型的总线,即数据总线、地址总线和控制总线,这是到目前为止任何计算机都遵循的原则。从计算机硬件架构的角度来看,计算机分为冯·诺依曼结构和哈佛结构两大类。

1945年,冯·诺依曼首先提出了"存储程序"的概念和二进制原理,后来人们把利用这种概念和原理设计的电子计算机系统称为"冯·诺依曼结构"计算机。使用冯·诺依曼结构的处理器将数据和程序存放在同一个存储器空间,经由同一组数据总线进行传输。如图1.1所示。目前使用冯·诺依曼结构的处理器和微控制器很多,如Intel公司的8086系列、51单片机系列、ARM的ARM7系列等。

冯·诺依曼结构的最大特点是"共享数据,串行执行",属于一维计算模型。按照这种结构,指令和数据存放在共享的存储器中,CPU从存储器中取出指令和数据进行相应的运算。由于存储器的存取速度远低于CPU的运算速度,而且每一时刻只能访问存储器的一个单元(即代码和数据不能同时进行存储),因此计算机的运算速度受到很大限制,CPU与共享存储器间的数据交换造成了影响高速计算和系统性能的"瓶颈"。

与冯·诺依曼结构相对应的是哈佛结构。哈佛结构是一种并行体系结构,程序和数据存储在不同的存储空间,即程序存储器和数据存储器独立编址、独立访问。这样,程序存储器和数据存储器相对应的是系统的 4 条总线:程序的数据总线与地址总线,数据的数据总线与地址总线,如图 1.2 所示。这种分离的程序总线和数据总线允许在一个机器周期内同时获得指令字(来自程序存储器)和操作数(来自数据存储器),从而提高了执行速度。此外,由于程序和数据存储器在两个分开的物理空间中,因此取指和执行能完全重叠。使用哈佛结构的计算机有 TI 公司的 DSP、Microchip 公司的 PIC 系列、摩托罗拉公司的 MC68 系列、Zilog 公司的 Z8 系列、ATMEL 公司的 AVR 系列和 ARM 公司的 ARM9、ARM10 和 ARM11 系列等。

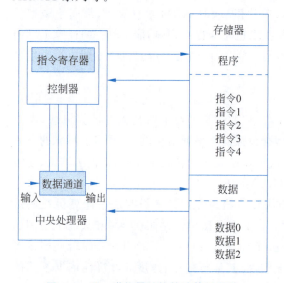

图 1.1 冯·诺依曼结构的计算机系统

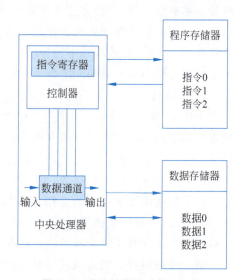

图 1.2 哈佛结构的计算机系统

2. 复杂指令集和精简指令集

从计算机的指令集的角度来看,计算机又分为复杂指令集计算机(Complex Instruction Set Computer,CISC)和精简指令集计算机(Reduced Instruction Set Computer,RISC)。

早期的计算机部件比较昂贵、主频低,且运算速度慢。为了提高运算速度,人们不得不将越来越多的复杂指令加入指令系统中,以提高计算机的处理效率,这种指令集为复杂指令集结构。典型的桌面计算机 x86 系列采用的是复杂指令集,并一直沿用。其他采用复杂指令集的计算机包括 Intel、AMD、TI(德州仪器)、Cyrix 以及 VIA(威盛)等的产品。

CISC 的优点在于其指令多、功能强,它强调代码效率,容易和高级语言接轨,可以对存储器直接操作,从而实现从存储器到存储器的数据转移。然而,CISC 存在许多缺点。首先,日益庞大的指令系统不仅使计算机研制周期变长,而且有难以调试、难以维护等一些自身无法克服的缺点。此外,各种指令的使用率相差悬殊,如:一个典型程序的运算过程所使用的 80% 指令仅占该计算机处理器指令系统的 20%,而且这 20% 的指令大多是取、存和加法运算等最简单的指令;剩下 80% 的复杂指令实际上很难在程序中得到使用。同时,复杂的指令系统必然带来结构的复杂性,这不但增加了设计的时间与成本,还容易造成设计失误。

针对 CISC 的这些弊病,以帕特逊教授为首的一批科学家提出了精简指令的设想,即:

指令系统应当只包含那些使用频率很高的少量指令,即最简单、最基本的指令,通过这些简单、基本的指令可以组合成复杂指令;同时,每条指令的长度都相同,多数指令可以在一个机器周期内完成,并且允许处理器在同一时间段执行一系列的指令。按照这个原则发展而成的计算机被称为精简指令集计算机,简称 RISC。

RISC 的优点是:各种指令编译成机器码以后,其长度相等(典型长度是 4 字节);寻址方式少且简单,一般为 2 或 3 种,最多不超过 4 种;指令集中的指令数目一般少于 100 种,指令格式一般少于 4 种;指令功能简单,指令集中的各种指令都能得到充分的应用。其缺点在于:与 CISC 相比,编写同样功能的程序,RISC 产生的代码量较大;同时,RISC 不能直接访问存储器,无法实现存储器到存储器的数据转移。当前,很多嵌入式微处理器采用 RISC,如常用的 51 系列单片机、ARM、MIPS、POWERPC 等。

CISC 和 RISC 两大体系各自的优缺点使得它们的融合成为不可阻挡的趋势,这种趋势在 Intel 身上体现得尤为明显。Intel 在 20 世纪 90 年代后期设计的 x86 架构(CISC 的典型代表)的处理器中开始使用了部分 RISC 技术,如内置一级缓存和容量更大的二级缓存来克服内存速度的瓶颈问题;使用超标量、超流水线技术以增强指令的执行效率;使用指令乱序执行和分支预测技术来降低由于流水线空闲所带来的性能损失。在新一代的 64 位处理器中,Intel 进一步融合了这两大体系的性能优势。

1.2 数制与编码

1.2.1 数制的基本概念

人们在生产实践中创建了各种表示数的方法,按进位的原则进行计数,这种数的表示系统称为"数制"。在日常生活中,人们通常采用十进制进行计数。除了十进制计数外,还有许多非十进制的计数方法。例如,60 分钟为 1 小时,用的是六十进制计数法;1 星期有 7 天,是七进制计数法;1 年有 12 个月,是十二进制计数法。

对于十进制,它用 10 个阿拉伯数字 0~9 来表示,并且是"逢十进一";对于六十进制,它用 60 个阿拉伯数字 0~59 来表示,并且是"逢六十进一";对于十二进制,它用 12 个阿拉伯数字 0~11 来表示,并且是"逢十二进一"……那么,对于 N 进制数,它可以用 N 个阿拉伯数字 0~$N-1$ 来表示,并且是"逢 N 进一"。

一般地说,任何一个 N 进制数都可表示为

$$K_{(N\text{进制数})} = a_{n-1}N^{n-1} + a_{n-2}N^{n-2} + \cdots + a_1 N^1 + a_0 N^0 + a_{-1} N^{-1} + a_{-2} N^{-2} + \cdots + a_{-m} N^{-m} = \sum_{i=m}^{n-1} a_i n^i$$

在上式中,$a_i (n-1 \geqslant i \geqslant -m)$ 为各个位上的数字,它可以在 $0, 1, \cdots, N-1$ 共 N 个数中任意取值;N 为进制的基数;N 的 i 次方为第 i 位的权;m 和 n 为正整数,其中 n 为整数部分的位数,m 为小数部分的位数。

1.2.2 常用的数制分类

在计算机中,常用进位计数制有如下 4 种。

1. 十位制(Decimal)

十进制数是日常生活中使用最广泛的计数制。组成十进制数的符号有 0、1、2、3、4、5、6、7、8、9 共 10 个符号,我们称这些符号为数码。在十进制中,每一位有 0~9 共 10 个数码,最大数字是 9,最小数字是 0,基数为 10。超过 9 就必须用多位数来表示。十进制数的加法满足"逢十进一",减法满足"借一当十"。任意十进制数可表示为

$$K_{(10)} = a_{n-1} \times 10^{n-1} + a_{n-2} \times 10^{n-2} + \cdots + a_1 \times 10^1 + a_0 \times 10^0 + a_{-1} \times 10^{-1} + a_{-2} \times 10^{-2} + \cdots + a_{-m} \times 10^{-m}$$

比如,十进制数 435.05 可表示为

$$435.05 = 4 \times 10^2 + 3 \times 10^1 + 5 \times 10^0 + 0 \times 10^{-1} + 5 \times 10^{-2}$$

2. 二进制(Binary)

与十进制相似,二进制数也遵循两个规则:仅有两个不同的数码,即 0 和 1;满足加法"逢二进一",减法"借一当二"。二进制数中最大数字是 1,最小数字是 0,基数为 2。任意一个二进制数可表示为

$$K_{(2)} = a_{n-1} \times 2^{n-1} + a_{n-2} \times 2^{n-2} + \cdots + a_1 \times 2^1 + a_0 \times 2^0 + a_{-1} \times 2^{-1} + a_{-2} \times 2^{-2} + \cdots + a_{-m} \times 2^{-m}$$

比如,二进制数 1101.101 可表示为

$$1101.101B = 1 \times 2^3 + 1 \times 2^2 + 0 \times 2^1 + 1 \times 2^0 + 1 \times 2^{-1} + 0 \times 2^{-2} + 1 \times 2^{-3}$$

3. 八进制(Octal)

类似地,八进制数有 8 个不同的数码,即 0、1、2、3、4、5、6、7,并满足加法"逢八进一",减法"借一当八"。八进制数中最大数字是 7,最小数字是 0,基数为 8。任意一个八进制数可表示为

$$K_{(8)} = a_{n-1} \times 8^{n-1} + a_{n-2} \times 8^{n-2} + \cdots + a_1 \times 8^1 + a_0 \times 8^0 + a_{-1} \times 8^{-1} + a_{-2} \times 8^{-2} + \cdots + a_{-m} \times 8^{-m}$$

比如,八进制数 107.13 可表示为

$$107.13Q = 1 \times 8^2 + 0 \times 8^1 + 7 \times 8^0 + 1 \times 8^{-1} + 3 \times 8^{-2}$$

4. 十六进制数(Hexdecima)

十六进制数有 16 个不同的数码,用 0、1、2、3、4、5、6、7、8、9、A、B、C、D、E、F 来表示,并满足加法"逢十六进一",减法"借一当十六"。十六进制数中最大数字是 F,最小数字是 0,基数为 16。任意一个十六进制数可表示为

$$K_{(16)} = a_{n-1} \times 16^{n-1} + a_{n-2} \times 16^{n-2} + \cdots + a_1 \times 16^1 + a_0 \times 16^0 + a_{-1} \times 16^{-1} + a_{-2} \times 16^{-2} + \cdots + a_{-m} \times 16^{-m}$$

比如,十六进制数 E09.F3 可表示为

$$E09.F3H = E \times 16^2 + 0 \times 16^1 + 9 \times 16^0 + F \times 16^{-1} + 3 \times 16^{-2}$$

1.2.3 数制的表示方法

在计算机中,有两种数制表示方法,即后缀表示法和下标表示法。这两种表示方法分别如图 1.3 和图 1.4 所示。

图 1.3　后缀表示法

图 1.4　下标表示法

计算机中常用的几种进位数制如表 1.1 所示。

表 1.1　计算机中常用的进位数制表示

进 位 制	二 进 制	八 进 制	十 进 制	十 六 进 制
规则	逢二进一	逢八进一	逢十进一	逢十六进一
基数	$N=2$	$N=8$	$N=10$	$N=16$
数符	0，1	0，1，2，…，7	0，1，2，…，9	0，1，2，…，9，A，B，…，F
权	2^i	8^i	10^i	16^i
表示符	B	Q	D	H

值得注意的是，如果一个数的尾部没有后缀，也没有下标，则该数默认是十进制。如 11.725 表示该数是一个十进制数。

1.2.4　数制转换

1. 其他进制与十进制之间的转换

二进制数转换成十进制数的方法是：将二进制数的每一位数乘以它的权然后相加，即可求得对应的十进制数值。同理，若将任意进制数转换为十进制数，则只需将数 $(N)_R$ 写成按权展开的多项式表示式，并按十进制规则进行运算，便可求得相应的十进制数 $(N)_{10}$。

【例 1-1】　把二进制数 10.01 转换成相应的十进制数。

解：$(10.01)_2 = 1 \times 2^1 + 1 \times 2^{-2} = (2.45)_{10} = 2.45D$

【例 1-2】　把八进制数 13.7 转换成相应的十进制数。

解：$(13.7)_8 = 1 \times 8^1 + 3 \times 8^0 + 7 \times 8^{-1} = (11.725)_{10} = 11.725D$

【例 1-3】　把十六进制数 1A.AF 转换成相应的十进制数。

解：$(1A.AF)_{16} = 1 \times 16^1 + A \times 16^0 + A \times 16^{-1} + F \times 16^{-2} = (26.68)_{10} = 26.68D$

2. 十进制与其他进制之间的转换

将十进制数转换成二进制数时，整数部分和小数部分分别转换，然后再合并。十进制整数转换为二进制整数的方法是"除 2 取余"；十进制小数转换为二进制小数的方法是"乘 2 取整"。同理，若将十进制数转换为 N 进制数，需将整数部分和小数部分分别转换，整数部分是"除 N 取余"；小数部分是"乘 N 取整"。

【例 1-4】 将 $(57.724)_{10}$ 转换为二进制数。

解：

```
2 | 57        余数                    0.724
2 | 28  ……1=a₀                      ×   2       整数
2 | 14  ……0=a₁                       1.448 ……1=a₋₁
2 |  7  ……0=a₂                       0.448
2 |  3  ……1=a₃                      ×   2
2 |  1  ……1=a₄                       0.896 ……1=a₋₂
    0   ……1=a₅                       ×   2
                                     1.792 ……1=a₋₃
                                     0.792
                                     ×   2
                                     1.584 ……1=a₋₄
```

$(57)_{10}=(111001)_2$ $(0.724)_{10}=(0.1011)_2$

故 $(57.724)_{10} = 111001.1011$

【例 1-5】 将十进制数 226.125 转换为十六进制数。

解：对整数部分的转换采用除 16 取余法；对小数部分的转换采用乘 16 取整法。

```
16 | 226  …… 2        取整        0.125
16 |  14  …… E(14)   ↓          ×  16
      0             读取顺序↑    2 ← 2.0
```

结果：226=E2H   结果：0.125=0.2H

总的结果：226.125=E2.2H

注意：当在不同数制间进行转换时，其中二进制、八进制、十六进制数转换为十进制数或十进制整数转换为其他数制的整数时，都能做到完全准确。但把十进制小数转换为其他数制时，除少数没有误差外，大多存在误差。

【例 1-6】 求 $(0.5678)_{10}$ 的二进制数。

解：

$0.5678 \times 2 = 1.1356$ …… 取出整数 1

$0.1356 \times 2 = 0.2712$ …… 取出整数 0

$0.2712 \times 2 = 0.5424$ …… 取出整数 0

$0.5424 \times 2 = 1.0848$ …… 取出整数 1

……

从本例可以看出，无论将转换计算到多少位，也不能把小数点后面的数变成 0，也就是说总不能避免转换误差，差别在于小数后位数越长，误差越小，精度越高。

3. 二进制、八进制、十六进制之间的转换

由于存在着关系 $2^3=8,2^4=16$，因此可利用这种关系在二进制、八进制、十六进制之间进行转换。

把二进制数转换为八进制数时，按"三位并一位"的方法进行。以小数点为界，将整数部分从右向左每三位一组,最高位不足三位时,添 0 补足三位;小数部分从左向右,每三位一组,最低有效位不足三位时,添 0 补足三位。然后,将各组的三位二进制数按权展开后相加,得到一位八进制数。

将八进制数转换成二进制数时,采用"一位拆三位"的方法进行。即把八进制数每位上的数用相应的三位二进制数表示即可。比如:

$(1011.0101)_2 = (001\quad 011.010\quad 100)_2 = (13.24)_8 \quad (46.7)_8 = (100\ 110.111)_2$

把二进制数转换为十六进制数时,按"四位并一位"的方法进行。以小数点为界,将整数部分从右向左每四位一组,最高位不足四位时,添 0 补足四位;小数部分从左向右,每四位一组,最低有效位不足四位时,添 0 补足四位。然后,将各组的四位二进制数按权展开后相加,得到一位十六进制数。将十六进制数转换成二进制数时,采用"一位拆四位"的方法进行。即把十六进制数每位上的数用相应的四位二进制数表示即可。比如:

$(10010.01)_2 = (0001\quad 0010.0100)_2 = (12.4)_{16}$

$(79B.FC)_{16} = (111\quad 1001\quad 1011.1111\quad 11)_2$

不同进制数的对照表如表 1.2 所示。

表 1.2 不同进制数的对照表

十进制	二进制	八进制	十六进制	十进制	二进制	八进制	十六进制
0	0000	0	0	8	1000	10	8
1	0001	1	1	9	1001	11	9
2	0010	2	2	10	1010	12	A
3	0011	3	3	11	1011	13	B
4	0100	4	4	12	1100	14	C
5	0101	5	5	13	1101	15	D
6	0110	6	6	14	1110	16	E
7	0111	7	7	15	1111	17	F

1.3 数据的表示

视频讲解

1.3.1 数据在计算机内的表示

在计算机中,一切数据都是以二进制的形式表示的。计算机既可以处理数字信息和文字信息,也可以处理视频、声音、图像等信息。然而,由于计算机中采用二进制,所以这些信息在计算机内部必须以二进制编码的形式表示。也就是说,一切输入到计算机中的数据都是由 0 和 1 两个数字进行组合的。在计算机中,采用二进制的原因如下。

(1) 电路简单:计算机是由逻辑电路组成,逻辑电路通常只有 0 和 1 两个状态。

(2) 工作可靠:两个状态代表的两个数码在数字传输和处理中不容易出错,因而电路更加可靠。

(3) 简化运算:二进制运算法则简单。

(4) 逻辑性强:计算机的工作是建立在逻辑运算基础上的,逻辑代数是逻辑运算的理论依据。0 和 1 两个数码正好代表逻辑代数中的"假"与"真"。

值得注意的是,虽然一切数据在计算机中都是以二进制的形式存在的,但是过长的数字代码对人们的阅读造成了较大的障碍。为了解决这一问题,在人们阅读或者表示二进制数据时,通常使用十六进制来表示二进制,4位二进制数用1位十六进制数就可以表示。例如,十进制数65 535用二进制表示为1111 1111 1111 1111B,用十六进制表示为FFFFH。然而人们不习惯使用二进制1111 1111 1111 1111B这么长的数字来表示65 535,而采用FFFFH表示同样的数会简洁许多。在计算机中,1111 1111 1111 1111B和FFFFH的本质都可看作二进制数。

1.3.2 带符号二进制数的表示法

1. 原码

计算机中的数可分为有符号数和无符号数两大类。比如用来表示人的身高的数就是无符号数,对于表示温度的数就是有符号数。对无符号数而言,该数所有的位都用于直接表示该值的大小。比如,无符号数10101010表示的十进制就是170。对于有符号数,由于计算机中无论是数值还是数的符号,都只能用0和1来表示,为了表示数的正、负,把一个数的最高位作为符号位:0表示正数,1表示负数。如果用8个二进制位表示一个十进制数,则正的36和负的36可表示为

$$(+36)_{10} = 0\ 0100100B = +0100100B$$
$$(-36)_{10} = 1\ 0100100B = -0100100B$$

可以看出,上述+36和-36的表示方式是指将最高位作为符号位(0表示正,1表示负),其他数位代表数值本身的绝对值的数字表示方式,这种表示方式称为有符号数的原码。

由机器数所表示的实际值称为该数的真值。对于无符号数而言,其二进制所表示的机器数就是其真值;对有符号数而言,该数的原码也就是其真值。比如:

机器数00101011的真值为十进制的+43或二进制的+0101011。

机器数1010011的真值为十进制的-43或二进制的-0101011。

【例1-7】 当机器字长为8位二进制数时,求+1、-1、+127、-127的原码。

解:

$[+1]_{原码} = 00000001B$ $[-1]_{原码} = 10000001B$

$[+127]_{原码} = 01111111B$ $[-127]_{原码} = 11111111B$

原码表示的整数范围是$-(2^n-1\sim 1)\sim +(2^n-1\sim 1)$,其中$n$为机器字长。

可以看出,8位二进制原码表示的整数范围是$-127\sim +127$;16位二进制原码表示的整数范围是$-32\,767\sim +32\,767$。

【例1-8】 求0的原码。

解:数0的原码有两种形式,即$[+0]_{原码}=00000000B$,$[-0]_{原码}=10000000B$。

2. 反码和补码

原码表示法比较直观,它的数值部分就是该数的绝对值,而且与真值的转换十分方便,但是它的加减法运算较复杂。当两数相加时,机器首先判断两数的符号是否相同,若相同则两数相加,若不同则两数相减。在做减法前,还要判断两数绝对值的大小,然后用大数减去小数,最后确定差的符号。换言之,用这样一种直接的形式进行加法运算时,负数的符号位不能与其数值部分一道参加运算,而必须利用单独的线路确定和的符号位,但是实现这些操作的电路非常复杂。为了解决机器内负数的符号位参加运算的问题,可以将减法运算变成

加法运算,这就引入了反码和补码这两种机器数。

反码的表示方法是:对于一个带符号的数来说,正数的反码与其原码相同,负数的反码为其原码除符号位以外的各位按位取反。比如,当机器字长为 8 位二进制数时:$X=+1011011B$,则$[X]_{原码}=01011011B$,$[X]_{反码}=01011011B$。再如,$[+7]_{反码}=0\ 0000111B$;$[-7]_{反码}=1\ 1111000\ B$。

【例 1-9】 求 0 的反码。

解:数 0 的反码也有两种形式,即$[+0]_{反码}=00000000B$,$[-0]_{反码}=11111111B$。

补码的表示方法是:正数的补码与其原码相同,负数的补码为其反码在最低位加 1。比如,$[+7]_{补码}=0\ 0000111\ B$,$[-7]_{补码}=1\ 1111001\ B$。

【例 1-10】 已知 $Y=-1011011B$,求其原码、反码和补码。

解:根据定义有

$[Y]_{原码}=11011011B$　　　　$[Y]_{反码}=10100100B$　　　　$[Y]_{补码}=10100101B$

【例 1-11】 求 0 的补码。

解:$[+0]_{补码}=00000000B$,$[-0]_{补码}=[-0]_{反码}+1=00000000B$。

可以看出,与原码、反码不同,数值 0 的补码只有一个,即$[0]_{补码}=00000000B$。

值得注意的是,引入反码的目的是解决原码运算所遇到的困难,但由于反码自身也存在一定的缺陷,比如数字 0 存在两种反码的情况,这在计算机中是绝对不允许的。补码则不存在这种情况,因此,现代的计算机都是用补码的形式来表示、存储数据和进行运算的。

之所以还要介绍反码,是因为在用笔算将真值转换为补码的时候,需要先将原码转换为反码,然后反码加 1 就得到了补码。但是对于计算机来说,反码这个中介完全是没有必要的。因此在计算机中,反码仅仅是一种过渡性质的码制。

补码克服了原码和反码的一些缺陷,一方面使符号位能与有效值部分一起参加运算,以简化运算规则;另一方面使减法运算转换为加法运算,进一步简化计算机中运算器的线路设计,因此补码在计算机中得到了广泛的应用。

3. 补码与原码之间的转换

已知原码,可直接根据上面的定义求反码和补码。

1) 已知反码,求原码

对于正数而言,其反码就是其原码。对于负数而言,按照求负数反码的逆过程,其符号位保持不变,其数值部分取反。也即,对负数的反码再求反码,就是该负数的原码。

【例 1-12】 已知某数 X 的反码 $11101110B$,试求其原码 X。

解:由$[X]_{反码}=11101110B$ 知,X 为负数。保持其符号位不变,数值位取反即可。

$$X=\{[X]_{反码}\}_{反码}=[11101110B]_{反码}=10010001B$$

2) 已知补码,求原码

对于正数而言,其补码就是其原码。对于负数而言,按照求负数补码的逆过程,其符号位保持不变,其数值部分应是最低位减 1,然后取反。但是对二进制数来说,先减 1 后取反和先取反后加 1 得到的结果是一样的,故仍可采用取反加 1 的方法,即:对负数的补码再求补码,就是该负数的原码。

【例 1-13】 已知某数 X 的补码 $11101110B$,试求其原码 X。

解：由 $[X]_{补码}$＝11101110B 知，X 为负数。保持其符号位不变，数值位取反加 1 即可。

$$X = \{[X]_{补码}\}_{反码} + 1 = [11101110B]_{反码} + 1 = 10010001B + 1 = 10010010B$$

对 8 位二进制数而言，其原码、反码和补码的关系如表 1.3 所示。

表 1.3　8 位二进制数原码、反码和补码的关系

二进制数	无符号数	带符号数		
		原码	补码	反码
0000 0000	0	+0	0	+0
0000 0001	1	+1	+1	+1
0000 0010	2	+2	+2	+2
…	…	…	…	…
0111 1110	126	+126	+126	+126
0111 1111	127	+127	+127	+127
1000 0000	128	−0	−128	−127
1000 0001	129	−1	−127	−126
…	…	…	…	…
1111 1101	253	−125	−3	−2
1111 1110	254	−126	−2	−1
1111 1111	255	−127	−1	−0

1.3.3　二进制数的算术运算

1．无符号数的算术运算

1）加法运算

无符号二进制的加法规则：0+0=0，0+1=1，1+0=1，1+1=0（有进位）。

【例 1-14】　计算无符号二进制数 1010 和 1101 的和。

解：

```
    1 0 1 0
  + 1 1 0 1
  ─────────
  1 0 1 1 1
    ↑
  进位，省去
```

2）减法运算

无符号二进制数的减法规则：0−0=0，1−1=0，1−0=1　0−1=1（有借位）。

【例 1-15】　计算无符号二进制数 1010 和 0101 的差。

解：

```
    1 0 1 0
  − 0 1 0 1
  ─────────
    0 1 0 1
```

3）乘法运算

无符号二进制数的减法规则：0×0=0，0×1=1，1×0=0，1×1=1。

【例 1-16】 计算无符号二进制数 1010 和 0101 的乘积。

解：

```
          1 0 1 0
      ×   0 1 0 1
      ─────────────
          1 0 1 0
        0 0 0 0
      1 0 1 0
    + 0 0 0 0
    ─────────────
      0 1 1 0 0 1 0
```

4) 除法运算

二进制数除法与十进制数除法很类似。可先从被除数的最高位开始,将除数(或中间余数)与除数相比较,若被除数(或中间余数)大于除数,则用被除数(或中间余数)减去除数,商为 1,并得相减之后的中间余数,否则商为 0。再将被除数的下一位移下补充到中间余数的末位,重复以上过程,就可得到所要求的各位商数和最终的余数。

【例 1-17】 求 100110÷110。

解：

```
              0 0 0 1 1 0      商
    1 1 0 ) 1 0 0 1 1 0
              1 1 0
            ─────────
              0 1 1 1
                1 1 0
              ─────────
                  1 0         余数
```

所以,100110÷110＝110 余 10。

2. 有符号数的算术运算

在原码运算时,首先要把符号与数值分开。例如,两数相加,先要判断两数的符号,如果同号,则做加法；如果异号,则做减法,减后的差作为两数之和,和数的符号与绝对值较大的数的符号相同。两数相减也是一样,首先要判断两数符号,然后决定是相加还是相减,还要根据两数的大小与符号决定两数之差的符号。

如果是补码运算则不存在符号与数值分开的问题。在补码运算时,把符号位也看成数值一起参加运算,而且加法运算就一定是相加,减法运算就一定是相减,因此在计算机中对带符号的数进行加减时,最好使用补码。

两个用补码表示的带符号数进行加减运算时,特点是把符号位上表示正负的 1 和 0 也看成数,与数值部分一同进行运算,所得的结果也为补码形式,即结果的符号位为 0,表示正数,结果的符号位为 1 表示负数。下面分加、减两种情况讨论。

两个带符号的数 X 和 Y 进行相加时,是将两个数分别转换为补码的形式,然后进行补码加运算,所得的结果为和的补码形式。即

$$[X+Y]_{补码} = [X]_{补码} + [Y]_{补码}$$

【例 1-18】 用补码进行下列运算：

$(+18)+(-15)$；$(-18)+(+15)$；$(-18)+(-11)$

解：

```
    00010010    [+18]补码              11101110    [-18]补码
+)  11110001    [-15]补码          +)  00001111    [+15]补码
   ─────────                         ─────────
  1 00000011   [+3]补码                11111101    [-3]补码
    ↑
    └── 符号位的进位自动丢失
```

```
    11101110    [-18]补码
+)  11110101    [+11]补码
   ─────────
  1 11100011   [-29]补码
    ↑
    └── 符号位的进位自动丢失
```

由例 1-18 可知，当带符号的数采用补码形式进行相加时，可把符号位也当作普通数字一样与数值部分一起进行加法运算，若符号位上产生进位时，则自动丢掉，所得的结果为两数之和的补码形式。如果想得到运算后原码的结果，则对运算结果再求一次补码即可。

两个带符号数相减，可通过下面的公式进行：

$$X - Y = X + (-Y)$$

则

$$[X-Y]_{补码} = [X+(-Y)]_{补码} = [X]_{补码} + [-Y]_{补码}$$

可见，求 $[X-Y]_{补码}$ 时，可以用 $[X]_{补码}$ 和 $[-Y]_{补码}$ 相加来实现。这里关键在于求 $[-Y]_{补码}$。如果已知 $[Y]_{补码}$，那么对 $[Y]_{补码}$ 的每一位（包括符号位）都按位求反，然后再在末位加 1，结果即为 $[-Y]_{补码}$（证明从略）。

一般称 $[-Y]_{补码}$ 为对 $[Y]_{补码}$ 的"变补"，即 $[[Y]_{补码}]_{变补} = [-Y]_{补码}$；已知 $[Y]_{补码}$ 求 $[-Y]_{补码}$ 的过程叫变补。

这样一来，求两个带符号的二进制数之差，可以用"减数（补码）变补与被减数（补码）相加"来实现。这是补码表示法的主要优点之一。

【例 1-19】 用补码进行下列运算：

(1) $96-19$；

(2) $(-56)-(-17)$。

解：(1) $X=96$，$Y=19$，则

$[X]_{补码} = 01100000$　$[Y]_{补码} = 00010011$　$[-Y]_{补码} = 11101101$

```
    01100000    [X]补码
+)  11101101    [-Y]补码
   ─────────
  1 01001101   [X-Y]补码
    ↑
    └── 符号位的进位自动丢失
```

(2) $X=-56, Y=-17$,则

$$[X]_{补码}=11001000 \quad [Y]_{补码}=11101111 \quad [-Y]_{补码}=00010001$$

```
   11001000      [X]补码
+) 00010001      [-Y]补码
───────────
   11011001      [X-Y]补码
```

综上所述,对于补码的加、减运算可用下面的一般公式表示:

$$[X\pm Y]_{补码}=[X]_{补码}+[\pm Y]_{补码}(都小于 2^n+1)$$

3. 有符号数运算的溢出

当两个有符号数进行补码运算时,若运算结果的绝对值超出运算装置容量,则数值部分会发生溢出并占据符号位的位置,导致错误的结果。这种现象通常称为补码溢出,简称溢出。溢出的情况体现在:正数与正数相加,结果却变成了负数;或者负数与负数相加,结果却变成了正数,这显然是一种错误情况。溢出和正常运算时符号位的进位自动丢失在性质上不同。正常运算时,进位位自动丢失,只可能影响运算结果的精度,却不可能出现错误现象。

下面举例说明。某运算装置共有 5 位,除最高位表示符号位外,还有 4 位用来表示数值。先看下面两组运算。

【例 1-20】 计算 $13+7$。

解:分别用十进制和二进制补码的方法进行:

```
   +13           01101
+) + 7        +) 00111
──────        ─────────
   +20           10100 =-12
```

显然,上述用二进制补码的方法运算结果是错误的,因为两个正数相加不可能得到负数的结果,产生错误的原因是两个数相加后的数值超出了加法装置所允许位数(数值部分 4 位,可以表示的最大数值为 $2^4=16$),因而从数值的最高位向符号位产生了进位,或说这种现象是由"溢出"造成的。

【例 1-21】 计算 $(-4)+(-4)$。

解:分别用十进制和二进制补码的方法进行:

```
                    11100
                 +) 11100
                 ──────────
                  1 11000 =-8
   -4
+) -4              └── 符号位的进位自动丢失
──────
   -8
```

上述结果显然是正确的,由符号位产生的进位自动丢失,没有造成"溢出"现象。

为了保证运算结果的正确性,计算机必须能够判别出是正常进位还是发生了溢出错误。计算机中常用的溢出判别称为双高位判别法,并常用"异或"电路来实现溢出判别。其表达式为

$C_S \oplus C_P = 1$(表示计算结果有溢出)

C_S:最高位(符号位)产生进位的情况。$C_S=1$,有进位;$C_S=0$,无进位。

C_P:次高位(数值部分最高位)向符号位产生进位的情况。$C_P=1$,有进位;$C_P=0$,无

进位。

由表达式可知,在运算结果中,C_S 和 C_P 状态不同(为 01 或 10)时,产生溢出;当运算结果中的 C_S 和 C_P 状态相同(为 00 或 11)时,不产生溢出。

发生溢出时,$C_S C_P=01$ 为正溢出,通常出现在两个正数相加时;$C_S C_P=10$ 为负溢出,通常出现在两个负数相加时。

考查上面的两例:当 $C_S \oplus C_P = 0 \oplus 1 = 1$,有溢出且为正溢出;$C_S \oplus C_P = 1 \oplus 1 = 0$,无溢出。从而可知,正数和负数相加时,和肯定不会发生溢出。正数和正数相加、负数和负数相加,有可能发生溢出。下面举例说明溢出的判别方法。

【例 1-22】

```
    01000000      [+64]补码
+)  01000001      [+65]补码
    10000001      [-127]补码
```

由于 $C_S \oplus C_P = 0 \oplus 1 = 1$ 产生了溢出,并且是正溢出,导致运算结果出错(两个正数相加得到负数的结果)。

【例 1-23】

```
    10001011      [-117]补码
+)  01111001      [+121]补码
  1 00000100      [+4]补码
```

一个负数和一个正数相加,结果不溢出。此时,$C_S \oplus C_P = 1 \oplus 1 = 0$。

1.3.4 二进制数的逻辑运算

二进制数的逻辑运算包括逻辑加法("或"运算)、逻辑乘法("与"运算)、逻辑否定("非"运算)和逻辑"异或"运算。

1. 逻辑"或"运算

又称为逻辑加,可用符号"+"或"∨"来表示。逻辑"或"的运算规则如下:

0+0=0 或 0∨0=0
0+1=1 或 0∨1=1
1+0=1 或 1∨0=1
1+1=1 或 1∨1=1

可见,两个相"或"的逻辑变量中,只要有一个为 1,"或"运算的结果就为 1。仅当两个变量都为 0 时,或运算的结果才为 0。计算时,要特别注意和算术运算的加法之间的区别。

2. 逻辑"与"运算

又称为逻辑乘,常用符号"×"、"·"或"∧"表示。"与"运算遵循如下运算规则:

0×0=0 或 0·0=0 或 0∧0=0
0×1=0 或 0·1=0 或 0∧1=0
1×0=0 或 1·0=0 或 1∧0=0
1×1=1 或 1·1=1 或 1∧1=1

可见,两个相"与"的逻辑变量中,只要有一个为 0,"与"运算的结果就为 0。仅当两个变量都为 1 时,"与"运算的结果才为 1。

3. 逻辑"非"运算

又称为逻辑否定,实际上就是将原逻辑变量的状态求反,其运算规则如下:

$\overline{0}=1$

$\overline{1}=0$

可见,在变量的上方加一横线表示"非"。逻辑变量为 0 时,"非"运算的结果为 1;逻辑变量为 1 时,"非"运算的结果为 0。

4. 逻辑"异或"运算

"异或"运算常用符号"$\oplus$"或"$\forall$"来表示,其运算规则如下:

$0\oplus0=0$ 或 $0\forall0=0$

$0\oplus1=1$ 或 $0\forall1=1$

$1\oplus0=1$ 或 $1\forall0=1$

$1\oplus1=0$ 或 $1\forall1=0$

可见,两个相"异或"的逻辑运算变量取值相同时,"异或"的结果为 0;取值相异时,"异或"的结果为 1。

以上仅就逻辑变量只有一位的情况描述了逻辑"与""或""非""异或"运算的运算规则。当逻辑变量为多位时,可在两个逻辑变量对应位之间按上述规则进行运算。值得注意的是,所有的逻辑运算都是按位进行的,位与位之间没有任何联系,即不存在算术运算过程中的进位或借位关系,下面举例说明。

【例 1-24】 两变量的取值 $X=00\text{FFH}$,$Y=5555\text{H}$,求 $Z1=X\wedge Y$、$Z2=X\vee Y$、$Z3=\overline{X}$ 和 $Z4=X\oplus Y$ 的值。

解:$X=0000000011111111$,$Y=0101010101010101$

则:

$Z1=0000000001010101=0055\text{H}$,$Z2=0101010111111111=55\text{FFH}$

$Z3=1111111100000000=\text{FF00H}$,$Z4=0101010110101010=55\text{AAH}$

1.4 常用编码

在计算机中,文字、图形、声音、动画以及视频、电影等各种信息都是以 0 和 1 组成的二进制表示的。计算机之所以能识别这些信息的不同,是因为它们采用的编码规则不同。比如对文字而言,英文字符与汉字的编码规则就不同,英文字符采用单字节的 ASCII 码,而汉字采用的是双字节的汉字内码。随着需求的变化,这两种编码又被统一的 Unicode 码(由 Unicode 协会开发的能表示几乎世界上所有书写语言的字符编码标准)所取代。同样,图形、声音、视频等信息也有它们各自的编码。本书仅介绍最常用的 3 种计算机编码表示方法,即 BCD 码、ASCII 码和汉字编码。

1.4.1 BCD 码

1. BCD 码简介

在日常生活中,人们最熟悉的数制是十进制,然而在计算机中使用二进制数来表达一切信息,因此出现了这种二进制的形式表达的十进制数的编码,称为 BCD 码(Binary-Coded

Decimal)。BCD 码亦称二进制码十进制数或二－十进制码,它用 4 位二进制数来表示十进制数 0～9 这 10 个数码中的 1 位,是一种二进制的数字编码形式来表达十进制数。最常用的 BCD 码是 8421BCD 码,其中 8、4、2、1 分别是 4 位二进制数的位的权值。十进制数和 8421BCD 编码的对应关系如表 1.4 所示。

表 1.4 十进制数和 8421BCD 编码的对应关系

十进制数	8421BCD 编码	十进制数	8421BCD 编码
0	0000	5	0101
1	0001	6	0110
2	0010	7	0111
3	0011	8	1000
4	0100	9	1001

在使用 8421BCD 码时,其有效的编码仅 10 个,即 0000～1001。4 位二进制数的其余 6 个编码 1010,1011,1100,1101,1110,1111 不是有效编码。

BCD 码与十进制数的转换非常直观,例如,将十进制数 75.4 转换为 BCD 码:

$$75.4 = (0111\ 0101.0100)_{BCD}$$

再如,将 BCD 码 1000 0101.0101 转换为十进制数:

$$(1000\ 0101.0101)_{BCD} = 85.5$$

注意,一个由 8 位二进制代码表示的数,当它表示二进制数和二进制编码的十进制数时,其数值是不相同的。例如,00011000,当把它视为二进制数时,其值为 24;但作为 2 位 BCD 码时,其值为 18。

2. 分离 BCD 码和组合 BCD 码

分离 BCD 码是用一个字节的低 4 位编码表示十进制数的一位,而该字节的高 4 位必须为 0。例如,十进制数 82 的存放格式为:00001000;00000010,需要 2 字节来存放。

所谓组合 BCD 码,是用 1 字节存放将两位十进制数,例如,十进制数 82 的组合 BCD 码表示方法是 1000 0010。

【例 1-25】 求十进制数 123 的分离 BCD 码和组合 BCD 码。

解:123 的分离 BCD 码表示为

$$123 = (0000,0001;0000,0010;0000,0011)_{BCD}$$

123 的组合 BCD 码表示为

$$123 = (0001;0010;0011)_{BCD}$$

1.4.2 ASCII 码

ASCII(American Standard Code for Information Interchange,美国信息互换标准代码)是用二进制的形式来表达字符的一种编码。

在计算机中,所有的数据在存储和运算时都要使用二进制数表示,对于 a、b、c、d 这样的字符以及 0、1 等数字和一些常用的符号(如 *、#、@等)在计算机中存储时也要使用二进制数来表示。为了用二进制数表示这些字符,美国国家标准学会(American National Standard Institute,ANSI)制定了 ASCII 编码,它已被国际标准化组织(International Organization for Standardization,ISO)定为国际标准,称为 ISO 646 标准。

标准 ASCII 码也称为基础 ASCII 码,使用 7 位二进制数来表示所有的大写和小写字母、数字 0~9 以及一些特殊控制字符。注意,用一个字节表示标准 ASCII 码时,该字节的最高位必须为 0。标准 ASCII 码的对应关系表用行和列进行表示,其中行为高 3 位,列为低 4 位,最高位为 0,如表 1.5 所示。

表 1.5 标准 ASCII 表

LSB 和 MSB		0	1	2	3	4	5	6	7
		000	001	010	011	100	101	110	111
0	0000	NUL 空操作	DLE 转义	SP	0	@	P	`	p
1	0001	SOH 标题开始	DC1 设备控制 1	!	1	A	Q	a	q
2	0010	STX 正文开始	DC2 设备控制 2	"	2	B	R	b	r
3	0011	ETX 正文结束	DC3 设备控制 3	#	3	C	S	c	s
4	0100	EOT 传输结束	DC4 设备控制 4	$	4	D	T	d	t
5	0101	ENQ 询问	NAK 否定	%	5	E	U	e	u
6	0110	ACK 认可	SYN 同步	&	6	F	V	f	v
7	0111	BEL 响铃	ETB 信息组结束	'	7	G	W	g	w
8	1000	BS 退格	CAN 取消	(	8	H	X	h	x
9	1001	HT 横向制表	EM 纸尽	)	9	I	Y	i	y
A	1010	LF 换行	SUB 取代	*	:	J	Z	j	z
B	1011	VT 纵向制表	ESC 换码	+	;	K	[	k	{
C	1100	FF 换页	FS 文件分隔符	,	<	L	\	l	|
D	1101	CR 回车	GS 组分隔符	-	=	M	]	m	}
E	1110	SO 移出	RS 记录分隔符	.	>	N	↑	n	—
F	1111	SI 移入	US 单元分隔符	/	?	O	←	o	DEL 删除

1.4.3 汉字编码

1. 汉字输入码

汉字输入码是指从键盘上输入的代表汉字的编码,如区位码、拼音码、五笔字型码等。目前已有多种汉字输入方法,不同的输入法可能采用不同的汉字输入码。汉字输入码是面向输入者的,使用不同的输入码时的操作过程不同,但是得到的结果是一样的。

2. 区位码

区位码是一个 4 位的十进制数,每个区位码都对应一个唯一的汉字或符号,但因为很少用到十六进制数,所以人们常用的是区位码,它的前两位叫作区码,后两位叫作位码。一个汉字所在的区号和位号简单地组合在一起就构成了这个汉字的区位码。如"保"字在二维代码表中处于 17 区第 3 位,区位码即为 1703。

通常,在 DOS 下的各汉字系统中,同时按 Alt 键和 F1 键即可调用区位码输入方法。而在 Windows 中常用 Ctrl+空格键和 Ctrl+Shift 键调出区位码。如 2901 代表"健"字,4582 代表"万"字,8150 代表"楮"字,这些都是汉字,用区位码还可以很轻松地输入特殊符号,比如,0189 代表"※"(符号),0528 代表"ゼ"(日本语),0711 代表"И"(俄文),0949 代表"┬"(制表符)。注意,区位码都是以十进制的形式表示的。

在区位码中汉字和其他字符的编排规则如下:

第 01~09 区,分别存放了 682 个标点符号、运算符号、制表符、数字、序号、英文字母、俄文字母、日文假名、希腊字母、汉语拼音字母、汉语注音字母等;

第 10～15 区,有待扩展的空白区;

第 16～55 区,按照汉语拼音的顺序依次存放了 3755 个一级汉字(最常用的汉字);

第 56～87 区,按照部首顺序依次存放了 3008 个二级汉字(次常用的汉字);

第 88 区以后,有待扩展的空白区。

3. 国标码

为了使每个汉字有一个全国统一的代码,我国颁布了第一个汉字编码的国家标准:GB 2312—1980《信息交换用汉字编码字符集——基本集》。《信息交换用汉字编码字符集——基本集》是我国中文信息处理技术的发展基础,也是目前国内所有汉字系统的统一标准。由于 7 位的 ASCII 码最多只能够表示 128 个(7 位二进制数)不同的字符,而且已经被英文字符占用了,因此 GB 2312—1980《信息交换用汉字编码字符集——基本集》的国家标准采用了扩充编码的办法,使用 2 字节(16 位二进制数)表示一个字符或者汉字的编码。

国标码的思想来源于区位码,只不过是采用 4 位十六进制来表示一个汉字或字符。国标码并不等于区位码,它可由区位码稍作转换得到,其转换方法为:先将十进制区码和位码转换为十六进制的区码和位码,再将这个代码的第一个字节和第二个字节分别加上 20H,就得到国标码。如:"保"字的国标码为 3123H,它可以经过如下转换得到的:

17D,03D—>11H,03H,分别加 20H,则得到 3123H。

4. 内码

国标码是汉字表达的一种编码,是不可能在计算机内部直接采用的,为了让汉字信息在计算机内部进行存储、交换、检索等操作,同时为了让汉字的编码与国际上的字符表示形式(ASCII)统一,于是出现了汉字的内码。汉字的机内码从国标码变换而来,其转换方法为:将国标码(二进制)的两个字节的最高位由 0 改 1,其余 7 位不变,如:由上面的介绍可知,"保"字的国标码为 3123H,前字节为 00110001B,后字节为 00100011B,高位改 1 为 10110001B 和 10100011B,即为 B1A3H,因此,汉字的机内码就是 B1A3H。

综上所述,对于"保"字而言,无论采用什么输入法,它在计算机中都是以 B1A3H 进行存储或传输的,但我们平常在讨论这个字时,通常说"保"的国标码是 3123H。

*1.5 定点数与浮点数[①]

日常表示的数据类型主要有两种:一是一般的数据表示形式,如 123、98.7 等;二是科学记数法表示的数据形式,如 1.25×10^8 等。这两种数据类型对应在计算机中的表示形式就是定点数和浮点数。

1.5.1 定点数

对一个一般的二进制数据,在计算机中除了要表示其数值外,还要表示其符号(正或负)和小数点。我们可以使用一位二进制表示符号,如 0 表示正号,1 表示负号。而对于小数点则需要采取一些特殊的处理方法。

所谓定点数,是指数据的小数点位置固定不变。由于定点数的小数点位置是固定的,因

---

① 注:标注 * 表示本节内容可选读。

此小数点"."就不需要表示出来。在计算机中,定点数主要分为两种:一是定点整数,即纯整数;二是定点小数,即纯小数。在采用定点数表示的机器中,对于非纯整数或纯小数的数据,在处理前必须先通过合适的比例因子转换成相应的纯整数或纯小数,运算结果再按比例转换回去。在对小数点位置做出选择之后,运算中的所有数均应统一为定点整数或定点小数,在运算中不再考虑小数问题。

1.5.2 浮点数

由于在计算机中表示数据的二进制位数(称为字长)是有限的,因此定点数所表示的数据范围也很有限,对于一些很大的数据就无法表示。例如,使用 16 位二进制表示纯整数,其表示范围仅为 0~16 383(正数)。为此,人们基于生活中常见的十进制数据的科学记数法思想,采用一种称为浮点数的表示法来表示更大的数。

在浮点数表示中,数据被分为两部分:尾数和阶码。尾数表示数的有效数位,阶码则表示小数点的位置。加上符号位,浮点数据可以表示为

$$N = (-1)^S \times M \times R^E$$

其中,M(mantissa)是浮点数的尾数,R(radix)是基数,E(exponent)是阶码,S(sign)是浮点数的符号位,在计算机中表示为

S	E_0	$E_1\ E_2\ \cdots\ E_m$	$M_1\ M_2\ \cdots\ M_n$
数符	阶符	阶码	尾数

在计算机中,基数 R 取 2,因为是常数,所以约定不需要表示出来;阶码 E 用定点整数表示,它的位数越长,浮点数所能表示的数的范围越大;尾数 M 用定点小数表示,它的位数越长,浮点数所能表示的数的精度越高。

由于定点数与浮点数是小数在计算机内部的存储与表达方式,其理解过程极其复杂,本书不做重点讲解。

习题

1. 将下列十进制数分别转换为二进制数、十六进制数和压缩 BCD 码。
   (1) 15.32   (2) 325.16
2. 将下列二进制数分别转换为十进制数、八进制数和十六进制数。
   (1) 1100 1010   (2) 1001 0101
3. 将下列十六进制数分别转换为二进制数、十进制数。
   (1) FAH   (2) 12B8H
4. 写出下列二进制数的原码、反码和补码。

真 值	原 码	反 码	补 码
(1) +0010101B			
(2) +1110001B			
(3) +1010011B			
(4) −0010101B			

续表

真　值	原　码	反　码	补　码
（5）－1111011B			
（6）－1001010B			

5. 已知下列补码,求出其真值。

（1）87H　　（2）3DH　　（3）0B62H　　（4）3CF2H

6. 按照字符所对应的 ASCII 码表示,查表写出下列字符的 ASCII 码。

（1）A　　（2）g　　（3）W　　（4）*

7. 下列各数均为十进制数,试用 8 位二进制补码计算下列各题,判断说明运算结果是否溢出。

43＋18（举例）	＝00101011B＋00010010B＝00111101B＝61	未溢出
－52＋17		
72－8		
50＋87		
（－33）＋（－47）		

第 2 章　计算机的基本工作原理
CHAPTER 2

计算机由中央处理单元和外部接口电路组成,其主要任务是执行程序。本章首先介绍计算机的基本组成单元及其体系结构,然后介绍数据(包括指令、数据)在计算机中的单位,最后介绍计算机的具体工作过程。

2.1　计算机的组成单元

计算机一般由中央处理单元(CPU)、存储器、输入/输出设备等几大部件构成,这些部件之间通过总线进行数据通信,如图 2.1 所示。其中,CPU 通过总线与存储器和输入/输出接口电路相连,而输入/输出接口电路通过一系列接口信号与输入/输出设备相连。输入/输出设备又叫外部设备,简称外设,如键盘、鼠标、显示器、打印机等。

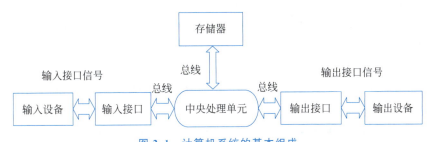

图 2.1　计算机系统的基本组成

值得注意的是,在图 2.1 中,输入/输出设备之间、输入/输出设备和内存之间不能直接进行访问,它们只能通过总线与 CPU 进行数据通信,当需要在输入/输出设备之间、输入/输出设备和存储器之间进行通信时,必须经过 CPU 中转。

2.2　中央处理单元

本章所介绍的 CPU 是芯片内部最核心的功能部分,即中央处理单元(Central Processing Unit)。CPU 内部包括算术逻辑部件、寄存器部件和控制部件等。

(1) 算术逻辑部件(Arithmetic Logic Unit,ALU):中央处理单元的核心组成部分,主要功能是进行二进制的算术或逻辑运算,其中二进制都以补码的形式进行运算。

(2) 寄存器部件:包括通用寄存器、专用寄存器和控制寄存器。通用寄存器又分为定点数和浮点数两类,它们的功能是保存指令中的寄存器操作数和操作结果。通用寄存器是中央处理单元的重要组成部分,大多数指令都需要访问通用寄存器。专用寄存器是执行一些特殊操作时所需使用的寄存器。控制寄存器通常用来指示机器执行的状态,或者保持某些指针等。

(3) 控制部件:主要负责对指令译码,并且发出完成每条指令所需要执行的各个操作的控制信号(如读控制、写控制等)。CPU 在对指令译码以后,发出一定时序的控制信号,按给定顺序以时钟周期为节拍完成某条指令的执行。

2.3 存储器

2.3.1 计算机存储简介

存储器(Memory)是计算机系统中的记忆设备,用来存放程序和数据。计算机中的全部信息,包括输入的原始数据、计算机程序、中间运行变量和最终运行结果都保存在存储器中。存储器可分为以下几种。

1. 按存储介质分类

(1) **半导体存储器**:由半导体器件组成的存储部件叫半导体存储器,比如计算机中的内存条、U 盘等。半导体存储器具有体积小、功耗低、存取时间短等优点。半导体存储器又可按其材料的不同,分为双极型(TTL)半导体存储器和 MOS 半导体存储器两种。TTL 半导体存储器具有高速的特点,而 MOS 半导体存储器具有高集成度的特点,并且制造简单、成本低廉、功耗小,故 MOS 半导体存储器得到广泛应用。

(2) **磁表面存储器**:如计算机中的硬盘。磁表面存储器是在金属或塑料基体的表面上涂一层磁性材料作为记录介质,工作时磁层随载磁体高速运转,用磁头在磁层上进行读写操作,故称为磁表面存储器。由于磁表面存储器采用具有矩形磁滞回线特性的材料作磁表面物质,它们按其剩磁状态的不同而区分 0 或 1,而且剩磁状态不会轻易丢失,故这类存储器具有非易失性的特点。

(3) **光介质存储器**:如光盘等,光介质存储器是应用激光在记录介质(磁光材料)上进行读写的存储器,具有非易失性的特点。光盘具有记录密度高、耐用性好、可靠性高和可互换性强等优点。

2. 按应用分类

按照与 CPU 的接近程度,存储器分为内存储器与外存储器,简称内存与外存,如图 2.2 所示。

在图 2.2 中,内存储器一般是指半导体存储器,它属于计算机必不可少的组成部分;外存储器又常称为辅助存储器,一般指硬盘、软盘或光盘等,它们属于外部设备。在 80386 以上的高档微机中,还配置了高速缓冲存储器(cache),简称高速缓存。

将存储器分为几个层次主要基于下述原因:合理解决速度与成本的矛盾,以得到较高的性能价格比。半导体存储器速度快,但价格高,容量不宜做得很大,因此仅用作与 CPU 频繁交流信息的内存储器。磁盘存储器价格较低,可以把容量做得很大,但存取速度较慢,因此用作存取次数较少,且需存放大量程序、原始数据和运行结果的外存储器。计算机在执行

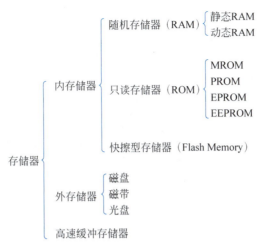

图 2.2　存储器的分类

某项任务时,仅将与此有关的程序和原始数据从磁盘上调入容量较小的内存,通过 CPU 与内存进行高速的数据处理,然后将最终结果通过内存再写入磁盘。这样的配置价格适中,综合存取速度较快。

为解决高速的 CPU 与速度相对较慢的主存的矛盾,计算机中还使用了高速缓存。高速缓存是一种速度很快、价格更高的半导体静态存储器,它通常与微处理器集成在一起,存放当前使用最频繁的指令和数据。当 CPU 读取指令与数据时,将同时访问高速缓存。如果所需内容在高速缓存中,则能立即获取;若没有,则从内存中读取。高速缓存中的内容会根据实际情况及时更换。这样,通过增加少量成本即可获得很高的速度。

内存、外存和高速缓存的关系如图 2.3 所示。

在图 2.3 中,虚线表示当计算机中有高速缓存时,CPU 将优先使用高速缓存,然后与内存进行数据通信;当计算机中没有高速缓存时,CPU 直接与内存进行数据通信。如果 CPU 需要与外部存储器进行数据通信,那么必须经过内存。

寄存器位于 CPU 内部,其主要功能也是存储数据,但寄存器不是存储器。从存储数据的角度来看,各种存储手段的速度快慢如图 2.4 所示。

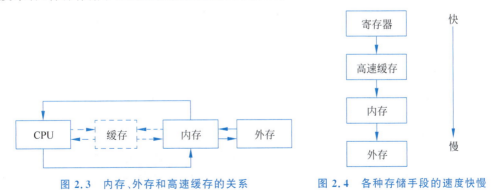

图 2.3　内存、外存和高速缓存的关系　　图 2.4　各种存储手段的速度快慢

3. 按数据存取方式分类

按数据存取方式可把存储器分为随机存取存储器和只读存储器。

1) 随机存取存储器(Random Access Memory,RAM)

随机存取存储器是一种可读写的存储器,其特点是存储器的任何一个存储单元的内容都可以随机存取,而且存取时间与存储单元的物理位置无关。计算机系统中的内存都采用这种随机存取存储器。由于存储信息原理的不同,RAM 又分为静态 RAM(基于触发器原理寄存信息)和动态 RAM(基于电容充放电原理寄存信息)。

2) 只读存储器 ROM(Read Only Memory,ROM)

只读存储器是能读出其存储的内容,而不能对其重新写入的存储器。这种存储器一旦存入了原始信息后,在程序执行过程中,只能将内部信息读出,而不能随意写入新的信息去改变原始信息。因此,通常用它存放固定不变的程序、常数以及汉字字库,甚至用于操作系统的固化。

2.3.2 半导体存储器

半导体存储器是一种以半导体电路作为存储介质的存储器。半导体存储器按其功能可分为随机存取存储器和只读存储器两大类。

1. 随机存取存储器

在正常情况下,计算机可以随机写入或读出随机存取存储器中的信息。读取数据时,随机存取存储器中的原数据不变;写入新数据后,随机存取存储器中原数据自然消失,并为新数据代替。随机存取存储器属易失性存储器,停止向芯片供电后,它所保存的信息全部丢失,主要用来存放临时的程序和数据。

随机存取存储器按信息存储的方式又分为静态 RAM 和动态 RAM 两种。

1) 静态 RAM(Static RAM,SRAM)

SRAM 的存取速度非常快,其基本存储电路是由 6 个 MOS 管组成 1 位,故集成度较低,功耗也较大。SRAM 无须不断充电即可正常运作,因此它比一般的动态随机处理内存更快、更稳定,往往用 SRAM 作高速缓存。

2) 动态 RAM(Dynamic RAM,DRAM)

DRAM 将每个数据位作为一个电荷保存在位存储单元中,用电容的充放电来保持对数据的读写。由于电容存在漏电问题,因此必须每隔几微秒就要刷新一次,否则数据会丢失。DRAM 的速度比 SRAM 慢,但比 ROM 快,计算机中的内存条通常就属于 DRAM。DRAM 的种类非常多,下面仅列出比较常见的几种。

(1) DRAM:DRAM 是最老式的动态存储器,在寻址上没有任何优化,速度很慢,曾经在 386 以前的计算机上使用。

(2) FPRAM(FastPage RAM):快页内存,以页面方式读取数据,比 DRAM 快,曾经在 486 上的计算机使用。

(3) SDRAM(Sychronous DRAM):同步内存,早期的 PC 内存的时钟和 CPU 外部时钟不是同步的,这就会导致在每次读写数据的时候需要协同时间,效率不高,而 SDRAM 可以和 CPU 的外部时钟同步运行,以提高读写效率。SDRAM 曾经在 Pentium 到 Pentium Ⅲ的计算机上广泛使用,目前绝大多数的嵌入式系统均使用 SDRAM。

(4) DDR RAM/DDR SDRAM(Double Date-Rate RAM):DDR RAM/DDR SDRAM 是一种改进型的 RAM/SDRAM,不同之处在于它可以在一个时钟周期内读写两次数据,这

样就使得数据传输速率加倍。DDR RAM/DDR SDRAM 是目前计算机中用得最多的内存（内存条）。在很多高端的显卡上也配备了高速 DDR RAM，以大幅提高 3D 加速的像素渲染能力。

（5）RDRAM(Rambus DRAM)：Intel 公司的专利技术，它使用了一种高速串行方式，该方式在连续读写时非常有利，在随机读写时优势不明显。由于 RDRAM 成本高昂，因此无法成为主流产品，仅用在一些高档的 PIV 计算机和服务器上。

（6）VRAM(Video RAM)：一种双端口的 RAM，可以在一端写入的同时在另一端读出。VRAM 通常被应用在显卡上，一端可以写入屏幕数据，另一端由 RAMDAC(数字/模拟信号转换器)读出数据并转换成视频信号输出到显示器。

2. 只读存储器

ROM 是只读存储器(Read-Only Memory)的简称，是一种只能读出事先所存数据的半导体存储器，其存储的信息是在特殊条件下写入的，即使停电其信息也不会丢失。因此，这种存储器适合存储固定不变的程序和数据。ROM 存储器按工艺常分为掩模 ROM(Mask-ROM)、可编程只读存储器（Programmable ROM，PROM)、可擦除可编程只读存储器(Erasable Programmable ROM，EPROM)和电可擦除可编程的只读存储器(Electrically Erasable Programmable ROM，EEPROM)等。

（1）掩模 ROM：其存储的信息是在掩模工艺制造过程中固化进去的，信息一旦固化便不能再修改。因此，掩模 ROM 适合于大批量的定型产品，该产品一般属于定制，它具有工作可靠和成本低等优点。

（2）可编程只读存储器(PROM)：可编程只读存储器可以用专门的工具写入所需的数据信息，但仅能写入一次。PROM 在出厂时，存储的内容全为 1，用户可以根据需要将其中的某些单元写入数据 0(部分 PROM 在出厂时数据全为 0，则用户可以将其中的部分单元写入 1)，以实现对其"编程"的目的。

（3）可擦除可编程只读存储器(EPROM)：EPROM 是一种可擦除 PROM，用户可根据需要对它进行多次写入和擦除。但每次写入之前，一定要先擦除。按照信息擦除方法的不同，EPROM 又可分为紫外线擦除的 EPROM 和电可擦除的 EPROM(EEPROM)。通常其内容的擦除、写入都用专门的工具完成，操作比较简单。早期某些计算机主板的 BIOS 就使用了这种 ROM。EEROM 与紫外线擦除的 EPROM 不同，EEROM 的擦写可以用电路而不是紫外线完成。擦写的电压比读入电压要高，通常在 20V 以上，擦写速度也较 EPROM 快。

（4）闪速存储器或快擦型存储器(Flash ROM / Flash EEPROM)：近几年，Flash 技术趋于成熟，它结合了 OTP 存储器的成本优势和 EEPROM 的可再编程性能，是目前比较理想的存储器。Flash 具有电可擦除、不需要后备电源来保护数据、可在线编程、存储密度高、低功耗、成本较低等特点。这些特点使得 Flash 在嵌入式系统中获得了广泛使用。Flash 和 EEPROM 技术十分相似，主要差别在于 Flash 一次能擦除一个扇区，而 EEPROM 一次擦除一个字节。Flash 的总体性价比较高，因而比 EEPROM 更加流行，迅速取代了很多 ROM 器件。

2.3.3　半导体存储器的工作原理

1. 半导体存储器的基本结构

一般情况下，一个半导体存储器芯片内部由以下几部分组成，如图 2.5 所示。

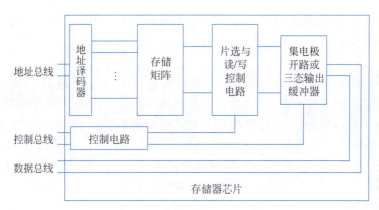

图 2.5　存储器芯片内部构成

1) 基本存储单位

一个基本存储单位可以存放一位二进制信息,其内部具有两个稳定的且相互对立的状态,外部电路能对其状态进行识别和改变。不同类型的基本存储单位决定了由其所组成的存储器件的类型。

2) 存储矩阵

存储矩阵又叫存储体,由多个基本存储单元构成。一个基本存储单元一般包含 8 个存储单位(一个存储单位只能保存一位二进制信息,若要存放 $m \times n$ 个二进制信息,就需要用 $m \times n$ 个基本存储单位),它们按一定的规则排列起来。

3) 地址译码器

半导体存储器芯片由许多存储单元构成,每个存储单元一般存放 8 位二进制信息(即 8 个存储单位),为了加以区分,必须首先为这些存储单元编号,即分配给这些存储单元不同的地址。地址译码器的作用就是用来接收 CPU 送来的地址信号并对它进行译码,选择与此地址码相对应的存储单元,以便对该单元进行读/写操作。

4) 片选与读/写控制电路

片选信号用于实现芯片的选择。对于一个芯片来讲,只有当片选信号有效时,才能对其进行读/写操作,未被选中的芯片,处于高阻态。片选信号一般由地址译码器的输出及一些控制信号来形成,而读/写控制电路则用来控制对芯片的读/写操作。

5) 集电极开路或三态输出缓冲器

为了扩充存储器系统的容量,常常需要将几个 RAM 芯片的数据线并联使用或与双向的数据线相连,这就要用到集电极开路或三态输出缓冲器。

2. 存储器的基本技术指标

存储器的主要技术指标是存储容量和存储时间。值得注意的是,这些技术指标只针对存储器芯片自身而言,与 CPU 没有任何关系。

1) 存储容量

存储容量是指存储器能存放二进制代码的总位数(bit),即

$$存储容量 = 存储单元个数 \times 存储字长 = 2^n * m (\text{bit})$$

其中,存储单元个数由该存储器芯片的地址线的根数决定的,如果存储器芯片有 n 条地址线,则该存储器芯片具有 2^n 个存储单元。存储字长由存储器芯片的数据线的根数决定的,

如果存储器芯片有 m 条数据线,则该存储器芯片的存储字长为 m。例如,一个存储芯片的地址线为 10 根,数据线为 4 根,则该芯片容量为 $2^{10}\times 4B=4KB$。

2）存取时间

存取时间又叫存储器的访问时间(Memory Access Time),它是指启动一次存储器操作（读或写）到完成该操作所需的全部时间。存取时间分读出时间和写入时间两种。读出时间是从存储器接收到有效地址开始,到产生有效输出所需的全部时间。写入时间是从存储器接收到有效地址开始,到数据写入被选中单元为止所需的全部时间。

3）存取周期

存取周期是指存储器进行连续两次独立的存储器操作（如连续两次读操作）所需的最小间隔时间,通常存取周期大于存取时间。MOS 型存储器的存取周期可达 100ns；双极型 TTL 存储器的存取周期接近 10ns。

3. 存储单元的地址和存储内容

存储单元的地址和存储在该单元中的内容是两个截然不同的概念。一个数存放在存储器中时,这个数的大小即为存放的内容；这个数存放的位置即为存放该数的地址。存放这个数的地址是由指向该数的地址线上的信息决定的。比如,一个存储器芯片的地址线有 10 根,数据 12H 存放在该存储芯片的地址 100H 处,在 CPU 访问该数据时,在地址线上的信息即是 0100000000B。通过这 10 根地址线上的信息,找到数据 12H 存放的地址 100H,CPU 将 12H 读取出来,然后通过数据线将 12H 传递到 CPU 中,此时数据线上的信息是 00010010B,如图 2.6 所示。

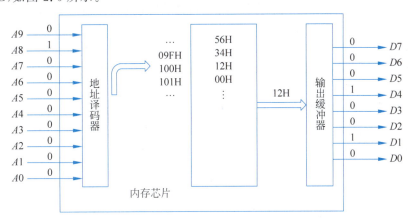

图 2.6　存储单元的地址和存储内容

2.4　I/O 接口

根据前面的介绍,CPU 是计算机系统中最核心的组成部分,它包括算术逻辑部件、寄存器部件和控制部件等。然而,计算机仅有 CPU 和存储器是不能正常工作的,还必须配上各种外部设备,如键盘、鼠标、显示器等。计算机系统通过 I/O 设备与外界交换信息,因此 I/O 设备是计算机系统的重要组成部分。在计算机系统中,I/O 接口是 CPU 与各种 I/O 设备进行数据通信的中间桥梁,各种 I/O 设备必须通过 I/O 接口与系统相连,并在接口的支持下完成各种方式的数据传送。对于 CPU 而言,I/O 接口电路提供了 I/O 设备工作状态数据的存储功能；对于 I/O 设备而言，I/O 接口电路则记忆了 CPU 下达给外部设备的一切命令和数据，从而使 CPU 与 I/O 设备之间协调一致地工作。

值得注意的是，通常情况下 I/O 接口是一种接口电路，因此在一些场合将 I/O 接口又称为接口电路。一方面，I/O 接口电路通过总线与 CPU 相连；另一方面，I/O 接口电路通过接口信号与外部设备相连。

2.4.1 I/O 接口的功能

I/O 接口的主要任务是要解决 CPU 与 I/O 设备进行数据交换时存在的问题，包括如下功能。

1. 锁存功能

众所周知，CPU 的速度很快，而一些外部设备如光盘等的速度非常慢，因此需要在接口电路中设置数据锁存器，以将 CPU 输出的信息在锁存器中锁存，再由外设进行处理，从而解决 CPU 与外部设备之间的速度匹配问题。

2. 缓冲隔离功能

在某一时刻，CPU 只能和一个外部设备进行数据通信。在 CPU 与某一外设通信时，该设备处于活动状态，其他时间该设备对 CPU 总线呈高阻状态，这样设备之间就互不干扰，一般在接口电路中设置输入三态缓冲器以满足上述要求。

3. 转换功能

通过接口电路，可以实现模拟量与数字量之间的转换，或外设电平幅度不符合 CPU 要求，通过接口电路进行电平匹配，也可以通过接口实现串行数据与并行数据的转换。

4. 联络功能

通过接口电路，可使 CPU 与外部设备通信前事先联络，当收发双方都处于"就绪状态"时再通信，以避免通信错误，提高效率。

5. 对外部设备编址（译码）功能

一个计算机系统往往要连接多台外部设备，而外部设备是通过接口电路挂到系统总线上的，只有通过接口电路对不同的外部设备分配不同的地址，这样 CPU 才能实现与指定的外部设备交换信息。

2.4.2 CPU 与 I/O 接口之间的信息

1. 数据信息

在计算机中，数据通常为 8 位或 16 位。它大致可以分为 3 种基本类型。

（1）数字量：二进制形式表示的数或以 ASCII 码表示的数或字符。

（2）模拟量：当计算机用于控制外部设备时，大量的现场信息经过传感器把非电量（例如，温度、压力、位移等）转换为电压或者电流，属于模拟量。这些模拟量必须先经过 A/D 转换才能输入计算机；计算机的控制输出也必须经过 D/A 转换才能去控制执行机构。此时，A/D 转换或 D/A 转换电路就是 CPU 与外部设备之间的 I/O 接口电路。

（3）开关量：仅具备两个状态的量，如电动机的运转与停止、开关的合与断、阀门的打开和关闭等。这些量只要用一位二进制数（0 或 1）即可表示。

2. 状态信息

状态信息指外部设备与 CPU 进行数据通信时所处的状态。在输入时，输入装置需要提供给 CPU 是否准备好(Ready)的信息;在输出时,输出装置需要提供给 CPU 是否有空(Empty)的信息,若输出装置正在输出信息,则以 Busy 指示等。

3. 控制信息

控制信息用于控制输入/输出装置的启动或停止等。

虽然状态信息和控制信息与数据信息是不同性质的信息,必须分别传送。但是,当 CPU 与 I/O 接口进行通信时,外设的状态是一种数据输入,而 CPU 的控制命令是一种数据输出,它们均通过数据总线传递。

2.4.3 I/O 接口的内部结构

I/O 接口电路是 CPU 与外部设备之间的桥梁,所有外部设备必须通过 I/O 接口电路才能与 CPU 相连。在 CPU 与外部设备进行数据通信时,CPU 通过总线与 I/O 接口电路相连,I/O 接口电路通过接口信号线与外部设备相连,如图 2.7 所示。通常情况下,I/O 接口电路与外部设备之间需要传递控制信息、数据信息和状态信息 3 种信息。其中,控制信息由 CPU 通过 I/O 接口电路发给外部设备,因而是单向的;数据信息可以在 CPU 和外部设备之间双向传输;状态信息仅由外部设备传递给 I/O 接口电路,然后传递给 CPU,以让 CPU 读取外部设备的状态,因而也是单向的。

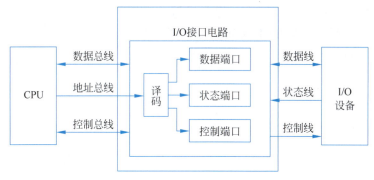

图 2.7 I/O 接口电路

在接口电路中,通常使用数据端口存储与外部设备之间传输的数据,用状态端口存储外部设备提供的状态信息,用控制端口存储传递给外部设备的控制信息。

计算机中所有能被指令直接寻址的 I/O 接口被称为端口。CPU 对外部设备进行访问时,必须通过端口。每个端口均有各自的编号,即端口地址。一个端口地址只能对应一个端口,绝不允许两个端口共用一个地址,否则寻址时将发生混乱。一个接口电路往往有几个端口地址,CPU 寻址的是接口电路的端口,然后通过接口电路访问外部设备,而不是直接访问外部设备。

2.5 总线

在计算机系统中,CPU 需要与一定数量的部件和外部设备连接,但如果将各部件和每一种外部设备都分别用一组线路与 CPU 直接连接,那么连线将会错综复杂,甚至难以实现。为了简化硬件电路设计,常用一组线路配置以适当的接口电路与各部件和外部设备连接,这组共用的连接线路被称为总线。采用总线结构便于部件和设备的扩充,可在不同设备之间实现互连。

总线一般有内部总线、系统总线和外部总线三大类。内部总线是计算机系统内部各外部芯片与CPU之间的总线,用于芯片一级的互连,如图2.1中的CPU与外部设备和内存之间连接的总线;而系统总线是计算机中各插件板与系统板之间的总线,用于插件板一级的互连,如PC中的主板与声卡、显卡之间的连线;外部总线则是计算机和外部设备之间的总线,如PC中的USB连线,它用于设备一级的互连。可以这么理解,从PC的角度而言,内部总线是PC主板上各芯片之间的联系通道;系统总线是PC主板和各种插卡之间的联系通道;外部总线是PC主机和外部设备(如U盘、打印机)之间的联系通道。

另外,从广义上说,计算机通信方式可以分为并行通信和串行通信,相应的通信总线被称为并行总线和串行总线。并行通信速度快、实时性好,但由于占用的口线多,不适于小型化产品;而串行通信速率虽低,但在数据通信吞吐量不是很大的微处理电路中则显得更加简易、方便、灵活。

2.5.1 内部总线

通常情况下,如果不作特殊说明,总线一般指内部总线,即CPU与内存和I/O接口电路之间的连线,如图2.8所示。内部总线一般由地址总线(address bus)、数据总线(data bus)和控制总线(control bus)组成。在某些计算机系统中,数据总线和地址总线可以在地址锁存器控制下被共享,也即复用,比如51单片机系列。

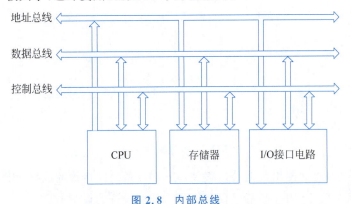

图2.8 内部总线

值得注意的是,任何计算机系统的内部总线只有一组,CPU与存储器和各种I/O接口电路相互通信都是通过这一组公共的内部总线进行。图2.1中用3组总线表示的目的是进一步表明各种输入/输出设备之间、输入/输出设备和内存之间不能直接进行访问,它们只能通过总线与CPU进行信息通信,当需要输入/输出设备之间、输入/输出设备和内存之间进行通信时,必须经过CPU中转。因此,图2.1中所表示的3组总线实际上是同一组总线。

1. 地址总线

地址总线专门用来传送地址信息。地址总线的位数往往决定了存储器存储空间的大小,比如地址总线为16位,则其最大可存储空间为2^{16}个单元(64KB)。

一般来说,总是CPU对外部的内存或外设进行寻址,故地址总线在通常情况下是单向的,由CPU指向内存或外设。由于计算机系统中的总线只有一套,CPU发出地址信号后,总线上的所有部件均感受到该地址信号,但只有经过译码电路选中的一个部件才接收CPU

的控制信号,并与之通信。因此地址总线是三态的,被译码电路选中的那个部件处于激活状态,其他所有未被选中的处于高阻态。

2. 数据总线

数据总线用于传送数据信息。数据总线通常采用双向(输入/输出)形式的总线。数据总线的位数通常与微处理的字长一致。例如,Intel 8086 微处理器字长 16 位,其数据总线宽度也是 16 位。在实际工作中,数据总线上传送的并不一定是完全意义上的数据,比如指令也在数据总线上进行传输。同样地,数据总线是三态的,未被译码电路选中的部件,不驱动数据总线(其数据引脚为高阻态)。

3. 控制总线

控制总线用于传送控制信息和状态信息。如 CPU 对外部存储器进行操作时要先通过控制总线发出读/写信号、片选信号和读入中断响应信号等。控制总线一般是双向的,其传送方向由具体控制信号而定,比如读、写信号是由 CPU 传向接口电路,而状态信号是由接口电路传向 CPU 的,控制信号的位数也要根据系统的实际控制需要而定。

再次强调,在以后的章节中,如果没有特殊说明,所提及的总线一般指内部总线。

2.5.2 系统总线

1. ISA(Industry Standard Architecture)总线

ISA 总线是 IBM 公司 1984 年为推出 PC/AT 机而建立的系统总线标准,所以也叫 AT 总线。它是对 XT 总线的扩展,以适应 8 位/16 位数据总线要求。它在 80286 至 80486 时代应用非常广泛,以至于现在 Pentium 机中还保留有 ISA 总线插槽。ISA 总线有 98 个引脚,它是 16 位标准总线,数据传输速率为 8MB/s。

2. EISA(Extended Industry Standard Architecture)总线

EISA 总线是 1988 年由 Compaq 等 9 家公司联合推出的总线标准。它是在 ISA 总线的基础上使用双层插座,在原来 ISA 总线的 98 根信号线上又增加了 98 根信号线,也就是在两根 ISA 信号线之间添加一根 EISA 信号线。在实用中,EISA 总线完全兼容 ISA 总线信号,它是扩展工业标准体系结构,32 位标准总线,数据传输速率为 33MB/s。

3. VESA(Video Electronic Standard Association)总线

VESA 总线是 1992 年由 60 家附件卡制造商联合推出的一种局部总线,简称 VL 总线(VESA Local bus)。它使用 33MHz 时钟频率,最大传输速率达 132MB/s,可与 CPU 同步工作。VESA 总线是一种高速、高效的局部总线,可支持 386SX、386DX、486SX、486DX 及 Pentium 微处理器,数据传输速率为 133MB/s。

4. PCI(Peripheral Component Interconnect)总线

PCI 总线是当前最流行的总线之一,它是由 Intel 公司推出的一种局部总线。它定义了 32 位数据总线,且可扩展为 64 位。PCI 总线主板插槽的体积比原 ISA 总线插槽还小,其功能相比 VESA、ISA 有极大的改善,支持突发读写操作,最大传输速率可达 132MB/s,可同时支持多组外部设备。PCI 局部总线不能兼容现有的 ISA、EISA、MCA(Micro Channel Architecture)总线,但它不受制于处理器,数据传输速率为 132MB/s。

5. Compact PCI 总线

以上所列举的几种系统总线一般都用于商用或家用 PC 中。在计算机系统总线中,还有另一大类为适应工业现场环境而设计的系统总线（通常所说的工控机），比如 STD 总线、VME 总线、PC/104 总线等。Compact PCI 总线是其中使用最广泛的一种。Compact PCI 是第一个采用无源总线底板结构的 PCI 总线，是 PCI 总线的电气和软件标准加欧式卡的工业组装标准。它是在原来 PCI 总线基础上改造而来，利用 PCI 的优点提供满足工业环境应用要求的高性能核心系统，同时还考虑充分利用传统的总线产品，如 ISA、STD、VME 或 PC/104 来扩充系统的 I/O 和其他功能。

2.5.3 外部总线

1. RS-232-C 总线

RS-232-C 是美国电子工业协会（Electronic Industry Association，EIA）制定的一种串行物理接口标准。RS 是英文"推荐标准"的缩写，232 为标识号，C 表示修改次数。RS-232-C 总线标准设有 25 根信号线，包括一个主通道和一个辅助通道，在多数情况下主要使用主通道。对于一般双工通信，仅需几根信号线就可实现，如一根发送线、一根接收线及一根地线。RS-232-C 属单端信号传送，存在共地噪声和不能抑制共模干扰等问题，因此一般用于 20m 以内的通信。

2. RS-485 总线

在通信距离为几十米到上千米时，可采用 RS-485 串行总线标准替代 RS-232-C 总线。RS-485 采用平衡发送和差分接收，因此具有抑制共模干扰的能力。RS-485 总线收发器具有高灵敏度，能检测低至 200mV 的电压，故传输信号能在千米以外得到恢复。RS-485 采用半双工工作方式，任何时候只能有一点处于发送状态，因此发送电路必须由使能信号加以控制。RS-485 用于多点互连时非常方便，可以省掉许多信号线。应用 RS-485 可以联网构成分布式系统，其允许最多并联 32 台驱动器和 32 台接收器。

3. IEEE-488 总线

RS-232-C 总线和 RS-485 总线都是串行总线，而 IEEE-488 总线是并行总线接口标准。它按照位并行、字节串行双向异步方式传输信号，连接方式为总线方式，仪器设备直接并联于总线上而不需要中介单元，但总线上最多可连接 15 台设备。IEEE-488 总线最大传输距离为 20m，信号传输速率一般为 500KB/s，最大传输速率为 1MB/s。

4. USB（Universal Serial Bus）

USB 又叫通用串行总线，是由 Intel、Compaq、Digital、IBM、Microsoft、NEC、Northern Telecom 这 7 家世界著名的计算机和通信公司共同推出的一种新型接口标准。它基于通用连接技术实现外设的简单快速连接，以达到方便用户、降低成本、扩展 PC 连接外设范围的目的。它可以为外设提供电源，不需要单独的供电系统。

2.6 数据的基本单位

在计算机系统中，无论地址、指令或是数据，都是以二进制数据的形式进行存储、传输和处理的，这些二进制数据在计算机中表示的单位有位、字节和字 3 种。

2.6.1 单位表示

1. 位（bit）

计算机所处理的数据信息是以二进制数编码表示的，二进制数字 0 和 1 是构成信息的

视频讲解

最小单位,称作"位"或比特。

2. 字节(byte)

在计算机系统中,由若干位组成一"字节"。字节由多少位组成取决于计算机的自身结构。通常计算机CPU用8位组成1字节,构成1字节的8位被看作一个整体。1字节等于8比特(1byte=8bit)。8位二进制数最小为00000000,最大为11111111;通常1字节可以存放一个ASCII码,2字节可以存放一个汉字国标码。

字节是计算机存储信息的基本单位,也即在计算机系统的存储器中,一个地址单元存储一字节。计算机一个内存芯片能存储多少字节数,就是这个内存储器的容量,一般以B(字节)、KB(Kilobyte,千字节)、MB(Megabyte,兆字节)、GB(Gigabyte,吉字节,又称千兆字节)或TB(Terabyte,太字节或百万兆字节)为单位。

$$1KB = 2^{10} B = 1024B$$
$$1MB = 2^{10} KB = 1024KB$$
$$1GB = 2^{10} MB = 1024MB$$
$$1TB = 2^{10} GB = 1024GB$$

3. 字(word)

计算机进行数据处理时,一次读入/写出、运算或传送的数据长度称为字。一个字通常由一或多(一般是字节的整数位)个字节构成。例如,286微机的字由2字节组成,它的字长为16;486微机的字由4字节组成,它的字长为32位机。计算机的字长决定了其CPU一次操作处理实际位数的多少,由此可见,计算机的字长越大,其性能越优越。能处理字长为8位数据的CPU通常就叫8位的CPU。同理32位的CPU就能在单位时间内处理字长为32位的二进制数据。

值得注意的是,从存储器的角度而言,一个存储单元只能存储一字节;从CPU的角度而言,CPU一次读取或处理的数据叫字。如果CPU一次能从存储器读取2个存储单元的内容,那么该CPU的字长就是16,即2字节。

2.6.2 大端格式和小端格式

我们知道,在计算机系统中,存储器一个存储单元只能存储一字节的数据。如果一个数据很大,超出了一个字节的大小(比如,1234H),那么这个数据在内存中是如何存储的呢?这里涉及大端格式和小端格式两个概念。

视频讲解

1. 大端格式

在大端格式中,一个字数据的高字节存储在低地址中,而字数据的低字节则存放在高地址中。比如,字数据1234H存在地址为100H开始的地方,那么大端格式的存储方式如图2.9所示。

我们知道,在字数据1234H中,12H是高8位,但存储在100H的小地址中;34H是低8位,但存储在101H的大地址中,因此这种存储方式叫大端格式。

2. 小端格式

与大端格式相反,在小端格式中,低地址中存放的是字数据的低字节,高地址存放的是

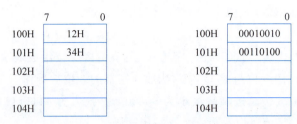

图 2.9 大端格式的存储方式

字数据的高字节,如图 2.10 所示。

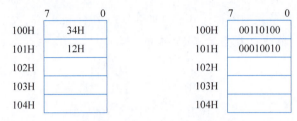

图 2.10 小端格式的存储方式

注意,51 单片机系列属于大端格式,而 8086 和 PC 系统属于小端格式。

2.6.3 规则字和非规则字

视频讲解

规则字和非规则字的概念,是针对一个字而言,与字节和位无关。对内存中的一个字而言,如果该字存放的起始地址是偶数地址,那么该字数据就是以规则字的形式存放的;如果该字数据存放的起始地址是奇数地址,那么该字数据是以非规则字的形式存放的。字数据 1234H 的规则字和非规则字的存放如图 2.11 所示。

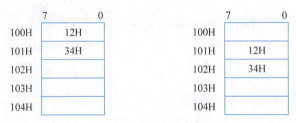

图 2.11 规则字和非规则字的存放

在图 2.11 中,字数据 1234H 的存放方式是大端格式,但同时又分别以规则字和非规则字的方式存放。同样地,在图 2.12 中,字数据 1234H 的存放方式是小端格式,但同时又分别以规则字和非规则字的方式存放的。

	7	0		7	0
100H			100H	34H	
101H	34H		101H	12H	
102H	12H		102H		
103H			103H		
104H			104H		

图 2.12 小端格式下的规则字和非规则字

2.7 计算机系统

2.7.1 8086 计算机系统

由于 8086 计算机是"微机原理与接口技术"课程的重点内容,因此本节首先对 8086 计算机系统进行介绍。8086 计算机的 CPU 芯片内部只包含运算器、控制器和寄存器,因此单独的 8086 CPU 无法构成一个完整的计算机系统,必须外接 RAM、ROM 和一些输入/输出设备。典型的 8086 计算机系统如图 2.13 所示。

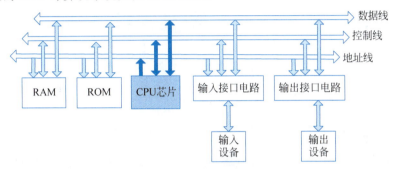

图 2.13 典型的 8086 计算机系统

在图 2.13 中,程序代码存储在 ROM 中,当 CPU 执行程序时,需要将程序代码从 ROM 中提取到 CPU 中,然后在 CPU 中对程序代码进行分析和执行。其中 RAM 用来存放程序执行时产生的临时数据和程序执行结果。

2.7.2 PC 系统

个人计算机(Personal Computer,PC)是一种面向个人使用需求的计算机。键盘、鼠标、主机、显示器为 PC 的基本组成部分。

从 1971 年的 4004 微处理器到 2000 年的 Intel Pentium 4 微处理器,以及广泛使用的 Intel Core 2 Duo 处理器,PC 中所使用的 CPU 都是与"微机原理与接口技术"课程中所讲解的 8086 微处理器兼容的。PC 中的 CPU 仍然是最核心的中央处理单元,其内部仅仅包含运算器、控制器和寄存器。与 8086 计算机不同的是,PC 将所有的接口电路都集成在 PC 主板上,因此用户在使用 PC 时,不需要外接任何接口芯片,直接将各种外部设备与主板相连即可。PC 系统的组成如图 2.14 所示。

与 8086 计算机不同,PC 的程序(如操作系统、Office 应用程序等)并不是存放在 ROM 中,而是存放在硬盘中。PC 在执行程序时,CPU 需要将程序代码从硬盘中取出,临时存放在 RAM 中,然后 CPU 从 RAM 中提取程序代码进行分析、执行。PC 中的 RAM 通常被称为内存条。在 PC 中也有一定容量的 ROM,与 8086 计算机不一样,PC 的 ROM 用来存放启动需要的配置代码,这部分代码固化在主板上的 ROM 中,简称 BIOS(Basic Input/Output System)。在 PC 中,虽然硬盘和 U 盘都是用来存放数据的,但是硬盘和 U 盘不属于存储器范畴,它们都属于外部设备,因此硬盘需要借助接口电路通过总线与 CPU 相连,这种接口电路通常被称为 IDE 接口或 SATA 接口。同样地,U 盘也需要通过 USB 接口电

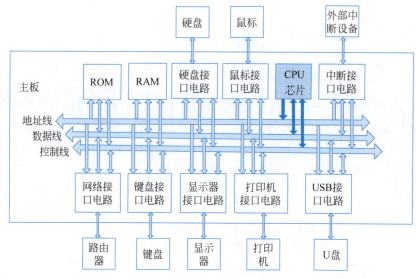

图 2.14 PC 系统的组成

路与主板上的 CPU 相连。

可以看出,在计算机系统中,通常所谓的内存,仅指半导体存储器,即 RAM 或 ROM。

2.7.3 51 单片机系统

与 8086 计算机系统和 PC 系统不同,51 单片机的 CPU 芯片不但包含中央处理单元(运算器、控制器和寄存器),还集成了丰富的接口资源。比如,一个片内振荡器及时钟电路、ROM、RAM、定时器/计数器、I/O 接口电路、串行接口电路和中断电路等。

由于 51 单片机芯片内部包含了用于存放程序代码的 ROM、用于存放中间数据的 RAM 以及基本的输入/输出接口电路,因此在使用 51 单片机芯片构成计算机系统时,不需要通过总线外接任何外部接口电路和存储器,只需增加一些简单的外部设备(如键盘、鼠标等)即可构成一个简单的单片机系统,如图 2.15 所示。这也是将 51 单片机的 CPU 芯片称为"单片机"的原因所在。

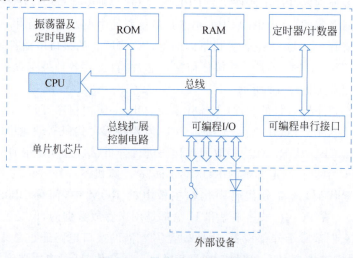

图 2.15 最简单的单片机系统

2.8 计算机的程序执行

2.8.1 PC 的程序执行

在 PC 中,应用程序和操作系统都存放于硬盘上。硬盘本质上是一种外部设备,不是内存。当用户运行应用程序时(在桌面上双击某程序图标),CPU 接收到鼠标的双击动作,开始通过 IDE 或 SATA 接口电路在硬盘上寻址,找到程序代码和数据所在的硬盘扇区,将当前要运行的那一个程序段调入内存(DRAM,内存条)。当 CPU 在执行本程序段时,CPU 内部的一个被称为指令指针(Instruction Pointer,IP)的寄存器将要执行的指令在内存(DRAM)中的存储位置传递给 CPU。因为内存中的每个存储单元都有编号(称为地址),所以可以根据这些地址把数据取出,通过数据总线一次将多条程序代码送到 CPU 内部的指令队列,指令译码器从指令寄存器(Instruction Register,IR)中取出指令,译码成 CPU 可以执行的形式,然后决定完成该指令需要哪些必要的操作,它指示算术逻辑单元(ALU)什么时候计算,指示指令读取器什么时候获取指令和数据,指示指令译码器什么时候翻译指令等。CPU 在执行程序时,重复执行读出数据、处理数据和向内存写数据 3 项基本工作。在通常情况下,一条指令可以包含按明确顺序执行的许多操作,CPU 的工作就是执行这些指令,完成一条指令后,CPU 的控制单元又将告诉指令读取器从内存中读取下一条指令来执行。这个过程不断快速地重复,执行一条又一条指令,然后将程序的执行结果送往硬盘保存或显示器显示。

PC 在执行程序段的指令时,通常具有流水线功能。指令流的执行过程划分为取指、译码、执行指令、写操作数等几个并行处理的过程。在这个流水线中,处理器的 4 个操作部件同时执行 4 条指令,从而加快了程序的执行速度。程序执行的中间结果一般都存在通用寄存器中,最终执行结果按相同的方式被写入硬盘或在显示器上进行显示。值得注意的是,几乎所有的高性能计算机都采用了指令流水线。

2.8.2 51 单片机的程序执行

与 PC 系统执行程序的过程不一样,51 单片机由于没有硬盘接口,因此 51 单片机的程序通常存储在 ROM 中。同时,51 单片机的 RAM 容量非常有限,一般仅用于存放程序执行过程中产生的临时数据。因此与 PC 不一样,在执行程序的过程中不会将程序指令从 ROM 中加载到 RAM 中,而是由 CPU 直接从 ROM 中提取程序代码到 CPU 内部分析、执行。由于 51 单片机没有多任务操作系统,因此一旦将程序代码从 ROM 中提取到 CPU 内部,程序就将立即得到执行。另外,51 单片机的 CPU 内部没有指令缓冲队列,因此没有流水线机制,执行程序时只能一条执行完成后,再执行下一条程序代码。

在执行程序时,51 单片机的 CPU 内部的一个被称为指令指针的寄存器将要执行的指令放置在内存中的存储位置传递给 CPU。因为内存中的每个存储单元都有编号(称为地址),可以根据这些地址把数据取出,通过数据总线将程序代码从 ROM 中一条一条地送到 CPU 内部的指令寄存器 IR 中,指令译码器从指令寄存器 IR 中取出指令,译码成 CPU 可以执行的形式,然后决定完成该指令需要哪些必要的操作。

2.9 流水线

在一些高档 CPU 中,为提高处理器执行指令的效率,把一条指令的操作分成多个细小的步骤,每个步骤由专门的电路完成。例如,一条指令要执行要经过 4 个阶段,即取指、译码、执行指令、写操作数。每个阶段都要花费一个时钟周期,如果没有采用流水线技术,那么执行这条指令需要 4 个时钟周期,并且仅当这个指令执行完毕后,才能执行下一条指令。如果采用了指令流水线技术,那么在这条指令完成"取指"后进入"译码"的同时,下一条指令就可以进行"取指"了,这样就提高了指令的执行效率。流水线指令与非流水线指令的执行情况如图 2.16 所示。

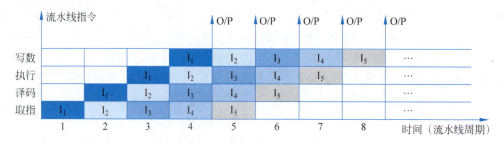

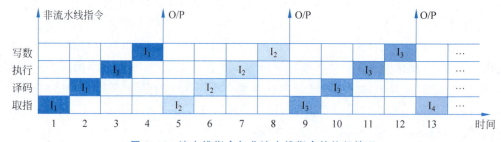

图 2.16 流水线指令与非流水线指令的执行情况

习题

1. 什么是接口？其作用是什么？
2. 什么是计算机的内部总线？说明数据总线、地址总线、控制总线各自的作用。
3. 半导体存储器有哪些优点？SRAM、DRAM 各自有何特点？
4. CPU 与输入输出设备之间传送的信息有哪几类？相应的端口分别称为什么端口？
5. 什么是位、字节、字？
6. 什么是大端格式和小端格式？试写出存放在地址为 2000H 处的数据 4567H 的大端格式和小端格式存储方式。

第 3 章　51单片机及其内部结构

CHAPTER 3

第 1 章和第 2 章简要介绍了计算机系统的基本知识。从本章开始,将结合第 1 章和第 2 章的内容对 51 单片机的内部结构进行详细讲解。

3.1　单片机简介

单片机是一种集成电路芯片,是采用超大规模集成电路技术把具有数据处理能力的中央处理单元(Central Processing Unit,CPU)、随机存取存储器(Random Access Memory,RAM)、只读存储器(Read-Only Memory,ROM)、多种 I/O 接口和中断系统、定时器/计时器等功能(可能还包括显示驱动电路、脉宽调制电路、模拟多路转换电路、A/D 转换电路等)集成到一块芯片上构成的一个小而功能完善的微型计算机系统,单片机在工业控制领域得到了广泛应用。从 20 世纪 80 年代开始,单片机从 4 位、8 位,发展到现在的 32 位。与常用的 PC 相比,单片机只缺少了外部设备(如键盘、鼠标等)。它体积小、质量轻、价格低,为学习、应用和开发提供了便利条件。

3.1.1　单片机的发展

1971 年,Intel 公司的霍夫研制成功世界上第一块 4 位微处理器芯片 Intel 4004,标志着第一代微处理器问世,微处理器和微机时代从此开始。

1971 年 11 月,Intel 推出 MCS-4 微型计算机系统(包括 4001 ROM 芯片、4002 RAM 芯片、4003 移位寄存器芯片和 4004 微处理器),其中 4004 包含 2300 个晶体管,尺寸规格为 3mm×4mm,计算性能远远超过当年的 ENIAC,最初售价为 200 美元。

1972 年,霍夫等开发出第一个 8 位微处理器 Intel 8008。由于 8008 采用的是 P 沟道 MOS 微处理器,因此仍属第一代微处理器。

1973 年,霍夫等研制出 8 位微处理器 Intel 8080,以 N 沟道 MOS 电路取代了 P 沟道,第二代微处理器就此诞生。主频 2MHz 的 8080 芯片的运算速度比 8008 快 10 倍,可访问 64KB 存储器,使用了基于 $6\mu m$ 技术的 6000 个晶体管,处理速度为 0.64MIPS(Million Instructions Per Second)。

1975 年,MITS 发布第一个通用型 Altair 8800,售价为 375 美元,带有 1KB 存储器。这是世界上第一台微型计算机。

1976 年,Intel 公司研制出 MCS-48 系列 8 位的单片机,标志着单片机的问世。Zilog 公司也于 1976 年开发了 Z80 微处理器。当时,Zilog、Motorola 和 Intel 在微处理器领域三足鼎立。

20 世纪 80 年代初,Intel 公司在 MCS-48 系列单片机的基础上,推出了 MCS-51 系列 8 位高档单片机。MCS-51 系列单片机在片内 RAM 容量、I/O 接口功能和系统扩展方面都有了很大的提高。

随着工业控制领域要求的提高,开始出现了 16 位单片机,但因为其性价比不理想,并未得到很广泛的应用。20 世纪 90 年代,随着 Intel 的 i960 系列特别是后来的 ARM 系列的广泛应用,32 位单片机迅速取代 16 位单片机的高端地位,并且进入主流市场。在此阶段,传统的 8 位单片机的性能也得到了飞速提高。

此外,单片机系统已经不再只在裸机环境下开发和使用,大量专用的嵌入式操作系统得到广泛应用,部分高端单片机甚至可以直接使用专用的 Windows 和 Linux 操作系统。

3.1.2 单片机的分类

单片机可分为通用型单片机和专用型单片机两大类。通用型单片机是把可开发资源全部提供给使用者的微控制器。专用型单片机则是为过程控制、参数检测、信号处理等方面的特殊需要而设计的单片机。通常所说的单片机即指通用型单片机。

1. 51 单片机的分类

51 单片机源于 Intel 公司的 MCS-51 系列。在 Intel 公司将 MCS-51 系列单片机的技术开源后,许多公司,如 Philips、Dallas、Siemens、OKI、Atmel、华邦、LG 等都以 8051 为基核推出了许多各具特色、具有优异性能的单片机。这些厂家以 8051 为基核推出的各种型号的兼容型单片机统称为 51 系列单片机,8051 是其中最基础的单片机型号,该系列还在不断发展和完善。随着各种新型号系列产品的推出,51 单片机越来越被广大用户所接受。

MCS-51 系列单片机有超过 20 种芯片,从芯片内部资源的角度,MCS-51 系列单片机分为多个种类,如表 3.1 所示。

表 3.1 MCS-51 系列单片机分类

型号	程序存储器/KB	数据存储器/B	寻址范围(RAM)/KB	寻址范围(ROM)/KB	并行接口	串行接口	中断源	定时器计数器	晶振/MHz
8051AH	4	128	64	64	4×8	UART	5	2×16	2～12
8751H	4	128	64	64	4×8	UART	5	2×16	2～12
8031AH	—	128	64	64	4×8	UART	5	2×16	2～12
8052AH	8	256	64	64	4×8	UART	6	3×16	2～12
8752H	8	256	64	64	4×8	UART	6	3×16	2～12
8032AH	—	256	64	64	4×8	UART	6	3×16	2～12
80C51BH	4	128	64	64	4×8	UART	5	2×16	2～12
87C51H	4	128	64	64	4×8	UART	5	2×16	2～12
80C31BH	—	128	64	64	4×8	UART	5	2×16	2～12
83C451	4	128	64	64	7×8	UART	5	2×16	2～12
87C451	4	128	64	64	7×8	UART	5	2×16	2～12
80C451	—	128	64	64	7×8	UART	5	2×16	2～12
83C51GA	4	128	64	64	4×8	UART	7	2×16	2～12
87C51GA	4	128	64	64	4×8	UART	7	2×16	2～12
80C51GA	—	128	64	64	4×8	UART	7	2×16	2～12

续表

型 号	程序存储器/KB	数据存储器/B	寻址范围(RAM)/KB	寻址范围(ROM)/KB	并行接口	串行接口	中断源	定时器计数器	晶振/MHz
83C152	8	256	64	64	5×8	GSC	6	2×16	2~17
80C152	—	256	64	64	5×8	GSC	11	2×16	2~17
83C251	8	256	64	64	4×8	UART	7	3×16	2~12
87C251	8	256	64	64	4×8	UART	7	3×16	2~2
80C251	—	256	64	64	4×8	UART	7	3×16	2~12
80C52	8	256	64	64	4×8	UART	6	3×16	2~12
8052AH	8	256	64	64	4×8	UART	6	3×16	2~12
AT89C51	4	128	64	64	32	UART	5	2×16	0~24
AT89C52	8	256	64	64	32	UART	6	3×16	0~24
AT89LV51	4	128	64	64	32	UART	5	2×16	0~24
AT89LV52	8	256	64	64	32	UART	6	3×16	0~24
AT89C1051	1	64	4	4	15	—	3	1×16	0~24
AT89C1051U	1	64	4	4	15	UART	5	2×16	0~24
AT89C2051	2	128	4	4	15	UART	5	2×16	0~24
AT89C4051	4	128	4	4	15	UART	5	2×16	0~24
AT89C55	20	256	64	64	32	UART	6	3×16	0~33
AT89S53	12	256	64	64	32	UART	7	3×16	0~33
AT89S8252	8	256	64	64	32	UART	7	3×16	0~33
AT88SC54C	8	128	64	64	32	UART	5	2×16	0~24

注：UART—通用异步接收发送器；R/E—MaskROM/EPROM；GSC—全局串行通道。

表3.1列出了MCS-51单片机的芯片型号以及它们的性能指标，下面在表3.1的基础上对MCS-51单片机作进一步的说明。

1）按片内不同程序存储器的配置来划分

MCS-51单片机按片内不同程序存储器的配置来分，可以分为3种类型。

（1）片内带掩模ROM型：8051、80C51、8052、80C52。此类芯片是由半导体厂商在芯片生产过程中，将用户的应用程序代码通过掩模工艺制作到ROM中。其应用程序只能委托半导体厂商"写入"，一旦写入后不能修改。此类单片机适合大批量使用。

（2）片内带EPROM型：8751、87C51、8752。此类芯片带有透明窗口，可通过紫外线擦除存储器中的程序代码，应用程序可通过专门的编程器写入单片机中，需要更改时可擦除重新写入。此类单片机价格较高，不适合大批量使用。

（3）片内无ROM(ROMLess)型：8031、80C31、8032。由于此类芯片的片内没有程序存储器，使用时必须在外部并行扩展程序存储器芯片，因此此类单片机系统电路复杂，目前较少使用。

2）按片内不同容量的存储器配置来划分

按片内不同容量的存储器配置来分，可以分为两种类型。

（1）51子系列型：51子系列是MCS-51系列基本型产品。片内带有4KB ROM/EPROM(8031、80C31除外)、128B RAM、2个16位定时器/计数器、5个中断源等。

（2）52子系列型：52子系列是MCS-51系列增强型产品。片内带有8KB ROM/

EPROM(8032、80C32 除外)、256BRAM、3 个 16 位定时器/计数器、6 个中断源等。

3) 按芯片在半导体制造工艺上的不同来划分

按芯片在半导体制造工艺上的不同来分,可以分为两种类型。

(1) HMOS 工艺型:8051、8751、8052、8032。HMOS 工艺,即高密度短沟道 MOS 工艺。

(2) CHMOS 工艺型:80C51、83C51、87C51、80C31、80C32、80C52。此类芯片型号中都包括字母 C。

此两类器件在功能上完全兼容,但采用 CHMOS 工艺的芯片具有低功耗的特点,它所消耗的电流要比 HMOS 器件小得多。CHMOS 器件比 HMOS 器件多了两种节电的工作方式(掉电方式和待机方式),常用于构成低功耗的应用系统。

2. 51 单片机生产厂商

目前,生产 51 单片机的厂商和相应产品如下。

1) ATMEL 公司

在众多的 51 单片机中,ATMEL 公司的 AT89C51、AT89S51 应用最广泛。ATMEL 公司的单片机芯片不但和 8051 指令、引脚完全兼容,且片内带 4KB Flash 存储器,其中的内容可以用电的方式瞬间擦除、改写,同时,写入单片机内的程序可以进行加密。同时,AT89C51、AT89S51 售价比 8031 低,市场供应充足。

2) Philips 公司

Philips 公司推出的含存储器的 80C51 系列和 80C52 系列单片机,此产品都为 CMOS 型工艺的单片机。Philips 公司推出的 51 单片机与 MCS-51 系列单片机兼容,但增加了程序存储器 Flash ROM、可编程计数器阵列 PCA、I/O 接口的高速输入/输出、串行扩展总线 I^2C 总线、ADC、PWM、I/O 接口驱动器、程序监视定时器(Watch Dog Timer,WDT)等功能的扩展。

3) 华邦公司

华邦公司推出的 W78C×× 和 W78E×× 系列单片机,此产品与 MCS-51 系列单片机兼容,每个指令周期只需要 4 个时钟周期,工作频率最高可达 40MHz。同时增加了程序监视定时器、6 组外部中断源、2 组 UART 等资源。

4) Dallas 公司

Dallas 公司推出的 Dallas-HSM 系列单片机,主要包括 DS80C×××、DS83C××× 和 DS87C××× 等。此产品除了与 MCS-51 系列单片机兼容外,还具有高速结构(1 个机器周期只有时钟周期,工作频率范围为 0~33MHz)、更大容量的内部存储器(内部 ROM 有 16KB)、两个 UART、13 个中断源、程序监视定时器等功能。

5) LG 公司

LG 公司推出的 GMS90C××、GMS97C×× 和 GMS90L××、GMS97L×× 系列单片机。与 MCS-51 系列单片机兼容。

6) 凌阳公司

凌阳公司推出的单片机具有高速度、低价、可靠、实用、体积小、功耗低和简单易学等特点。SPCE061A 型单片机内嵌 32KB Flash,处理速度高,适用于数字语音播报和识别等应用领域。SPMC75 系列单片机是凌阳公司开发的具自主知识产权的 16 位单片机,集成了能产生变频电动机驱动的 PWM 发生器、多功能捕获比较模块、BLDC 电动机驱动专用位置侦测接口、两相增量编码器接口等硬件模块;以及多功能I/O接口、同步和异步串行接口、ADC、定时计数器等功能模块,在这些硬件模块的支持下,SPMC75可以完成诸如家电用变频驱动器、标准工业变频驱动器、多环伺服驱动系统等复杂应用。

以上ATMEL、Philips、华邦、Dallas、凌阳、LG等公司生产的系列单片机与Intel公司的MCS-51系列单片机具有良好的兼容性,包括指令兼容、总线兼容和引脚兼容。但各个厂家开发了许多功能不同、类型不一的单片机,给用户提供了广泛的选择空间,其良好的兼容性保证了选择的灵活性。

3.1.3 单片机应用等级

单片机用途广,使用环境差别大,如何保证单片机控制系统或装置的可靠性是设计者和使用者最为关注的问题。根据单片机的运行温度范围,单片机的应用大致划分为3级。

(1) 军用级:运行温度范围为$-50\sim+125$℃,适用于军用品要求苛刻的应用环境,芯片的价格比较昂贵。例如,Intel公司的MCS-51系列单片机MD80C51FB。该型号以MD标识开头,M代表军品,D代表直插封装。

(2) 工业级:早期的单片机产品大多为工业级,运行温度范围为$-45\sim+85$℃,介于商业级和军用级之间,适宜在工业生产环境下使用。其特点是可靠性远高于商业级,但价格远低于军用级。MCS-51系列单片机的普通产品均属于工业级。

(3) 商业级:运行温度范围为$0\sim+70$℃,主要限于机房、办公及住宅环境,适用于民用产品,例如,家电、玩具等。商业级产品价格低廉,品种齐全,应用最为广泛。

3.1.4 单片机应用领域

1. 在工业控制中的应用

工业控制是最早采用单片机控制的领域之一,在测控系统、过程控制、机电一体化设备中主要利用单片机实现逻辑控制、数据采集、运算处理、数据通信等用途。单独使用单片机可以实现一些小规模的控制功能,作为底层检测、控制单元可以与上位计算机一起构成大规模工业控制系统。特别是在机电一体化技术中,单片机的结构特点使其更容易发挥其集机械、微电子和计算机技术优势于一体的优势。

2. 在智能仪器中的应用

内部含有单片机的仪器统称为智能仪器,也称为微机化仪器。这类仪器大多采用单片机进行信息处理、控制及通信,与非智能化仪器相比,功能得到了强化,增加了诸如数据存储、故障诊断、联网集控等功能。以单片机为核心的智能仪器已经是自动化仪表发展的一种趋势。

3. 在家用电器中的应用

单片机功能完善、体积小、价格低廉、易于嵌入,非常适用于对家用电器的控制。嵌入单片机的家用电器实现了智能化,是传统家用电器的更新换代,现已广泛应用于洗衣机、空调、电视机、视盘机、微波炉、电冰箱、电饭煲以及各种视听设备等中。

4. 在信息和通信产品中的应用

信息和通信产品的自动化和智能化程度很高,其中许多功能的完成都离不开单片机的参与。这里最具代表性和应用最广的产品就是移动通信设备,例如,手机内的控制芯片就属于专用型单片机。另外,在计算机外部设备,如键盘、打印机中也离不开单片机。新型单片机普遍具备通信接口,可以方便地与计算机进行数据通信,为计算机和网络设备之间提供连接服务创造了条件。

5. 在办公自动化设备中的应用

现代办公自动化设备中大多数嵌入了单片机作为控制核心,如打印机、复印机、传真机、绘图机、考勤机及电话等。通过单片机控制不但可以实现设备的基本功能,还可以完成与计算机之间的数据通信。

6. 在医用设备领域中的应用

单片机在医疗设施及医用设备中的用途也相当广泛,例如,在医用呼吸机、各种分析仪、医疗监护仪、超声诊断设备及病床呼叫系统中都得到了实际应用。

7. 在汽车电子产品中的应用

现代汽车的集中显示系统、动力监测控制系统、自动驾驶系统、通信系统和运行监视器等装置都离不开单片机。特别是在采用现场总线的汽车控制系统中,以单片机担当核心的节点通过协调、高效的数据传送不仅实现了复杂的控制功能,而且简化了系统结构。

3.2　51 单片机的内部结构

MCS-51 单片机在一块芯片中集成了 CPU、RAM、ROM、定时器/计数器和多种功能的 I/O 接口等,包含下列几个部件:

(1) 一个 8 位 CPU;

(2) 一个片内振荡器及时钟电路;

(3) 4KB ROM 程序存储器;

(4) 128B RAM 数据存储器;

(5) 2 个 16 位定时器/计数器;

(6) 可寻址 64KB 外部数据存储器和 64KB 外部程序存储器空间的控制电路;

(7) 32 根可编程的 I/O 线(4 个 8 位并行 I/O 接口);

(8) 一个可编程全双工串行接口;

(9) 5 个中断源、两个优先级嵌套中断结构。

8051 单片机内部框图如图 3.1 所示。各功能部件由内部总线连接在一起。在图 3.1 中,4KB 的 ROM 部分用 EPROM 替换就成为 8751;图 3.1 中去掉 ROM 部分就成为 8031。

CPU 是单片机的核心部件。它是一个 8 位数据宽度的处理器,负责控制、指挥、调度和协调整个单元系统的工作。CPU 由运算器、控制器和寄存器等部件组成。

(1) 运算器:运算器的主要功能是算术运算和逻辑运算。例如,能完成加、减、乘、除、加 1、减 1、BCD 码十进制调整、比较等算术运算以及与、或、异或、求补、循环等逻辑操作,操作结果的状态信息送至程序状态字(Program Status Word,PSW)寄存器中。

8051 运算器还包含有一个布尔处理器,可执行置位、复位、取反等位操作,也能对进位标志位与其他可位寻址的位进行逻辑与、或操作。运算器虽然是 CPU 中的一个核心部件,但是用户编程时无法直接访问。

(2) 程序计数器(Program Counter,PC):PC 用来存放即将要执行的指令地址,共 16 位,它计数(寻址)的范围是 0000H~FFFFH(64KB),可对 64KB 程序存储器直接寻址。执

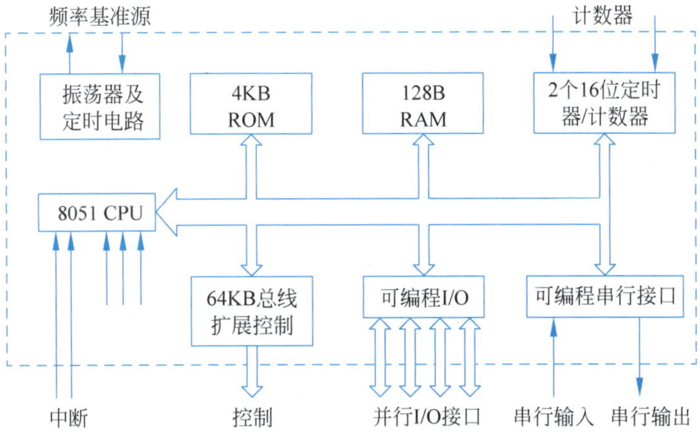

图 3.1　8051 单片机内部框图

行指令时,PC 内容的低 8 位经 P0 口输出,高 8 位经 P2 口输出。由于 PC 中存放的是即将执行的指令的地址,因此一般情况下不允许用户编程修改它,否则会导致程序运行紊乱。

(3) 指令寄存器:指令寄存器中存放 CPU 从 ROM 中取出的即将执行的指令机器码。CPU 执行指令时,由程序存储器中读取的指令机器码送入指令寄存器,经译码后发出相应的控制信号,完成指令功能。

(4) 累加器(Accumulator,ACC):ACC 为 8 位寄存器(简称 A 累加器),是 CPU 中使用最频繁的寄存器。CPU 要执行算术运算和逻辑运算,就必须有累加器 ACC 的参与,并且执行结果也将暂时存放在 ACC 中。

(5) B 寄存器:B 寄存器通常与 A 累加器配合使用,用于存放第二操作数。在乘、除运算中,运算结束后,存放乘法的乘积高 8 位或除法的余数部分。若不进行乘除操作,则 B 寄存器可作为通用寄存器。

单片机芯片中除 CPU 外的其他部件,将在后续章节中详细介绍。

3.3　存储器

视频讲解

3.3.1　51 单片机的存储器组织

51 单片机的存储器分为 ROM 和 RAM 两种,其中,ROM 用来存放程序、表格和一些常数;RAM 用来存放程序运行过程中所需要的数据(变量)或临时存放运算的结果。在介绍 51 单片机的存储器结构前,首先介绍计算机系统存储空间的结构形式。

(1) 统一编址:ROM 和 RAM 共用一个存储器逻辑空间,实行统一编址。比如对 8086 计算机系统而言,总共有 20 根地址线,那么 8086 的 CPU 总共能访问 2^{20} B(1MB)的地址空间,此时,ROM 和 RAM 一起共同占用 1MB。如果 RAM 占用 64KB 的地址空间,那么 ROM 只能占用剩下的 1MB 减去 64KB 的地址空间,如图 3.2(a)所示。

(2) 分开编址:ROM 和 RAM 分为两个独立存储器逻辑空间,分开编址。比如对 51 单片机系统而言,总共有 16 根地址线,那么 51 单片机 CPU 总共能访问 2^{16} B(64KB)的地址空间,此时,ROM 和 RAM 分别拥有 64KB,如图 3.2(b)所示。

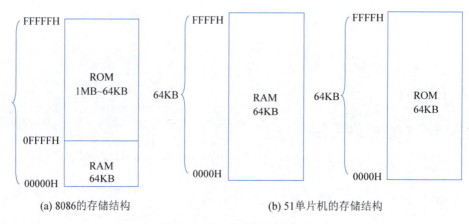

图 3.2　统一编址和分开编址

51 单片机内部有 4KB 的 ROM 和 128B 的 RAM，当片内的 ROM 和 RAM 不能满足使用需求时，可以购买 ROM 芯片和 RAM 芯片进行扩展。因此，从物理角度来看，51 单片机有 4 个存储空间，即片内 RAM、片外 RAM、片内 ROM 和片外 ROM。

当 CPU 执行程序时，芯片上的 EA 引脚的电平决定了片内 ROM 和片外 ROM 的选择。

(1) EA=1：CPU 首先自动访问内部 ROM(4KB：0000H~0FFFH)，当程序的存储范围超过了 4KB 时，CPU 自动继续访问片外 ROM。此时，片外 ROM 的地址空间范围为 4~64KB(60KB：1000H~FFFFH)。

(2) EA=0：此时内部 ROM 被忽略，CPU 总是从外部 ROM 访问，外部 ROM 空间的范围是 0~64KB，其地址范围为 0000H~FFFFH。

由此可见，尽管从物理的角度来看 51 单片机存在片内 ROM 和片外 ROM，但是 CPU 总共能访问的 ROM 只有 64KB，因此从逻辑的角度来看，51 单片机有 3 个存储空间，即片内 RAM、片外 RAM 和片内片外统一的 ROM，如图 3.3 所示。

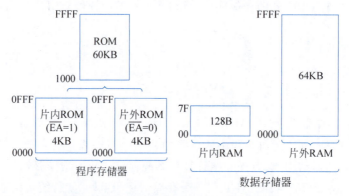

图 3.3　51 单片机逻辑上的 3 个存储空间

3.3.2　程序存储器

在 51 单片机中，程序存储器被用来存放程序、常数或表格等。8051 系列单片机片内有 4KB 的 ROM 存储单元，地址为 0000H~0FFFH。8751 有 4KB 的 EPROM，而 8052 和 8752 则有 8KB 的片内存储器。8031 和 8032 无片内程序存储器，因此 CPU 只能从片外

ROM 开始访问,故 8031 和 8032 芯片的 EA 引脚必须接地。

在 64KB 的程序存储器中,0000H～0002AH(地址向量区)区域具有特殊用途,是保留给系统使用的。0000H 是单片机的入口地址(启动地址),51 单片机复位后程序计数器 PC 的内容为 0000H,故系统必须从 0000H 单元开始读取第一条指令,以执行程序(类似 C 语言中的 main()函数)。

除 0000H 单元外,其他的 0003H、000BH、0013H、001BH 和 0023H 单元分别对应 5 种中断源的中断子程序的入口地址。其含义是:

(1) 0003H～000AH,为外部中断 0($\overline{INT0}$)的中断地址区;

(2) 000BH～0012H,为定时器/计数器 0(T0)的中断地址区;

(3) 0013H～001AH,为外部中断 1($\overline{INT1}$)的中断地址区;

(4) 001BH～0022H,为定时器/计数器 1(T1)的中断地址区;

(5) 0023H～002AH,为串行接口(TI,RI)中断地址区。

CPU 在系统中断响应之后,程序将自动转到各中断入口地址处执行,由于各个中断的地址区域有限,因此当中断服务函数超出这个区域长度时,需要在中断入口地址处往往存放一条无条件转移指令进行跳转,以便执行中断服务程序。

3.3.3 外部数据存储器

在 51 单片机中,其扩展的外部 RAM 和扩展的 I/O 接口在地址空间 0000H～FFFFH 是重叠的。也就是说,所有扩展的外部 RAM 和扩展的 I/O 接口共同占用 64KB 的地址单元。

在 8051 单片机中采用 MOV 和 MOVX(Move External)两种指令来区分片内外 RAM 空间,其中,片内 RAM 使用 MOV 指令,片外 RAM 和 I/O 接口使用 MOVX 指令。当访问片内和片外统一编址的 ROM 时,使用 MOVC(Move Code byte)指令。

3.3.4 内部数据存储器

51 单片机的片内 RAM 的地址范围是 00H～FFH,其中,80H～FFH 属于特殊功能寄存器(Special Function Register,SFR)。在普通型 51 单片机中,只有低 128B 的 RAM,地址范围为 00H～7FH;80H～FFH 是特殊功能寄存器。在增强型 52 单片机中,共有 256B 的片内 RAM,地址范围是 00H～FFH;高 128B(80H～FFH)与特殊功能寄存器共用。CPU 通过不同的寻址方式以区分高 128B 属于 RAM 或者 SFR。访问高 128B 的 RAM 采用寄存器间接寻址方式,而访问 SFR 只能采用直接寻址方式。访问低 128B 的 RAM 空间时,两种寻址方式均可采用。内部 RAM 和 SFR 如图 3.4 所示。

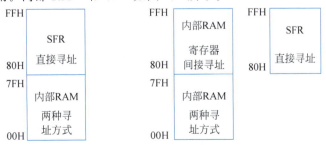

图 3.4 内部 RAM 和 SFR

51 单片机片内 RAM 的 00H～7FH 地址范围的使用情况如图 3.5 所示。

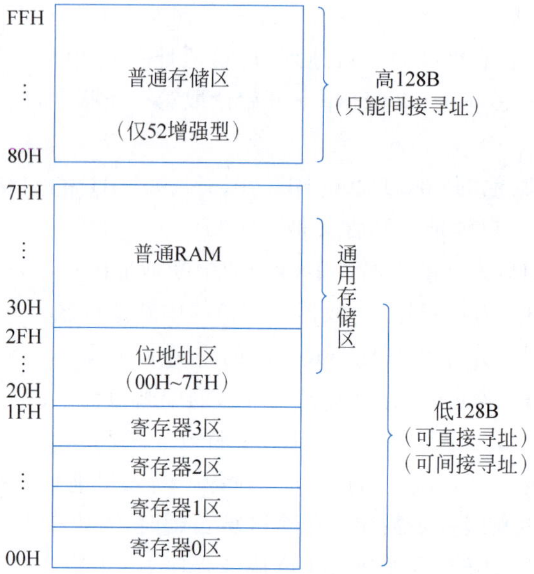

```
FFH ┐
 ⋮  │  普通存储区      ┐ 高128B
    │                  │（只能间接寻址）
80H │  （仅52增强型）  ┘
    ┘
7FH ┐
 ⋮  │  普通RAM        ┐
30H │                  │
    ┘                  │ 通用存储区
2FH ┐                  │
 ⋮  │  位地址区        │
20H │  (00H~7FH)       │
    ┘                  ┐ 低128B
1FH    寄存器3区       │（可直接寻址）
       寄存器2区       │（可间接寻址）
       寄存器1区       │
00H    寄存器0区       ┘
```

图 3.5　00H～7FH 地址范围的使用情况

(1) 00H～1FH：前 32B 为通用寄存器区。共分为 4 组通用寄存器(0～3 组)，每组有 R0～R7 共 8 个寄存器。这 4 组通用寄存器在某一时刻只能使用其中的一组，其他没有使用的寄存器组作为普通 RAM 使用。由程序状态字(PSW)寄存器中的 RS1、RS0 两位决定具体使用哪一组作为通用寄存器，如表 3.2 所示。注意，在 PSW 寄存器中，RS1 是高位，RS0 是低位。在 CPU 初始化时，默认选择第 0 组作为通用寄存器。

表 3.2　当前工作组寄存器的选择

PSW.4 RS1	PSW.3 RS0	当前使用的工作寄存器组 R0～R7
0	0	组 0(00H～07H)
0	1	组 1(08H～0FH)
1	0	组 2(10H～17H)
1	1	组 3(18H～1FH)

寄存器与 SRAM 的地址对应关系如表 3.3 所示。

表 3.3　R0～R7 寄存器与 SRAM 的地址对应关系

寄存器名称	地址			
	组 0	组 1	组 2	组 3
R0	**00H**	08H	10H	18H
R1	01H	09H	11H	19H
R2	02H	0AH	12H	1AH
R3	03H	0BH	13H	1BH
R4	04H	0CH	14H	1CH
R5	05H	0DH	15H	1DH
R6	06H	0EH	16H	1EH
R7	07H	0FH	17H	**1FH**

系统在复位后,堆栈指针 SP 自动赋为 07H,堆栈操作的数据将从 08H 开始存放。这样默认情况下寄存器组 1~组 3 就无法使用。为了解决这一问题,在程序初始化时应该先设置 SP 的值。例如,将 SP 置成 70H,以后堆栈的数据就从 71H 存放。

(2) 20H~2FH:这 16 字节单元既可以字节寻址,也可以位寻址,每个单元有 8 位,总共 128 位。每个位拥有一个位地址,如表 3.4 所示。在表 3.4 中,以最后一行为例,字节地址为 20H 的单元总共有 8 位,其位地址从 D7~D0 分别为 07H、06H、05H、04H、03H、02H、01H、00H。

在表 3.4 中,存在一个字节地址 20H 和一个位地址 20H。CPU 如何判断 20H 是属于字节地址还是位地址呢?这需要通过指令的另外一个操作数来判断。比如,

MOV C, 20H;

C 是一个位,故 20H 是位地址。

MOV A, 20H;

A 是一个 8 位的寄存器,故 20H 是字节地址。

表 3.4 SRAM 中的位寻址区地址分配

SRAM 字节地址	D7	D6	D5	D4	D3	D2	D1	D0
2FH	7FH	7EH	7DH	7CH	7BH	7AH	79H	78H
2EH	77H	76H	75H	74H	73H	72H	71H	70H
2DH	6FH	6EH	6DH	6CH	6BH	6AH	69H	68H
2CH	67H	66H	65H	64H	63H	62H	61H	60H
2BH	5FH	5EH	5DH	5CH	5BH	5AH	59H	58H
2AH	57H	56H	55H	54H	53H	52H	51H	50H
29H	4FH	4EH	4DH	4CH	4BH	4AH	49H	48H
28H	47H	46H	45H	44H	43H	42H	41H	40H
27H	3FH	3EH	3DH	3CH	3BH	3AH	39H	38H
26H	37H	36H	35H	34H	33H	32H	31H	30H
25H	2FH	2EH	2DH	2CH	2BH	2AH	29H	28H
24H	27H	26H	25H	24H	23H	22H	21H	20H
23H	1FH	1EH	1DH	1CH	1BH	1AH	19H	18H
22H	17H	16H	15H	14H	13H	12H	11H	10H
21H	0FH	0EH	0DH	0CH	0BH	0AH	09H	08H
20H	07H	06H	05H	04H	03H	02H	01H	00H

(3) 30H~7FH:这 80 字节单元是通用 RAM 区。

3.4 特殊功能寄存器

视频讲解

51 单片机总共有 21 个特殊功能寄存器,位于内部数据存储器的高 128 个单元,该区也称作特殊功能寄存器区,它们主要用于存放控制命令、状态或数据,其地址空间为 80H~FFH。这 21 个寄存器中有 11 个特殊功能寄存器具有位寻址能力,它们的字节地址刚好能被 8 整除,如表 3.5 所示。

表 3.5 SFR 特殊功能寄存器地址表

符号名(SFR)	位地址与位名称								字节地址
	D7	D6	D5	D4	D3	D2	D1	D0	
并行接口 P0	P0.7	P0.6	P0.5	P0.4	P0.3	P0.2	P0.1	P0.0	80H
	87H	86H	85H	84H	83H	82H	81H	80H	
堆栈指针 SP									81H
数据指针低字节 DPL									82H
数据指针高字节 DPH									83H
电源控制 PCON	SMOD	—	—	—	GF1	GF0	PD	IDL	87H
定时器/计数器控制 TCON	TF1	TR1	TF0	TR0	IE1	IT1	IE0	IT0	88H
	8FH	8EH	8DH	8CH	8BH	8AH	89H	88H	
定时器/计数器方式控制 TMOD	GATE	C/T̄	M1	M0	GATE	C/T̄	M1	M0	89H
定时器/计数器 0 低字节 TL0									8AH
定时器/计数器 1 低字节 TL1									8BH
定时器/计数器 0 高字节 TH0									8CH
定时器/计数器 1 高字节 TH1									8DH
并行接口 P1	P1.7	P1.6	P1.5	P1.4	P1.3	P1.2	P1.1	P1.0	90H
	97H	96H	95H	94H	93H	92H	91H	90H	
串行接口控制 SCON	SM0	SM1	SM2	REN	TB8	RB8	TI	RI	98H
	9FH	9EH	9DH	9CH	9BH	9AH	99H	98H	
串行接口数据缓冲器 SBUF									99H
并行接口 P2	P2.7	P2.6	P2.5	P2.4	P2.3	P2.2	P2.1	P2.0	A0H
	A7H	A6H	A5H	A4H	A3H	A2H	A1H	A0H	
中断允许控制器 IE	EA	—	ET2	ES	ET1	EX1	ET0	EX0	A8H
	AFH	AEH	ADH	ACH	ABH	AAH	A9H	A8H	
并行接口 P3	P3.7	P3.6	P3.5	P3.4	P3.3	P3.2	P3.1	P3.0	B0H
	B7H	B6H	B5H	B4H	B3H	B2H	B1H	B0H	
中断优先级控制 IP	—	—	PT2	PS	PT1	PX1	PT0	PX0	B8H
			BDH	BCH	BBH	BAH	B9H	B8H	
程序状态字 PSW	Cy	AC	F0	RS1	RS0	OV	F1	P	D0H
	D7H	D6H	D5H	D4H	D3H	D2H	D1H	D0H	
累加器 ACC	ACC.7	ACC.6	ACC.5	ACC.4	ACC.3	ACC.2	ACC.1	ACC.0	E0H
	E7H	E6H	E5H	E4H	E3H	E2H	E1H	E0H	
寄存器 B	B.7	B.6	B.5	B.4	B.3	B.2	B.1	B.0	F0H
	F7H	F6H	F5H	F4H	F3H	F2H	F1H	F0H	

在所有 51 单片机中,表 3.5 所列出的特殊功能寄存器的名称、地址和符号都一样。对于 52 增强型单片机而言,增加了一些新的寄存器内容,比如,在 C8H 处增加了定时器/计数器 2 的设置,如表 3.6 所示。

表 3.6　8052 定时器/计数器 2 的地址表

符号名	位地址与位名称								字节地址
	D7	D6	D5	D4	D3	D2	D1	D0	
T2CON	TE2	EXF2	RCLK	TCLK	EXEN2	TR2	C/T2	CP/PL2	C8H
	CFH	CEH	CDH	CCH	CBH	CAH	C9H	C8H	
RLDL									CAH
RLDH									CBH
TL2									CCH
TH2									CDH

下面将对部分特殊功能寄存器作简要介绍。

(1) 累加器 A：累加器 A 是 8 位寄存器,是程序中最常用的专用寄存器,在指令系统中累加器的助记符为 A。大部分单操作数指令的操作数取自累加器,很多双操作数指令的一个操作数也取自累加器。加、减、乘和除等算术运算指令的运算结果都存放在累加器 A 或 AB 寄存器中,在变址寻址方式中累加器被作为变址寄存器使用。由于大部分数据操作都是通过累加器进行的,故累加器的使用十分频繁。累加器 A 自身带有全零标志,A＝0 则 Z＝1(真)；A≠0 则 Z＝0(假)。

(2) B 寄存器：B 寄存器为 8 位寄存器,主要用于乘除指令中。乘法指令的两个操作数分别取自 A 累加器和 B 寄存器,其中,B 为乘数,乘法结果的高 8 位存放于 B 寄存器中。在除法指令中,被除数取自 A,除数取自 B,除法的结果商数存放于 A,余数存放于 B 中。在其他指令中,B 寄存器也可作为一般的数据单元来使用。

(3) 程序状态字(PSW)：程序状态字是一个 8 位寄存器,它包含程序运行的状态信息。在状态字中,有些位状态是根据指令执行结果,由硬件自动完成设置的,而有些状态位则必须通过软件方法设定。PSW 中的每个状态位都可由软件读出,PSW 的各位定义如表 3.7 所示。

表 3.7　PSW 位定义

位序	PSW.7	PSW.6	PSW.5	PSW.4	PSW.3	PSW.2	PSW.1	PSW.0
位标志	CY	AC	F0	RS1	RS0	OV	—	P

① CY：进位/借位标志位：反映了当前运算中的最高位是否有进位/借位情况。加法为进位,减法为借位。如果最高位有进位/借位,则 CY＝1(真)；无进位/借位,则 CY＝0。

② AC：辅助进位标志：进行加法或减法操作时,当发生低 4 位向高 4 位的进位或借位时,AC＝1；如果低 4 位没有向高 4 位进位或借位,则 AC＝0。在进行十进制调整指令时,将借助 AC 状态进行判断。

③ F0 用户标志位,该位为用户定义的状态标记。

④ RS1 和 RS0：寄存器区选择控制位，由设置这两位为 0 或 1 来选择当前工作寄存器区。

⑤ OV：溢出标志位：在带符号的加减运算中，OV＝1 表示加减运算结果超出了累加器 A 所能表示的符号数有效范围(－128～＋127)，即运算结果溢出；反之，OV＝0 表示运算正确，即无溢出产生；

⑥ P：奇偶标志位：累加器 A 中 1 的个数的奇偶性，若累加器中 1 的个数为奇数，则 P＝1，否则 P＝0。

(4) 数据指针寄存器(Data Point Register，DPTR)：数据指针 DPTR 是一个 16 位的特殊功能寄存器，其高 8 位用 DPH 表示，其低 8 位用 DPL 表示。它既可以作为一个 16 位的寄存器使用，也可作为两个 8 位的寄存器 DPH 和 DPL 使用。DPTR 在访问外部数据存储器时可用来存放 16 位地址，作地址指针使用，例如，MOVX @DPTR，A。

(5) 堆栈指针(Stack Pointer，SP)寄存器：堆栈是一块存储区域，它是用来临时存放调用子程序或进入中断服务程序时主程序断点的位置和其他寄存器内容的存储区域。比如，在调用子程序时，主程序会暂时停止执行，直接跳转到子程序入口地址。当子程序执行完毕会再次回到主程序，在主程序中调用子程序的下一条语句继续执行，如图 3.6 所示。

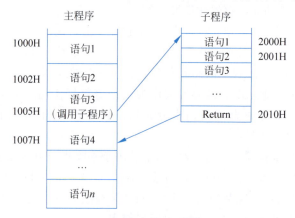

图 3.6 子程序调用

在图 3.6 中，主程序存放在 ROM 存储器的 1000H 处，并按照顺序执行。当执行到 1005H 处的语句调用子程序时，程序会自动跳转到子程序存放在 ROM 存储器中的入口地址 2000H 处执行。直到子程序执行完毕(即执行到 ROM 中存放在 2010H 处的最后一条语句 Return)，程序会自动返回到 1007H，然后继续在主程序中顺序执行。

CPU 是如何在子程序执行完毕后自动返回到主程序中调用子程序的下一条语句的位置处呢？这就是堆栈的作用。在图 3.6 中，当执行到主程序第 3 条语句时，PC＝1007H(PC 总是指向下一条需要执行的语句地址)。由于这是一条子程序调用语句，此时 CPU 会将语句 4(调用子程序的下一条语句)的地址 1007H 存放于堆栈，然后将子程序的入口地址 2000H 加载到 PC，从而转向子程序的语句 1 执行。当子程序执行到 2010H 处的最后一条语句，由于该语句是 Return，此时 CPU 将堆栈中存放的 1007H 取出加载到 PC，从而程序转向到主程序 1007H 处的语句 4 执行，即主程序中调用子程序的下一条语句继续执行。

在计算机中(不一定是单片机)，堆栈可以是寄存器，也可以是 RAM。由寄存器构成的堆栈称为硬堆栈，其优点是寄存器位于 CPU 内部，因而访问速度快；缺点是 CPU 内部的寄存器数量有限,因而堆栈的存储量受到限制。用 RAM 构成的堆栈称为软堆栈,理论上软堆栈的存储量没有限制,因而在计算机系统中,绝大多数堆栈都是软堆栈。堆栈具有以下特点:

(1) 堆栈只允许在其一端进行数据插入和删除操作,不是按字节任意访问的,是一个特殊的存储区。它是按"先进后出、后进先出"的原则存取数据,这里的"进"与"出"是指进栈与出栈操作,如图 3.7 所示。

(2) 堆栈指针 SP 用于存放最后一个被存放在堆栈中的数据的地址。每存入(或取出)1 字节数据,SP 就自动加 1(或减 1)。SP 始终指向新的被操作的数据。

(3) 堆栈有栈底和栈顶之分,栈底就是 CPU 初始化时,SP 指向的地址,栈底地址一旦初始化后将保持不变,它决定了堆栈在 RAM 中的位置;栈顶是最后一个被存入堆栈的数据的地址,因此,可以说 SP 总是指向栈顶的。

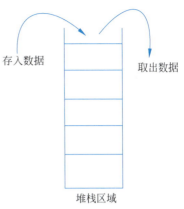

图 3.7 堆栈区域

(4) 堆栈栈底确定后,就可以向堆栈存入数据。存入数据时,有向上生长和向下生长两种方式。如果存入一个数据,堆栈指针增加,则是向上增长方式;如果存入一个数据,堆栈指针减少,则是向下增长。

(5) 有专门的堆栈操作指令。

PUSH:数据进入堆栈称"进栈(压栈)"。

POP:数据从堆栈取出称"出栈(弹栈)"。

对 51 单片机来说,其堆栈的特性如下:

(1) 51 单片机的堆栈也服从"先进后出"原则;

(2) 初始化时,SP=07H,即栈底为 07H,此时栈底与栈顶一样都是 07H,堆栈中没有数据,只能执行 PUSH 操作,无法执行 POP 操作;

(3) SP 是一个 8 位的寄存器,即堆栈位于片内 RAM 区域;

(4) 51 单片机的堆栈操作采用向上增长方式,且以"字节"为单位进栈或出栈。

例如,CPU 初始化时,SP=07H,进行如图 3.8 所示的操作。

(1) MOV A,♯12H ;将数据 12H 送入 A 中。

(2) MOV SP,♯10H ;初始化 SP 指针,栈底为 10H。

(3) PUSH ACC;将 ACC 中的内容压栈,即将 12H 送入堆栈。在入栈前 SP 先加 1,SP=11H,然后将数据 12H 存放在地址 11H 处,此时栈底仍为 10H,栈顶变为 11H。

(4) MOV 0EH,♯34H;将数据 34H 送入片内 RAM 地址 0EH 处。

(5) PUSH 0EH;将片内 RAM 地址 0EH 处存放的内容压栈,即将 34H 送入堆栈。在入栈前 SP 先加 1,SP=12H,然后将数据 34H 存放在地址 12H 处。此时栈底仍为 10H,栈顶变为 12H。

(6) POP ACC;将堆栈的数据弹出到 ACC 中。由于堆栈是先进后出,故先将数据 34H 弹出到 ACC 中,然后 SP 减 1,SP=11H。此时栈底仍为 10H,栈顶变为 11H。

(7) POP 0FH;将堆栈的数据弹出到片内 RAM 地址 0FH。此时先将数据 12H 弹出到地址 0FH 中,然后 SP 减 1,SP=11H。此时栈底仍为 10H,栈顶变为 10H,栈顶等于栈底。

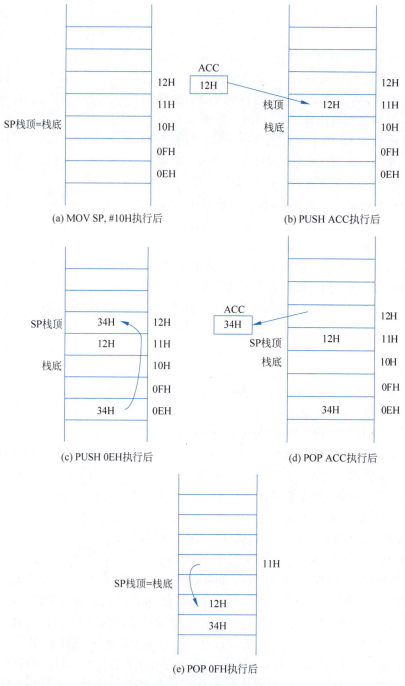

图 3.8 堆栈的操作

3.5 时钟电路与复位电路

3.5.1 时钟电路

51 单片机的时钟电路有两种方式：内部振荡方式和外部振荡方式。

(1) 内部振荡方式：51 单片机片内有一个用于构成振荡器的高增益反相放大器，引脚 XTAL1 和 XTAL2 分别是此放大器的输入端和输出端。单片机片内的放大器与外部连接的晶体振荡器和微调电容一起构成了稳定的自激振荡器，从而产生振荡脉冲，并输入单片机的内部时钟电路，如图 3.9 所示。

① XTAL1(19 脚)：接外部晶振的一个引脚(内部反相放大器的输入端)。

② XTAL2(18 脚)：接外部晶振的一个引脚(内部反相放大器的输出端)。

晶体振荡器的振荡频率决定单片机的时钟频率。通常晶体振荡器的时钟频率范围为 1.2～12MHz。电容 C_1 和 C_2 为微调电容，可起频率稳定、微调作用，一般取值为 5～30pF。

(2) 外部振荡方式：不借助于单片机芯片内的反相放大电路，直接从外部输入振荡脉冲的方式，此时 XTAL1 引脚接地。通常，为了各单片机之间时钟信号的同步，引入唯一的共用外部脉冲信号作为各单片机的振荡脉冲。

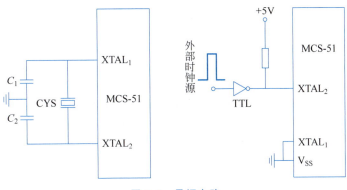

图 3.9 晶振电路

3.5.2 基本时序单位

CPU 执行指令的一系列动作是在时序电路控制下一拍一拍进行的，由于各种指令的机器码字节数不同、指令功能不同，因而不同的指令执行时间不一定相同。单片机中有以下几个基本时序单位，如图 3.10 所示。

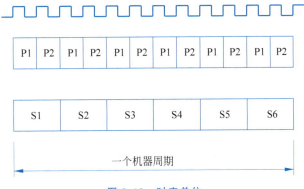

图 3.10 时序单位

(1) 振荡周期(拍节)：振荡脉冲(晶振)的周期称为振荡周期或拍节(用 P 表示)，它是晶振频率的倒数，是单片机中最小的时间单位。

(2) 状态周期(时钟周期)：振荡脉冲经过二分频以后，就是单片机的时钟信号，把时钟信号的周期定义为状态周期(用 S 表示)。一个状态包含两个节拍,其前半周期对应的节拍叫节拍 1(P1),后半周期对应的节拍叫节拍 2(P2)。

(3) 机器周期:机器周期是指 CPU 访问一次存储器或 I/O 接口电路所需要的最小时间单位。一个机器周期由 6 个状态 S1~S6(12 个振荡周期)组成。

(4) 指令周期:CPU 取出一条指令至该指令执行完所需时间,不同指令其指令周期不同,但都以机器周期为时间单位。通常,一个指令周期由 1~4 个机器周期组成。

例如,单片机外接晶振为 12MHz,则:

振荡周期 $=1/12\text{MHz}=(1/12)\mu\text{s}=0.0833\mu\text{s}$

状态周期 $=2\times 1/12\text{MHz}=(2/12)\mu\text{s}=0.167\mu\text{s}$

机器周期 $=12\times 1/12\text{MHz}=1\mu\text{s}$

指令周期 $=1\sim 4\mu\text{s}$

3.5.3 复位电路

计算机在启动时都需要复位,使系统中的所有部件都处于一个确定的初始状态,并从该状态开始工作。对单片机而言,要实现复位,必须使复位引脚 RST 保持至少两个机器周期(即 24 个振荡周期)的高电平。一般有两种复位方法,如图 3.11 所示。

(1) 上电复位:加电瞬间电容充电,RST 出现高电平(最少 2 个机器周期),然后降为低电平。

(2) 开关复位:在上电自动复位电路上增加了人工复位。

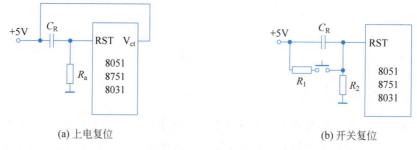

(a) 上电复位   (b) 开关复位

图 3.11 复位电路

在如图 3.11 所示的电路中,在通电瞬间由于 RC 的充电过程,在 RST 端出现一定宽度的正脉冲,只要该正脉冲保持 2 个机器周期以上,就能使单片机自动复位,在 6MHz 时钟下,通常 C_R 取 $22\mu\text{F}$,R_1 取 200Ω,R_2 取 $1\text{k}\Omega$,这时能可靠地进行上电复位和开关复位。

单片机复位后,不影响片内 RAM 的内容。堆栈指针 SP 为 07H,P0~P3 口都为 1(即 P0~P3 口的内容均为 FFH),当 RST 引脚返回低电平以后,PC 寄存器变为 0000H,即 CPU 从 0000H 地址开始执行程序。复位后其他寄存器的状态如表 3.8 所示。

表 3.8 复位后的寄存器状态

寄存器	内容	寄存器	内容	寄存器	内容
PC	0000H	$P_0\sim P_3$	FFH	TL_0	00H
ACC	00H	IP	×××00000B	TH_1	00H
B	00H	IE	0××00000B	TL_1	00H
PSW	00H	TMOD	00H	SCON	00H
SP	07H	TCON	00H	SBUF	不定
DPTR	0000H	TH_0	00H	PCON	0×××××××B

3.6 引脚功能

51单片机最常见的封装是标准型DIP(双列直插)40脚。凡封装相同的51单片机,其引脚定义和功能与8051兼容,使用时绝大部分器件可以互换。图3.12是40脚封装的逻辑功能与实际引脚排列图,其中图3.12(a)是逻辑功能图,图3.12(b)是实际引脚图。各个引脚的功能如表3.9所示。

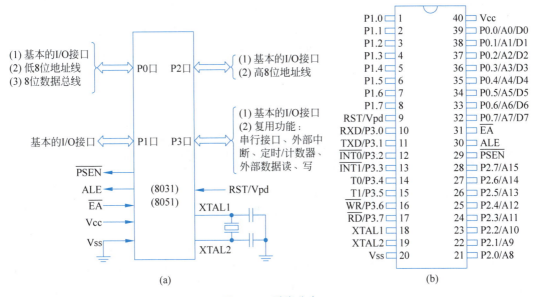

图 3.12 引脚分布

表 3.9 MCS-51 单片机的引脚功能和含义

引脚名称	脚 号	功能描述
Vcc	40	+5V 电源端(+4.5~+5.5V)
Vss	20	接地端
P0.0~P0.7	39~32	① P0 口是一个 8 位开漏极双向 I/O 接口;②在使用外部存储器时,低 8 位的地址和数据总线复用这个口
P1.0~P1.7	1~8	① P1 口是一个 8 位准双向 I/O 接口,内部已有上拉电阻;②P1 口能够驱动 4 个 LSTTL 负载;③作为输入端的那些引脚,必须先对该位输出 1(即对其编程为输入状态);④在 8052 中,P1.0 和 P1.1 引脚还有 T2 和 T2EX 功能,T2 是定时器/计数器 2 的外部输入端,T2EX 是定时器/计数器 2 的"记录方式"的输出端
P2.0~P2.7	21~28	① P2 口是一个 8 位准双向 I/O 接口,内部已有上拉电阻;②作为输入端的那些引脚,必须先对该位输出 1(即对其编程为输入状态);③在总线操作时,P2 口为高 8 位地址线
P3.0~P3.7	10~17	① P3 口是一个 8 位准双向 I/O 接口,内部已有上拉电阻;②作为输入端的那些引脚,必须先对该位输出 1(即对其编程为输入状态);③在作特定的复用功能时,P3 复用脚功能

续表

引脚名称	脚 号	功能描述
RST/Vpd	9	① 复位信号的输入端,高电平有效(非 TTL 电平);② 当单片机的主电源 Vcc 断开时,RST 引脚还是芯片内部 RAM 的辅助电源端(只对 HMOS 芯片有效)
ALE	30	① 地址锁存允许信号,高电平有效;当对外部存储器操作时,ALE 的高电平时,发出地址信号,ALE 的下降沿锁定由 P0 口输出的低 8 位地址信号。② 当不用外部存储器时,ALE 可作为标准的脉冲信号(其频率是晶振频率的 1/6)
$\overline{PSEN}$	29	是外部程序存储器的选通信号,低有效,能驱动 8 个 LSTTL 负载
$\overline{EA}$		① 当 $\overline{EA}$ 为高电平时,单片机先执行片内程序存储器的程序,当地址超出内部程序存储器范围时,再执行外部程序存储器的程序;② 当 $\overline{EA}$ 为低电平时,单片机只执行外部程序存储器的程序
XTAL1	19	① 内部振荡器的输入端;② 当使用外部时钟时,对 CMOS 芯片,XTAL1 为输入端;对 HMOS 芯片,XTAL1 应接地
XTAL2	18	① 内部振荡器的输出端;② 当使用外部时钟时,对 CMOS 芯片,XTAL2 应悬浮不用;对 HMOS 芯片,XTAL2 为输入端

3.7 单片机最小系统

单片机的最小系统是指用最少的元件组成的、可以工作的单片机系统。对 51 单片机来说,最小系统的必备条件是需要 ROM 存储程序,需要 RAM 保存中间数据,需要时钟、电源和复位。由于 51 单片机片内有 ROM 和 RAM,所以只要外接晶振电路、复位电路即可构成单片机的最小系统电路(见图 3.13)。注意,单片机的 EA 引脚需要接电源,以保证启动时从片内 ROM 开始执行程序。

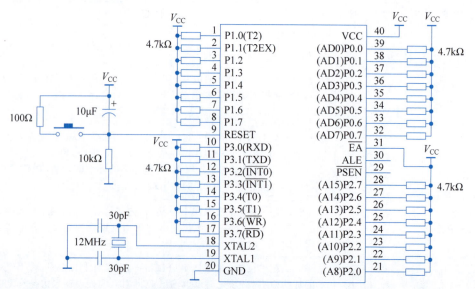

图 3.13　51 单片机最小系统

习题

1. 填空题

(1) 若不使用 MCS-51 片内的存储器,引脚 $\overline{EA}$ 必须接_____。

(2) MCS-51 中有 4 组工作寄存器,它们的地址范围是_____。

(3) 若单片机的使用的频率为 6MHz 的晶振,那么状态周期为_____;机器周期为_____;指令周期为_____。

(4) 在 MCS-51 系统中,可以进行位寻址的 RAM 区域是_____单元。

(5) MCS-51 系统复位控制信号的有效电平是_____。

2. 选择题

(1) 程序计数器在( )中。

    A. CPU 控制器   B. CPU 运算器

    C. 外部程序存储器   D. 外部数据存储器

(2) 单片机应用程序一般存放在( )。

    A. RAM   B. ROM   C. 寄存器   D. CPU

(3) 单片机上电后或复位后,工作寄存器 R0 是在( )。

    A. 0 区 00H 单元   B. 0 区 01H 单元

    C. 0 区 09H 单元   D. SFR

(4) 进位标志 CY 在( )中。

    A. 累加器   B. 算术逻辑运算部件

    C. 程序状态字寄存器   D. DPTR

(5) MCS-51 单片机的堆栈区应建立在( )。

    A. 片内数据存储区的低 128B 单元   B. 片外数据存储区

    C. 片内数据存储区的高 128B 单元   D. 程序存储区

(6) 用户不能直接使用的寄存器是( )。

    A. PSW   B. DPTR   C. PC   D. B

(7) MCS-51 复位后,程序计数器 PC=( )。即程序从此处开始执行指令。

    A. 0001H   B. 0000H   C. 0003H   D. 0023H

(8) 当程序状态字寄存器中 RS1 和 RS0 分别为 0 和 1 时,系统先用的工作寄存器组为( )

    A. 组 0   B. 组 1   C. 组 2   D. 组 3

3. 判断题

(1) 当向堆栈压入一个字节的数据后,SP 中的内容减 1。( )

(2) 程序计数器 PC 中的内容是当前正在执行指令的地址。( )

(3) 8031 与 8051 的区别在于内部是否有程序存储器。( )

(4) 8051 单片机,程序存储器数和数据存储器扩展的最大范围都是一样的。( )

(5) 对于 8051 单片机,当 CPU 对内部程序存储器寻址超过 4KB 时,系统会自动在外部程序存储器中寻址。( )

（6）当 8051 单片机晶振频率为 12MHz，ALE 地址锁存信号端的输出频率为 2MHz 的方脉冲。（　　）

（7）8051 单片机片内 RAM 为 00H～1FH 的 32 个单元，不仅可以作为工作寄存器使用，而且可作为 RAM 来读写。（　　）

（8）MCS-51 的数据存储器在物理上和逻辑上都分为两个地址空间：一个是片内的 256B 的 RAM，另一个是片外最大可扩充 64KB 的 RAM。（　　）

4. 简答题

（1）单片机包含哪些主要的逻辑部件？

（2）8051 内部 RAM 分为哪 4 部分？

（3）使单片机复位有哪几种方式？单片机复后的初始状态如何？

（4）PSW 的作用是什么？常用标志位有哪些？

（5）8051 的时钟周期和振荡周期有什么关系？

（6）什么叫堆栈？其作用是什么？8051 最大的堆栈容量为多少？

（7）8051 的存储器分哪几个空间？如何区别不同空间的寻址？

第 4 章 51 单片机的指令系统

CHAPTER 4

本章的主要内容涉及单片机的寻址方式、传送与交换指令、算术运算及逻辑运算指令、控制转移指令、位操作指令等。

视频讲解

4.1 寻址方式

视频讲解

寻址方式是指令中寻找操作数或操作数地址的方式。一个指令的寻址方式指出了指令中的操作数或操作数所在的地址。寻址方式和计算机的存储器结构密切相关,寻址方式越多,计算机的功能越强,就能更加灵活有效地利用和处理各种数据。

在51单片机中,从逻辑划分上来看,存放数据的存储空间有4个:内部RAM和SFR、内部ROM、外部RAM和外部ROM。指令执行时,为区分操作数所在的存储空间,对不同的存储空间中的操作数,采取不同的寻址方式。下面介绍51单片机的8种寻址方式,即立即寻址、直接寻址、寄存器寻址、寄存器间接寻址、变址寻址、相对寻址、位寻址。

下面介绍本章涉及的一些常用的寄存器、地址、数据等的符号。

(1) Rn:当前工作寄存器组中的8个工作寄存器R0~R7。其在片内RAM中的地址由PSW中的RS1、RS0选定。

(2) Ri:当前工作寄存器组中的R0及R1,这两个工作寄存器是可以作为8位地址指针的寄存器。

(3) dir:片内RAM和SFR的8位直接地址。

(4) #data:8位立即数,即包含在指令中的8位数据。

(5) #data16:16位立即数,即包含在指令中的16位数据。

(6) addr16:16位目的地址。用于LCALL和LJMP指令中。目的地址在64KB的ROM空间内。

(7) addr11:11位目的地址。用于ACALL和AJMP指令中。目的地址在和下一条指令的首字节在同一个2KB的ROM空间内。

(8) rel:8位地址相对偏移量,是以补码表示的8位带符号数,在相对转移指令中使用。偏移范围为-128~+127。

(9) bit:片内RAM或SFR的可为寻址空间中的直接位地址。

(10) @:间接寻址方式中表示间接地址寄存器的符号。

(11) /:位操作指令中,表示对先对该位取反再参与操作。

(12) ( )：用于在注释中表示存储单元的内容。注意，该符号不用于指令中，仅用于注释中。

(13) →：用于在注释中表示数据传送的方向，箭头指向目的操作数。注意，该符号不用于指令中，仅用于注释中。

4.1.1 立即寻址

立即寻址(Immediate Addressing)是指令中直接给出操作数的寻址方式。在这种寻址方式中，操作数直接参与操作，因此称为立即数。立即数作为常数直接存放在指令中，紧跟在操作码之后，作为指令的一部分，因此它存放在程序存储器中。

需要特别注意的是，立即寻址方式只能用于源操作数字段，不能用于目的操作数字段。

在51单片机的指令系统中，立即数用一个前面加"♯"号的8位数（如♯30H）或16位数（如♯2052H）表示。

以传送指令为例：

MOV A, ♯33H   ; ♯33H→A

这条指令完成立即数33H向累加器A传送的操作。其指令机器码为7433H，其中，74H为操作码，33H为立即操作数。

该指令的机器码在程序存储器中的存放如图4.1所示。

4.1.2 直接寻址

直接寻址(Direction Addressing)在指令中直接给出操作数所在的地址。在51单片机中，直接寻址的寻址对象包括如下两种。

(1) 内部数据存储器：在指令中直接使用内部数据存储器的地址。

(2) 特殊功能寄存器(SFR)：在指令中，既可使用特殊功能寄存器的地址，也可以直接使用寄存器名。

例如，

MOV A, 33H   ; A←(33H)

如图4.2所示，该条指令执行时，由指令直接提供源操作数地址的33H，将内部RAM的地址为33H单元的内容向累加器A传送。如果(33H)=12H，则执行的结果是A=12H。

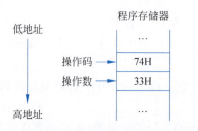

图4.1 立即寻址方式下指令的机器码在程序存储器中的存放示意

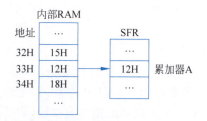

图4.2 直接寻址方式操作示意

例如，

MOV P1, A   ; P1←A

该条指令的操作是将累加器 A 的内容向 SFR 中地址为 90H 的存储单元传送,90H 单元即特殊功能寄存器 P1。该指令也可写为

```
MOV 90H,A   ;P1←A
```

4.1.3 寄存器寻址

寄存器寻址(Register Addressing)是以通用寄存器的内容作为操作数的寻址方式,在该寻址方式下,操作数存放在寄存器中。寄存器寻址方式的寻址对象为 A、B、DPTR、R0～R7。其中,B 仅在乘除法指令中为寄存器寻址,在其他指令中为直接寻址。A 可以用于寄存器寻址又可以直接寻址,直接寻址时写作 ACC。

例如,

```
MOV  R1,A   ;A→R1
```

在该指令中,两个操作数的寻址方式都是寄存器寻址,该指令完成累加器 A 向寄存器 R1 的传送。

例如,

```
MUL  AB     ;A*B→A
```

在该指令中,A、B 的寻址方式都是寄存器寻址。

例如,

```
MOV  A,B    ;B→A
```

在该指令中,目的操作数 A 的寻址方式是寄存器寻址,源操作数 B 的寻址方式是直接寻址方式。

例如,

```
PUSH ACC    ;A 的内容压入堆栈
```

在该指令中,A 为直接寻址。

4.1.4 寄存器间接寻址

寄存器间接寻址(Register Indirect Addressing)是以寄存器内容为地址,且该地址中的内容作为操作数的寻址方式。在指令中,该寻址方式的寄存器名前面加@符号,用于表明所指的寄存器并非用于存放操作数本身,而是用于存放操作数的地址。

寄存器间接寻址方式可以访问的存储空间为内部 RAM 和外部 RAM。内部 RAM 空间为 128B,因此只需 1 字节的寄存器 R0 或 R1 即可间接寻址该空间;而外部 RAM 空间为 64KB,需由 P2 端口提供高 8 位地址,R0 或 R1 提供低 8 位地址,或者使用 16 位的特殊功能寄存器 DPTR 提供 16 位间接地址。

寄存器间接寻址方式可以访问内部 RAM 和外部 RAM,但内部 RAM 和外部 RAM 各自拥有独立编址的地址空间,在使用@R0 或@R1 寻址时,要使用不同的传送指令来区分访问的内部 RAM 空间还是外部 RAM 空间,即:访问内部 RAM 空间时使用 MOV 指令,而访问外部 RAM 空间时使用 MOVX 指令。

例如,

```
MOV  A,@R0  ;(R0)→A
```

该指令的操作是将内部 RAM 的内容传送给累加器 A，所寻址的内部 RAM 单元的地址由 R0 寄存器提供。该操作示意如图 4.3 所示，若寄存器 R0 中存放的值为 33H，当执行"MOV A，@R0"指令时，源操作数在内部 RAM 中的地址由 R0 提供，即此时源操作数地址为 33H，若地址为 33H 的内部 RAM 单元中存放的数据为 12H，则该数据传送给累加器 A，即 A 获得数据 12H。

例如，

MOVX A, @R0 ; (P2 R0)→A

该指令的操作是将外部 RAM 的内容传送给累加器 A，所寻址的外部 RAM 单元的地址由 P2 和 R0 寄存器提供，其中 P2 提供高 8 位地址，R0 提供低 8 位地址。

例如，

MOVX A, @DPTR ; (DPTR)→A

该指令的操作是将外部 RAM 的内容传送给累加器 A，所寻址的外部 RAM 单元的地址由 16 位的 DPTR 寄存器提供。该操作示意如图 4.4 所示，若数据指针寄存器 DPTR 中存放的值为 3456H，当执行"MOV A，@DPTR"指令时，源操作数在片外 RAM 中的地址由 DPTR 提供，即此时源操作数地址为 3456H，若地址为 3456H 的片外 RAM 单元中存放的字节数据为 99H，则将该数据传送给累加器 A，即 A 获得 1 字节数据 99H。

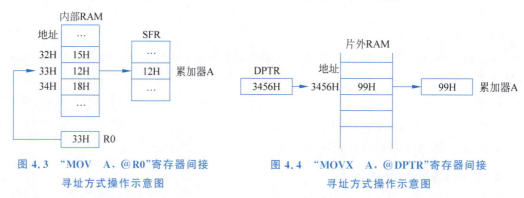

图 4.3 "MOV A，@R0"寄存器间接寻址方式操作示意图

图 4.4 "MOVX A，@DPTR"寄存器间接寻址方式操作示意图

4.1.5 变址寻址

变址寻址(Index Addressing)又称为基址加变址寻址，它是以 DPTR 或 PC 寄存器基地址寄存器，以累加器 A 作为变址寄存器的一种寻址方式。寻址时将基地址寄存器的内容和变址寄存器的内容相加形成操作数的地址。变址寻址只用于访问程序存储器，由于程序存储器为 ROM，所以变址寻址只有读操作而没有写操作。该寻址方式常用于查表操作，所使用的指令只有两条：MOVC A，@A+DPTR 及 MOVC A，@A+PC。

例如，

MOVC A, @A+DPTR ; (A+DPTR)→A

该指令的操作是将 ROM 的内容传送给累加器 A，所寻址的 ROM 单元的地址由 16 位的 DPTR 寄存器与累加器 A 之和提供，操作过程如图 4.5 所示。

在图 4.5 中，DPTR 寄存器的内容是 1234H，累加器 A 的内容是 12H，执行"MOVC A，

@A+DPTR"指令时,将程序存储器 ROM 中的 1246H(1234H+12H)单元存储的数据 88H 取出传送给累加器 A。指令执行完毕后,A=88H。

4.1.6 相对寻址

相对寻址(Relative Addressing)是将程序计数器 PC 的当前值与指令给出的相对偏移量(rel)相加,从而形成转移的目标地址的寻址方式。所以相对寻址用于访问程序存储器,常用于转移指令中。其中的相偏移量为补码表示的 1 字节的带符号数,因此该寻址方式中的转移范围为 -128~+127。

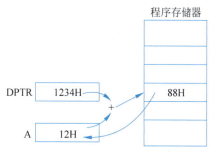

图 4.5 变址寻址方式操作示意

例如,在程序存储器 1000H 单元开始有一条无条件相对转移指令如下:

1000H　SJMP　30H

由于 SJMP 指令为 2 字节指令,所以在执行这条指令时,当前的 PC 值为 1000H+2H=1002H,而相对偏移量 rel=30H,所以,本指令转移的目的地址=1002H+30H=1032H。

4.1.7 位寻址

位寻址(Bit Addressing)是指对位地址中的任意一个二进制位进行位操作的寻址方式。在 51 单片机中,只有内部 RAM 和 SFR 的一部分有位地址,所以位寻址只针对片内 RAM 中 20H~2FH 的 128 个位地址及 SFR 中的可位寻址的位地址。位寻址类似于直接寻址,都是指令给出直接地址,不同之处在于位寻址只给出位地址,而非字节地址。

例如,

SETB　07H;　或写成 SETB 20H.7

该指令所进行的操作是将内部 RAM 中 20H 单元的最高位置位,而该位的位地址为 07H,所以写成以上两种形式均可。

4.2 基本指令

4.2.1 传送类指令

传送类指令(Data Transfer Instruction)是最常用的指令,具体分类如下。

1. 内部 RAM、SFR 之间的传送指令 MOV

内部 RAM、SFR 之间的传送指令使用助记符 MOV,这类指令可以分成以下几种。

1) 累加器 A 为目的操作数的指令

```
MOV A, Rn        ; Rn(n = 0~7) →A
MOV A, dir       ;(dir)→A
MOV A,@Ri        ;(Ri) →A, i = 0~1
MOV A, #data     ;data→A
```

本类指令的所执行的操作是将源操作数 Rn、dir、(Ri)或 data 传送给累加器 A。

【例 4-1】 R0=2FH,(2FH)=1AH,(3FH)=1BH。

视频讲解

执行指令"MOV A, R0"后 A=2FH;

执行指令"MOV A, @R0"后 A=1AH;

执行指令"MOV A, 3FH"后 A=1BH;

执行指令"MOV A, ♯3FH"后 A=3FH。

2）寄存器 Rn 为目的操作数的指令

```
MOV Rn, A        ; A→Rn
MOV Rn, dir      ;(dir)→Rn
MOV Rn, #data    ;data→Rn
```

本类指令的所执行的操作是将源操作数 A、dir 或 data 传送给累加器 A。

【例 4-2】 A=99H，R1=11H，R2=22H，R3=33H，(3FH)=1BH。

执行指令"MOV R1, A"后 R1=99H;

执行指令"MOV R2, 3FH"后 R2=1BH;

执行指令"MOV R3, ♯3FH"后 R3=3FH。

3）直接地址为目的操作数的指令

```
MOV dir, A       ; A→(dir)
MOV dir, Rn      ; Rn(n=0～7)→(dir)
MOV dir, dir     ;(dir)→(dir)
MOV dir,@Ri      ;(Ri) →(dir),i=0～1
MOV dir, #data   ;data→(dir)
```

本类指令的所执行的操作是将源操作数 A、Rn、dir、(Ri)或 data 传送给内部 RAM 或 SFR 的直接地址单元。

【例 4-3】 A=2FH，R3=33H，(2FH)=1AH，(3FH)=1BH，(4FH)=44H。

执行指令"MOV 3FH, A"后 (3FH)=2FH;

执行指令"MOV 4FH, R3"后 (4FH)=33H;

执行指令"MOV 4FH, 3FH"后 (4FH)=2FH;

执行指令"MOV 4FH, ♯3FH"后 (4FH)=3FH。

4）间接地址为目的操作数的指令

```
MOV @Ri, A       ; A→(Ri)
MOV @Ri, dir     ;(dir)→(Ri)
MOV @Ri, #data   ;data→(Ri)
```

本类指令的所执行的操作是将源操作数 A、dir 或 data 的内容传送给内部 RAM 单元，这些内部 RAM 单元的地址则由 R0 或 R1 的内容指定。

【例 4-4】 A=2FH，R1=55H，(55H)=1AH，(66H)=3AH。

执行指令"MOV @R1, A"后 (55H)=2FH;

执行指令"MOV @R1, 66H"后 (55H)=3AH;

执行指令"MOV @R1, ♯98H"后 (55H)=98H。

5）16 位数据传送指令

```
MOV DPTR, #data16   ;#data16→DPTR
```

本类指令仅有这一条，该指令将 16 位立即数的低字节部分送入 DPTR 的低字节部分 (DPL)；将 16 位立即数的高字节部分送入 DPTR 的高字节部分(DPH)。

【例 4-5】 执行指令"MOV DPTR, ♯1234H"后 DPTR=1234H。

2. 外部存储器和累加器 A 之间的传送指令 MOVX 和 MOVC

要访问外部存储器,包括访问外部 RAM 和外部 ROM,都只能利用累加器 A 与其传送数据,而不能使用其他寄存器或内部 RAM 单元。外部存储器传送指令包括外部 RAM 传送指令 MOVX 和外部 ROM 传送指令 MOVC。

1) 访问外部 RAM 或 I/O 接口指令 MOVX

这类指令使用累加器 A 和片外 RAM 或 I/O 接口之间进行数据传送,传送的方向可以是双向的。在执行该类指令时,外部 RAM 或 I/O 接口的 16 位地址由 P0 和 P2 口提供,其中,高 8 位地址由 P2 提供,低 8 位地址由 P0 口分时提供。在 51 单片机中,对于外部 RAM 或 I/O 接口的访问只能采用寄存器间接寻址方式,因此该类指令只有如下 4 条:

```
MOVX  @Ri, A      ; A→(P2 Ri)
MOVX  @DPTR, A    ; A→(DPTR)
MOVX  A, @Ri      ;( P2 Ri) →A
MOVX  A, @DPTR    ;(DPTR) →A
```

【例 4-6】 设计读出外部 RAM 中地址为 2345H 单元的 1 字节数据的指令。

```
MOV P2, #23H
MOV R0, #45H
MOVX A, @R0
```

也可利用@DPTR 访问,指令如下:

```
MOV DPTR, #2345H
MOVX A, @DPTR
```

2) 访问 ROM 指令 MOVC

在 51 单片机中,访问 ROM 空间(即程序存储空间)需要使用 MOVC 指令。该类指令多用于查常数表程序,直接求取常数表中的函数值,因此又被称为查表指令。该类指令只能从程序存储器读取数据到累加器 A,并且只能使用变址寻址方式。该类指令只有如下两条:

(1) 以 DPTR 为基址寄存器的查表指令。

```
MOVC A,@A+DPTR ;A←(A+DPTR)
```

该指令查表范围为 64KB 程序存储器任意空间,因此又被称为远程查表指令。

(2) 以 PC 为基址寄存器的查表指令。

```
MOVC A,@A+PC;A← (A+PC)
```

该指令所查的常数表只能在查表指令后的 256B 范围,因此又被称为近程查表指令。

以上两条指令执行完后,不会改变 DPTR 或 PC 的值。

【例 4-7】 在执行如下程序后,A=?

```
    MOV A, #02H              ;2→A
    MOV DPTR, #L02          ;表头地址→DPTR
    MOVC A, @A+DPTR         ; (2+DPTR) →A, 即 A=33H
L01: RET                    ;子程序返回指令,单字节指令
L02: DB 11H,22H,33H,44H,55H ; 在程序存储器中定义字节数据伪指令
```

解: 在上面的程序中,MOVC 指令以偏移量为 2 进行查表,因此 MOVC 指令把地址为 2+L02 的 ROM 单元中的数据传送给累加器 A,即将数据 33H 传送给 A,程序执行的结果是 A=33H。

【例 4-8】 在执行如下程序后,A=?

```
        MOV A, #2H                  ;2H,
        MOVC A, @A+PC               ; (2+PC)         ;即 A=22H
L01: RET                            ;子程序返回指令,单字节指令
L02: DB 11H,22H,33H,44H,55H         ;在程序存储器中定义字节数据伪指令
```

解：在上面的程序中,MOVC 指令以偏移量为 2 进行查表,表的基值为 PC 值,而执行 MOVC 指令时 PC 指向标号 L01 处,而标号 L01 处的指令 RET 为单字节指令,因此 MOVC 指令把地址为 2+L01,或 1+L02 的 ROM 单元中的数据传送给累加器 A,即将数据 22H 传送给 A,程序执行的结果是 A=22H。

3. 堆栈操作指令

在 51 单片机中,可将内部 RAM 的一部分用来作为堆栈(Stack),主要用于调用子程序或中断服务程序时保护和恢复现场。在访问堆栈时使用特殊功能寄存器中的 SP(堆栈指针 Stack Pointer)寄存器指示堆栈的栈顶位置,即堆栈顶部存储单元的地址。堆栈的存取遵循先进后出原则,堆栈操作指令有入栈指令和出栈指令两条。

入栈指令：

```
PUSH  dir   ;SP←SP+1,(SP)←(dir)
```

出栈指令：

```
POP   dir   ;(dir)←(SP),SP←SP-1
```

在使用堆栈操作指令时要注意：

(1) 堆栈操作是字节操作,即每次压入或弹出 1 字节数据。

(2) 51 单片机中堆栈的生成方式是向上生长。在执行 PUSH 指令时,先将 SP 值加 1,然后将要压栈的数据传送给 SP 所指向的内部 RAM 单元,即压入堆栈；在执行 POP 指令时,先将要弹出堆栈的数据传送给 SP 所指向的内部 RAM 单元,传送完后将 SP 值减 1。

(3) 单片机在复位或重新上电初始化后 SP 值为 07H,在这种情况下,第一个压入堆栈的数据被压入 SP+1 单元,即 08H 单元。若不想以 08H 单元为堆栈起始单元,则需要在程序中重新设置 SP 的初始值。

【例 4-9】 描述以下程序片段的执行过程。

```
MOV A, #78H
MOV SP, #14H               ;给 SP 赋初值
PUSH ACC                   ;累加器数据压栈,SP←SP+1,即 SP=15H,(15H)=78H
POP 10H                    ;(10H)=78H,SP←SP-1,即 SP=14H
```

解：以上程序执行的过程如图 4.6 所示。

4.2.2 字节交换指令

字节交换(Exchange)指令用于实现片内 RAM 区的数据双向传送,参与操作的两个操作数互为源操作数和目的操作数,执行的结果为两操作数内容互换。交换指令都以累加器 A 作为其中一个操作数,这类指令共 5 条,可分为字节交换指令和半字节交换指令两类：

1. 字节交换指令

```
XCH  A,Rn      ;A←→Rn
XCH  A,@Ri     ;A←→(Ri)
XCH  A,dir     ;A←→(dir)
```

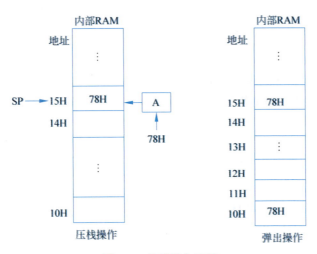

图 4.6 堆栈操作示例

【例 4-10】 若 A=11H,R3=22H。

执行"XCH A,R3"后,A=22H,R3=11H。

2. 半字节交换指令

```
XCHD  A,@Ri      ;A₀~₃ ←→ (Ri)₀~₃
SWAP  A          ;A₄~₇ ←→ A₀~₃
```

【例 4-11】 若 A=34H,R1=22H,(22H)=56H。

执行"XCHD A,@R1"后,A=36H,(22H)=54H。

【例 4-12】 若 A=34H。

执行"SWAP A"后,A=43H。

4.2.3 算术运算和逻辑运算指令

1. 以 A 为目的操作数的算术和逻辑运算指令

以 A 为目的操作数的算术和逻辑运算指令有 6 种,每种指令的源操作数有 4 个,因此共有 24 条指令:

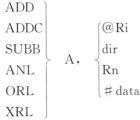

在以上指令中,ADD 为加法指令;ADDC 为进位加法指令,在完成两操作数相加后,还需要加上进位标志 CY;SUBB 为借位减法指令,在完成两操作数相减后,还需要减去借位标志 CY;ANL 指令为逻辑与指令;ORL 为逻辑或指令;XRL 为异或指令。逻辑运算指令的操作过程是先将参与操作的两个操作数逐位对齐,然后按位进行逻辑运算。

【例 4-13】 设 A=78H,(20H)=59H,CY=1。

在执行"ADD A,20H"后,A=78H+59H=D1H,PSW 中的标志位 CY=0,OV=1,

AC=1,P=0。

在执行"ADDC A,20H"后,A=78H+59H+CY=D2H,PSW 中的标志位 CY=0,OV=1,AC=1,P=0。

2. 以 dir 为目的操作数逻辑运算指令

以 dir 为目的操作数的逻辑运算指令有 3 种,每种指令的源操作数有 2 个,因此共 6 条指令:

$$\left.\begin{matrix}\text{ANL}\\ \text{ORL}\\ \text{XRL}\end{matrix}\right\}\text{dir},\quad \begin{matrix}A\\ \sharp\text{data}\end{matrix}$$

【例 4-14】 设(20H)=6AH,A=F0H。

在执行"XRL 20H,A"后,(20H)=9AH。

3. 加 1、减 1 指令

加 1 指令:

INC

减 1 指令:

DEC

加 1(Increment)指令和减 1(Decrement)指令用于对内部 RAM 或寄存器做自增 1 和自减 1。

加 1 指令有 5 条:

```
INC  A         ; A + 1 → A
INC  @Ri       ; (Ri) + 1 → (Ri)
INC  dir       ; (dir) + 1 → dir
INC  Rn        ; Rn + 1 → Rn
INC  DPTR      ; DPTR + 1 → DPTR
```

减 1 指令有 4 条:

```
DEC  A         ; A − 1 → A
DEC  @Ri       ; (Ri) − 1 → (Ri)
DEC  dir       ; (dir) − 1 → (dir)
DEC  Rn        ; Rn − 1 → Rn
```

注意:DEC 指令中没有对 DPTR 的减 1 操作。要对 DPTR 进行减 1 操作,可以考虑根据实际情况使用 DEC DPL 指令进行操作。

4. 十进制调整指令

在计算机中,要表示十进制可以使用 BCD 码(Binary Code Decimal,二进制数码表示的十进制数码),如果是十进制相加(即 BCD 码相加),则在计算机中将其视为二进制数相加,要想得到十进制的结果(即运算结果仍为 BCD 码表示),就必须进行十进制调整(即 BCD 码调整)。在 51 单片机指令系统中,只有加法调整指令。

调整指令:

```
DA   A         ;将 A 中二进制相加之和调整成 BCD 码
```

调整方法:

和的低 4 位大于 9 或有半进位,则低 4 位加 6;和的高 4 位大于 9 或有进位,则高 4 位加 6。

指令根据相加和及标志自行进行判断,因此该指令应紧跟在加指令之后,至少在加指令和该指令之间不能有影响标志的指令。

DA A 指令只对 1 字节和进行调整,如为多字节相加必须进行多次调整。此指令不能直接将十六进制数调整为 BCD 码,也不能对减法结果进行调整。

【例 4-15】 设累加器 A 的内容为 56H,它表示十进制数 56 的压缩的 BCD 码数,寄存器 R3 的内容为 67H,表示十进制数 67 的压缩的 BCD 码数,进位标志为 1,分析执行下列指令的过程及执行后的结果。

```
ADDC  A, R3
DA    A
```

解:算法执行过程为

执行 ADDC 指令:

```
         01010110   56 的 BCD 码
  (R3)   01100111   67 的 BCD 码
 +(C)    00000001   01 的 BCD 码
         10111110   0BEH
```

执行 DA A 指令:

```
  +      01100110   加 66H 调整
        100100100   124 的 BCD 码
```

指令执行的结果为 124BCD,A=24H,CY=1,运算结果正确。

5. 累加器清零和取反指令

```
CLR  A    ;0→A,累加器清零(Clear)
CPL  A    ;Ā→A,累加器内容取反(Complement)
```

以上两条指令只针对累加器 A 进行操作。

6. 移位指令

```
RL   A    ;左环移
RR   A    ;右环移
RLC  A    ;带 C 左环移
RRC  A    ;带 C 右环移
```

以上 4 条移位指令只针对累加器 A 进行操作,且均为循环移位指令。其中,RRC 和 RLC 将进位标志 CY 也纳入循环内进行移位。移位指令示意图如图 4.7 所示。

【例 4-16】 设 A=43H,CY=0,分析连续执行如下指令的过程和结果:

```
RL    A
RLC   A
RR    A
RRC   A
```

解:执行过程为

(1) 执行 RL A:左环移 RL,即循环左移,最高位移动到最低位。

移位前:(A)=0100 0011(43H),CY=0;移位后:(A)=1000 0110(86H),与 CY 无关,故(CY)=0 不变。

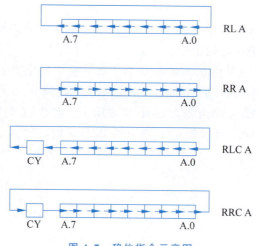

图 4.7 移位指令示意图

(2) 执行 RLC A：左大环移，即最高位移动至 CY，而 CY 先前的值移动至最低位，其他的依次左移一位。注意，执行本指令前寄存器 A 的值为 86H。

移位前：(A)=1000 0110(86H)，(CY)=0；移位后：(A)=0000 1100(0CH)。最高位移至 CY，故(CY)=1。

(3) 执行 RR A：右环移 RR，即循环右移，最低位移动到最高位。

移位前：(A)=0000 1100(0CH)，(CY)=1；移位后：(A)=0000 0110(06H)，与 CY 无关，故(CY)=1 不变。

(4) 执行 RRC A：右大环移，即最低位移动至 CY，而 CY 先前的值移动至最高位，其他的依次右移一位。

移位前：(A)=0000 0110(06H)，(CY)=1；移位后：(A)=1000 0011(83H)；(CY)=0。
因此，执行结果为
(1) (A)=86H，(CY)=0
(2) (A)=0CH，(CY)=1
(3) (A)=06H，(CY)=1
(4) (A)=83H，(CY)=0

*7. 乘除法指令
1) 乘法指令
乘法(Multiply)指令：
MUL AB
乘法指令用于将累加器 A 与寄存器 B 的两个 8 位的无符号数据相乘，得到的 16 位数据的高 8 位存放在寄存器 B 中，低 8 位存放在累加器 A 中。乘法指令执行后，标志 CY=0，若乘积大于 0FFH，则标志位 OV=1。

2) 除法指令
除法(Divide)指令：
DIV AB
除法指令用于将累加器 A 与寄存器 B 的两个 8 位的无符号数据相除，A 中存放被除数,B 中存放除数。执行结果的商存放在累加器 A 中,余数存放在寄存器 B 中。执行后,标志位 CY 和 OV=0;但当除数为 0 时,OV=1。

8. 算术运算和逻辑运算指令对标志位的影响

算术运算和逻辑运算指令对标志位的影响有如下规律:

(1) 凡是对 A 操作指令(包括传送指令)都将 A 中 1 个数的奇偶反映到 PSW 的 P 标志位上。即 A 中有奇数个 1,P=1;有偶数个 1,P=0。

(2) 传送指令、加 1、减 1 指令、逻辑运算指令不影响 CY、OV、AC 标志位。

(3) 加减运算指令影响标志位;乘除指令使 CY=0,当乘积大于 255,或除数为 0 时,OV 置 1。

(4) 对进位位 CY(指令中用 C 表示)进行操作的指令和大环移指令,显然会影响 CY。

标志位有时也被称为状态码,在转移指令中其状态是控制转移指令的条件,在利用控制转移指令来编写程序时,标志位的状态很重要,因此在编程时应该熟悉各种指令对标志位的影响。

4.2.4 控制转移指令

一般情况下,计算机的指令执行是按顺序执行的,而在执行到控制转移指令时,就会改变指令的执行顺序,转到该类指令指示的新的 PC 值所指向的地址处执行。

51 单片机的控制转移指令一般分成如下两种类型。

(1) 调用和返回类指令,包括调用指令和返回指令。

(2) 转移类指令,包括无条件转移和条件转移指令。

1. 调用返回类指令

1) 长调用(Long Subroutine Call)指令

```
LCALL addr16    ;SP + 1→SP, PC0~7→(SP)
                ;SP + 1→SP, PC8~15→(SP)
                ;addr16→PC0~15
```

长调用指令是 3 字节指令。执行该指令时 PC 先加 3,指向下一条指令处,然后将此时的 PC 值的低 8 位和高 8 位分别压入堆栈,再将 16 位的子程序的入口地址 addr16 送入 PC,转向子程序执行。本指令为 64KB 地址范围内的调用子程序指令,子程序可存放在 64KB 地址空间的任一位置。

2) 绝对调用(Absolute Subroutine Call)指令

```
ACALL addr11   ;SP + 1→SP, PC0~7→(SP)
               ;SP + 1→SP, PC8~15→(SP)
               ;addr11→PC0~10
```

绝对调用指令即短调用指令,是 2 字节指令。执行该指令时 PC 先加 2,指向下一条指令处,然后将此时的 PC 值的低 8 位和高 8 位分别压入堆栈,再将当前 PC 的高 5 位与 addr11 作为子程序的入口地址送 PC,转向子程序执行。本指令为 2KB 地址范围内的调用子程序指令,子程序入口地址必须与 ACALL 的下一条指令的首字节在相同的 2KB 地址空间内。

3) 子程序返回指令(Return from Subroutine)

```
RET      ;(SP) →PC8~15, SP - 1→SP
         ;(SP) →PC0~7, SP - 1→SP
```

子程序返回指令一般是子程序的最后一条指令,在执行时,将原先压入堆栈的主程序地址弹出至 PC,实现从调用子程序返回。

4）中断返回指令（Return from Interrupt）

```
RETI        ;(SP)→PC8～15,SP-1→SP
            ;(SP)→PC0～7,SP-1→SP
            ;清除中断优先级状态触发器
```

中断返回指令一般是中断服务程序的最后一条指令,在执行时,先将原先压入堆栈的主程序地址弹出至 PC,实现从中断服务程序返回到主程序的操作。这类似于子程序返回指令,但与子程序返回指令不同之处在于,RETI 指令还需要对中断优先级状态触发器进行一个清除操作,原因在于 51 单片机的中断系统内部包含两个不可寻址的优先级状态触发器,当特定优先级的某中断源被响应时,相应的触发器即被置位,直到执行了 RETI 指令后,这个触发器才复位,在此期间,同级和低级中断将被挂起。

2. 转移指令

1）无条件转移（Unconditional Jump）指令

（1）绝对转移（Absolute Jump）指令。

```
AJMP addr11    ;addr11→PC0～10
```

绝对转移指令包含 11 位地址,因此转移目的地址在下一条指令所在的 2KB 地址范围内,本指令为 2 字节指令。

（2）长转移（Long Jump）指令。

```
LJMP addr16    ;addr16→PC0～15
```

长转移指令包含 16 位地址,因此转移目的地址在 64KB 程序存储空间的全范围,本指令为 3 字节指令。

（3）间接转移（Jump）指令。

```
JMP @A+DPTR    ;A+DPTR→PC
```

【例 4-17】 A=02H,DPTR=2000H。

指令"JMP @A+DPTR"执行后,PC=2002H。也就是说,程序转移到 2002H 地址单元去执行。

【例 4-18】 设计一个分支转移程序,实现当 DATA=0、2、4 时分别转移到 100H、200H、300H 处。

解：程序如下

```
MOV A, #DATA
MOV DPTR, #TAB
JMP @A+DPTR
TAB: AJMP 100H
     AJMP 200H
     AJMP 300H
```

当 DATA=0 时,A+DPTR=TAB+0,执行指令"AJMP 100H"；当 DATA=2 时,A+DPTR=TAB+2,执行指令"AJMP 200H"；当 DATA=4 时,A+DPTR=TAB+4,执行指令"AJMP 300H"。本例中 AJMP 指令是 2 字节指令,因此,DATA 的取值只能是偶数。

（4）短转移（Short Jump）指令。

```
SJMP  rel        ;PC+rel→PC,即 As+2+rel→PC
```

As 为源地址(本指令的首地址),该指令为 2 字节指令,机器码为 80 rel。执行本指令时当前 PC=As+2,rel 为转移的偏移量,可以向前转(目的地址小于源地址),也可以向后转(目的地址大于源地址),因此偏移量 rel 是 1 字节有符号数,用补码表示(−128~+127),所以指令转移范围在离源地址 As 的−126~+129B 范围内。

2) 条件转移(Conditional Jump)指令

条件转移指令都是相对转移指令,在该类指令的机器码中包含转移的 8 位偏移量。在转移指令中含有转移条件,当条件满足时程序转移执行,当条件不满足时程序顺序执行。

(1) 累加器为零(非零)转移。

```
JZ   rel    ;A=0 则转移(As+2+rel→PC);A≠0 则顺序执行
JNZ  rel    ;A≠0 则转移(As+2+rel→PC);A=0 则顺序执行
```

(2) 减 1 不为零转移。

```
DJNZ  Rn, rel    ;Rn−1→Rn,Rn≠时,则转移(As+2+rel→PC);Rn=0 则顺序执行
DJNZ  dir, rel   ;(dir)−1→(dir),(dir)≠0 时,则转移(As+3+rel→PC);(dir)=0 则顺序
                  执行
```

DJNZ 指令有自动减 1 功能。"DJNZ Rn,rel"是 2 字节指令,"DJNZ dir,rel"是 3 字节指令。DJNZ 指令可以用于控制循环,循环次数可以放到工作寄存器(Rn)或内部 RAM 中(dir 直接寻址)。

(3) 比较转移指令。

```
CJNE A,dir, rel         ;A≠dir,则转移(As+3+rel→PC);A=dir,程序顺序执行
CJNE A, #data, rel      ;A≠#data,则转移(As+3+rel→PC);A=#data,程序顺序执行
CJNE Rn, #data, rel     ;Rn≠#data,则转移(As+3+rel→PC);Rn=#data,程序顺序执行
CJNE @Ri, #data, rel    ;(Ri)≠#data,则转移(As+3+rel→PC);(Ri)=#data,程序顺序执行
```

CJNE 指令都是 3 字节指令,执行时做减法操作,但不回送结果,仅影响 CY 标志。如果第一操作数大于或等于第二操作数,则标志 CY=0。若第一操作数小于第二操作数,则 CY=1。

以上 4 条 CJNE 指令除了可以判断两操作数是否相等外,利用对 CY 的判断,还可以比较两个操作数的大小。

3) 相对偏移量 rel 的求法

在相对转移中,用偏移量 rel 和转移指令所处的地址值来计算转移的目的地址,rel 是 1 字节补码。在生成机器码时,需要计算出 rel 值,下面介绍 rel 值的计算方法。

设本条转移指令的首地址为 As(源地址),指令字节数为 Bn(根据指令的不同,51 单片机中 Bn 取值一般为 2 或 3),要转移的目标地址为 Ad,因此当前 PC=As+Bn,因为在执行本条指令时,PC 已经指向了下一条指令,于是有

$$rel = Ad - 当前 PC = Ad - (As + Bn) = Ad - As - Bn$$

得

$$rel = (Ad - As - Bn)_{补码}$$

【例 4-19】 求出如下程序片段中转移指令的转移偏移量 rel 值。

```
0188              L01: MOV A, #23H
                       ...
0200  BF 05 rel        CJNE R7,#06,L01
```

解： 从程序片段中可以看出，转移指令 CJNE 的首地址 As＝0200H，该转移指令字节数 Bn＝3，因此当前 PC＝ As ＋Bn＝0200＋3＝0203H，要转移的目标地址 Ad＝0188H。

$$rel＝Ad－当前 PC＝0188H－0203H＝－7BH$$

求－7B 的补码得 85H，所以，求得 rel 用补码表示的值为 85H。

在实际编程中，转移的目的地址无论是 addr11、addr16；还是 rel，均是用符号地址表示的（如 SJMP ABC，AJMP LOOP …），转移的类型是通过指令的操作符来决定的。

3. 空操作指令

```
NOP
```

空操作指令（No Operation），机器码为 00。该指令经取指、译码后不进行任何操作（空操作）而转到下一条指令，常用于产生一个机器周期的延时，或上机修改程序时作填充指令，即在程序中某些位置插入一些 NOP 指令，以方便以后修改程序时增减指令。

4.2.5　位操作指令

在程序中位地址的表达有多种方式，例如，

（1）用直接位地址表示，如 D7H。

（2）用"·"操作符号表示，如 PSW.7 或 D0H.7。

（3）用位名称表示，如 CY。

（4）用用户自定义名表示。如 ABC BIT D7H，其中，ABC 定义为 D7H 位的位名，BIT 为位定义伪指令。

上述 4 种位地址都是表示 PSW 的 CY 位。

位操作类指令的对象是 C 和直接位地址，由于 C 是位累加器，所以位的逻辑运算指令目的操作数只能是 C，这就是位操作指令的特点。位操作指令共有 17 条，下面分别介绍。

1. 位清零指令

```
CLR   C          ;0→CY
CLR   bit        ;0→bit
```

例如，

```
CLR P1.0         ;0→P1.0
```

2. 位置 1 指令

```
SETB   C         ;1→CY
SETB   bit       ;1→bit
```

例如，

```
SETB P1.0        ;1→P1.0
```

3. 位取反指令

```
CPL   C          ; /CY→CY
CPL   bit        ; /bit → bit
```

4. 位与指令

```
ANL   C,bit      ;CY∧bit→CY
```

```
ANL  C,/bit      ;CY∧/bit→CY
```

例如,

```
ANL C, /P1.0
```

设执行本指令前,CY=1,P1.0 等于 1,则执行完本指令后 CY=0,而 P1.0 还是等于 1。

5. 位或指令

```
ORL  C,bit       ;CY∨bit→CY
ORL  C,/bit      ;CY∨/bit→CY
```

6. 位传送指令

```
MOV  C,bit       ;bit→CY
MOV  bit,C       ; CY→bit
```

7. 位转移指令

```
JC   rel         ;CY=1,则转移(As+2+rel→PC),否则程序顺序执行
JNC  rel         ;CY=0,则转移(As+2+rel→PC),否则程序顺序执行
JB   bit,rel     ;bit=1,则转移(As+3+rel→PC),否则程序顺序执行
JNB  bit,rel     ;bit=0,则转移(As+3+rel→PC),否则程序顺序执行
JBC  bit,rel     ;bit=1,则转移(As+3+rel→PC),且该位清零;否则程序顺序执行
```

位转移指令根据进位标志 C 或直接寻址位 bit 的值决定是否转移,位转移指令均为相对转移指令。在上述位转移指令中,前 2 条是 2 字节指令,后 3 条是 3 字节指令,As 为各指令的首地址。

【例 4-20】 如果 P1.0 为 1,则转移到标号 L002 处执行,否则继续等待。

程序如下:

```
L001: JB P1.0, L002
SJMP L001
…
L002: 0
```

习题

1. 填空题

(1) 80C51 单片机有 _____、_____、_____、_____、_____、_____、_____ 7 种寻址方式。

(2) 寄存器寻址所对应的寄存器或存储空间是_____。

(3) JMP @A+DPTR;这条语句采用的寻址方式是_____。

(4) LJMP 指令的转移范围为_____,AJMP 指令的转移范围为_____。

(5) 假定 DPTR 的内容为 8100H,累加器 A 的内容为 40H,执行指令 MOVC A,@A+DPTR 后,送入累加器 A 的是程序存储器_____单元的内容。

(6) "JBC 00H,rel"操作码的地址为 2000H,rel=70H,它的转移目的地址为_____。

(7) 在直接寻址方式中,以_____位二进制数作为直接地址,因此,其寻址对象只限于_____。

(8) 假定 A=56H,R5=67H。执行指令:

```
ADD A,R5
DA A
```
后,累加器 A 的内容为_____,CY 的内容为_____。

(9) 假定标号 qaz 的地址为 0100H,标号 qwe 值为 0123H(跳转的目标地址为 0123H)。执行指令:

```
qaz: SJMP qwe
```

该指令的相对偏移量为_____。

2. 选择题

(1)
```
MOV  SP,#40H
MOV  A,#20H
MOV  B,#30H
PUSH ACC
PUSH B
POP  ACC
POP  B
```

该程序段运行后,A=(　　),B=(　　)。

A. 40H   B. 30H   C. 20H   D. 10H

(2)
```
MOV  R0,#00H
MOV  A,#20H
MOV  B,#0FFH
MOV  20H,#0F0H
XCH  A,R0
XCH  A, B
XCH  A, @R0
```

该段程序运行后,A=(　　),B=(　　)。

A. FFH   B. 00H   C. F0H   D. 20H

(3) ACALL 是(　　)字节指令,LCALL 是(　　)字节指令。

A. 1   B. 2   C. 3   D. 4

(4) 若 R1=30H,A=40H,(30H)=60H,(40H)=08H。试分析执行下列程序段后 R1 和 A 的变化,R1=(　　),A=(　　)。

```
MOV A,@R1
MOV @R1,40H
MOV 40H,A
MOV R1,#7FH
```

A. 40H   B. 08H   C. 7FH   D. 60H

(5) 访问 MCS-51 的特殊功能寄存器应使用的寻址方式是(　　)。

A. 直接寻址   B. 寄存器间接寻址   C. 变址寻址   D. 相对寻址

3. 判断题

(1) 间址寄存器不能使用 R2~R7。(　　)

(2) 变址寻址方式中的间址寄存器可以使用 R0,也可使用 A。(　　)

(3) 运算指令中目的操作数必须为累加器 A,不可为 R0。(　　)

(4) 执行"DIV AB"指令时,B 中存放被除数,A 中存放除数。(　　)

(5) MOV R1,#30H

```
        MOVX   A,@R1
        MOV    20H,A
```
该段程序的作用是:将内部 RAM30H 单元的内容送给外部 RAM 20H 单元。(   )

4. 简答题

(1) 试用位操作指令实现下列逻辑操作。要求不得改变未涉及的位的内容。

① 使 ACC.0 置位;

② 清除累加器高 4 位;

③ 清除 ACC.3,ACC.4,ACC.5,ACC.6。

(2) 试编写程序,完成两个 16 位数的减法:7F4DH−2B4EH,结果存入内部 RAM 的 30H 和 31H 单元,30H 单元存差的高 8 位,31H 单元存差的低 8 位。

(3) 编程将存于外部 RAM 8000H 开始的 50H 个数据传送到外部 RAM 0010H 开始的区域。

(4) 若 A=E8H,R0=40H,R1=20H,R4=3AH、(40H)=2CH、(20H)=0FH,试写出下列各指令**独立执行**后有关寄存器和存储单元的内容。若该指令影响标志位,试指出 CY、AC 和 OV 的值。

① MOV A,@R0

② ANL 40H,♯0FH

③ ADD A,R4

④ SWAP A

⑤ DEC @R1

⑥ XCHD A,@R1

第 5 章　51单片机汇编程序设计
CHAPTER 5

视频讲解

第 4 章介绍了 51 单片机的寻址方式,在此基础上对其基本指令进行了讲解。本章基于 51 单片机的各种指令,对其基本的汇编程序设计进行讲解。

5.1　汇编语言的语句格式

汇编语言有 3 种基本语句:指令语句、伪指令语句、宏指令语句。

每一条指令语句在汇编时都要产生一个可供机器执行的机器目标代码,所以这种语句又称为可执行语句。指令语句的一般格式如下:

[标号:] 操作码 [操作数] [;注释]

其中,方括号在实际语句中并不书写,也不输入计算机里,方括号只是表示其中的内容是可选项,若不需要,可以不包含此项。因此,对于一个指令语句,只有操作码是必不可少的,其余部分则视情况而定。在一条指令语句中,汇编程序只处理分号";"以前的字符,分号以后的内容作为注释,计算机在汇编时不进行任何处理。

1. 标号

标号表示本条语句的首地址,位于语句之首,必须以冒号":"作为结束符。标号部分是一个可选字段,并非每一条指令都需要。

对标号有如下规定。

(1) 由字符 A~Z、a~z、0~9 及符号@、$、_等组成,一般不多于 8 个字符。

(2) 不能用数字打头,以免与十六进制数混淆。

(3) 不使用汇编语言程序中的保留字(如指令的助记符等)。

(4) 对定义的符号不区分字母大小写。

2. 操作码

这部分用助记符表示,用于指明执行该指令时 CPU 所完成的操作。

3. 操作数

根据指令的功能,可不带操作数、带一个操作数或两个操作数,当有两个或多于两个操作数时,操作数中间用逗号","分开。

操作数给出参与操作的数或数所在的位置。操作数可以是常数、寄存器、存储器、标号、过程名或表达式等。

(1) 常数操作数:指令中出现的那些固定值和字符串。需要特别注意的是,使用常数时需要添加表示进制的后缀,后缀 B 表示二进制数,O 表示八进制数,D 表示十进制数,H 表示十六进制数,不加后缀则默认为十进制数;另外,若是以字母开头的数字,则该数字之前要加一个数字 0。

例如,在指令"MOV A,♯0A9H"中,源操作数是立即数♯0A9H,即常数 A9H。

在指令"MOV A,♯99"中,源操作数是十进制的立即数♯99D。

(2) 标号操作数:用符号表示的地址,称为符号地址,用以指示标号所指向的指令语句所在的地址。

例如,在指令"JNB ACC.7,L1"中,操作数 L1 为标号地址,该操作数是本条指令的跳转目的地所在指令的标号。

(3) 寄存器操作数:以寄存器名作为操作数。

例如,在指令"MOV A,B"中,两个操作数分别是特殊功能寄存器 A 和 B。

(4) 存储器操作数:以存储器的地址作为操作数。

例如,在指令"INC 20H"中,20H 为内部 RAM 的地址。

在指令"ADD A,30H"中,源操作数 30H 为内部 RAM 的地址。

(5) 表达式:表达式由操作数和运算符组成。

例如,在指令"MOV A,SUM+9"中,源操作数 SUM+9 是表达式,SUM 为已定义的符号地址。

4. 注释

注释部分只是为了方便程序使用者理解程序的功能而书写的说明,有助于程序的交流使用和维护。

5.2 伪指令

视频讲解

伪指令(Pseudo Instruction)是一种用于对汇编过程进行控制的指令,该类指令并不是可执行指令,没有机器代码,只用于在汇编过程中为汇编程序提供汇编信息,如:哪些是指令、哪些是数据及数据的字长、程序的起始地址和结束地址等。以下介绍常用的伪指令。

1. 起始(Origin)伪指令

ORG nn

功能:定义程序或数据块的起始地址。指示此语句后面的程序或数据块以 nn 为起始地址,连续存放在程序存储器中。例如,

```
ORG 2000H
MOV A, 20H
...
```

ORG 伪指令规定了程序的起始地址为 2000H,即该程序的第一条指令的机器码从地址 2000H 开始存放。

2. 字节定义(Define Byte)伪指令

标号:DB(字节常数,或字符或表达式)

功能:指示在程序存储器中以标号为起始地址的单元里存放的数为字节数据(8 位二

进制数）。例如，

```
OGR 100H
TAB1:DB 0FFH,'C',16,-1 ;TAB1～TAB1+3
```

从 TAB1 开始的地址单元依次存放 0FFH、43H、10H、0FFH，如表 5.1 所示。

表 5.1 DB 伪指令所定义数据在程序存储器中的存放示例

地 址	数 据	地 址	数 据
100H	0FFH	102H	10H
101H	43H	103H	0FF H

3. 字定义（Define Word）伪指令

标号：DW（字常数或表达式）

功能：指示在程序存储器中以标号为起始地址的单元里存放的数为字数据（即 16 位二进制数）。

例如，

```
OGR 100H
TAB3:DW  5678H,10
```

汇编后的结果为：（100H）=56H，（101H）=78H，（102H）=00H，（103H）=0AH。DW 伪指令所定义数据在程序存储器中的存放示例如表 5.2 所示。

表 5.2 DW 伪指令所定义数据在程序存储器中的存放示例

地 址	数 据	地 址	数 据
100H	56H	102H	00H
101H	78H	103H	0A H

4. 保留字节（Define Storage）伪指令

标号：DS（数值表达式）

功能：指示在程序存储器中保留以标号为起始地址的若干字节单元，其单元个数由数值表达式指定。

例如，

```
TAB2:DS 16 ;      从 TAB2 地址开始保留 16 个存储单元
```

5. 等值（Equate）伪指令

标号 EQU（数值表达式）

功能：表示 EQU 两边的量等值，用于为标号或标识符赋值。
例如，

```
X1    EQU  2000H
X2    EQU  0FH
…
MAIN:MOV  DPTR,#X1   ;   DPTR=2000H
     ADD  A,#X2      ;   A=A+0FH
```

6. 位定义伪指令

标号 BIT （位地址）

功能：同 EQU 指令，不过定义的是位操作地址。

例如，

```
ENA  BIT  P2.2
```

7. 汇编结束伪指令

END

功能：指示源程序段结束。END 指令放在程序的最后。如果将 END 放在程序中间，那么对于 END 后面的指令，汇编程序将不对其进行汇编。一个汇编语言源程序仅允许使用一个 END 伪指令。

5.3 顺序程序设计

视频讲解

顺序结构也称线性结构，其特点是其中的语句被连续执行。它是最简单的、最基本的一种程序结构形式。这种结构的程序从开始到结束一直是顺序执行的，中间没有任何分支。

【例 5-1】 若 R4 R5 为双字节负数，编写其求补程序。

解：程序如下：

```
ORG   0000H
MOV   A,R5          ;取低字节
CPL   A
ADD   A,#1          ;低字节变补
MOV   R5,A
MOV   A,R4          ;取高字节
CPL   A
ADDC  A,#0          ;加低 8 位的进位
ORL   A,#80H        ;恢复负号
MOV   R4,A
END
```

5.4 分支程序设计

分支程序由条件转移指令实现程序判断功能，并形成分支结构。

【例 5-2】 求 8 位有符号数的绝对值。

解：利用 JNB 指令来判断符号位，以确定正负数，若是正数则不变，若是负数则变补。程序如下：

```
ORG   0000H
      MOV  A,R2
JNB   ACC.7,L1      ;是否为正数
      CPL  A        ;负数变补
      INC  A
      MOV  R2,A
L1:   SJMP $        ;结束
```

5.5 循环程序设计

循环程序是一种从某处开始有规律地反复执行某一操作块(或程序块)的程序。被重复

执行的该操作块(或程序块)称为循环体,循环体的执行与否及次数多少视循环类型与条件而定。对于循环程序,要注意无论采取何种类型的循环结构,必须确保循环体的重复执行能被终止(即非无限循环)。

【例 5-3】 设计将片外 RAM 的 2000H 单元开始的 50 个存储单元清零的程序。

解:程序如下:

```
        ORG 1000H
CLEAR : CLR   A                ;清 A
        MOV   R2, ♯32H         ;循环次数 50
        MOV   DPTR, ♯2000H     ;建立地址指针
LOOP  :MOVX  @DPTR, A
        INC   DPTR
        DJNZ  R2, LOOP         ;R2-1≠0,转 LOOP
        RET                    ;R2-1=0 循环结束
```

【例 5-4】 设计 10ms 的延迟程序。

使用 12MHz 的晶振,机器周期 T=1μs。在如下程序中用单循环 250 次实现 1ms 延时,再外循环 10 次即可达到延时 10ms 的效果,故使用双重循环。

```
机器周期数        ORG 1000H
  1             DELY : MOV R0, ♯10   ;外循环次数
  1             DL2 : MOV R1, ♯250   ;内循环次数
  1             DL1: NOP
  1                   NOP
  2                   DJNZ R1, DL1   ;R1-1≠0, 转 DL1
  2                   DJNZ R0, DL2   ;R0-1≠0, 转 DL2
  1                   RET ;R0-1=0, 循环结束
```

在程序中,内循环(从 DL1:NOP 到 DJNZ R1,DL1)的延时时间为

$$(1+1+2)\times 250 = 1000(\mu s)$$

再考虑外循环,则总延时时间为

$$1+[1+(1+1+2)\times 250+2]\times 10+2=10033(\mu s)=10.033(\text{ms})$$

5.6 位操作程序设计

51 单片机有着优异的位逻辑功能,可以方便地实现各种复杂的逻辑运算。这种用软件替代硬件的方法,可以大大简化电路,但实时性比硬件电路实现要差。

【例 5-5】 编写程序实现逻辑表达式 $Q=XYZ+X\bar{Z}$ 的功能。

解:设变量 X、Y、Z、Q 对应的口线为

X: P1.0

Y: P1.1

Z: P1.2

Q: P1.7

程序如下:

```
ORG 1000H
MOV C, P1.0
ANL C, P1.1
ANL C, P1.2
```

```
        MOV   F0, C          ;用户标志位 F0 用来暂存中间结果 XYZ
        MOV   C, P1.0
        ANL   C, /P1.2
        ORL   C, F0
        MOV   P1.7, C
        END
```

*5.7 子程序

【例 5-6】 编程实现 $Y = a^2 + b^2$。其中,a 存放于片内 30H,b 存放于片内 40H,结果存放于片内 50H(a 和 b 都小于 9)。

解:

子程序名:SQR1

主程序:

```
            ORG    00H
     X1     EQU    30H
     X2     EQU    40H
     Y      EQU    50H
START: MOV    A, X1
       ACALL  SQR1
       MOV    R1, A      ;a² 值暂存 R1
       MOV    A, X2      ;取 b
       ACALL  SQR1
       ADD    A, R1      ;求 a² + b²
       MOV    Y, A       ;存入
```

子程序:

```
              ORG    0100H
0100   SQR1:  INC    A
0101          MOVC   A,@A+PC
0102          RET
0103   TAB:DB 0,1,4,9,16
108         DB 25,36,49,64,81
```

习题

1. 填空题

(1) 常用的程序结构有_____、_____、_____、_____ 4 种。

(2) 汇编语言的一个语句行是由_____、_____、_____、_____ 4 部分组成的。

(3) 若 80C51 的晶振频率为 12MHz,运行下列程序段:

```
    MOV  R7, #0F6H
LP: MOV  R6, #0FAH
    DJNZ R6, $
    DJNZ R7, LP
    RET
```

延时子程序的延时时间为_____。

(4) 伪指令是汇编程序能够识别并对汇编过程进行某种控制的汇编命令。常用的伪指令包括_____、_____、_____、_____、_____、_____。

2．判断题

(1) 伪指令是可执行指令。（   ）

(2) 将高级语言的程序翻译成机器码的应用程序是汇编程序。（   ）

3．简答题

(1) 编写程序，求内部 RAM 中 50H～59H 共 10 个单元内容的平均值，并存放在 5AH 单元。

(2) 利用查表的方法编写 $Y=X^2$（$X=0,1,2,\cdots,9$）的程序。

(3) 编写一程序，以实现图 5.1 中的逻辑运算电路。

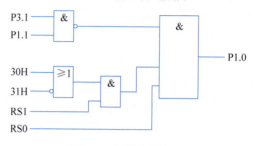

图 5.1　逻辑运算电路

第6章　51单片机中断系统

CHAPTER 6

中断是计算机必备的重要功能,尤其在嵌入式系统和单片机系统中,中断扮演了非常重要的角色。因此,全面深入地了解中断的概念,灵活地掌握中断技术的应用,是学习和真正掌握单片机应用非常重要的内容。

6.1　中断的基本概念

6.1.1　中断、中断系统和中断源

视频讲解

中断是这样一个过程:当CPU内部或外部出现某种事件(中断源)需要处理时,中止正在执行的程序(主程序),并将此时PC的值(产生中断的位置的下一条指令的地址,也即断点)自动保存在堆栈中,转去执行请求中断的那个事件的处理程序(中断服务程序),执行完后,再返回被暂时中止执行的程序(中断返回),从断点处继续执行。

中断系统是实现和处理中断功能的软、硬件的集合。整个中断过程由计算机的中断系统配合用户设计的中断服务程序实现。为了实现中断,计算机的中断系统应具有以下功能。

(1)中断响应:当中断源有中断请求时,CPU能决定是否响应该请求。

(2)断点保护和中断处理:在中断响应后,CPU能保护断点,并转去执行相应的中断服务程序。

(3)中断优先权排队:当有两个或两个以上中断源同时申请中断时,应能给出处理的优先顺序,保证先处理优先级高的中断。

(4)中断嵌套:在中断处理过程中,当发生新的中断请求时,CPU应能识别中断源的优先级别;在高级的中断源申请中断时,能中止低级中断源的服务程序,转而去响应和处理。

中断源是产生申请中断信号的单元和事件,也即导致CPU产生中断的来源,中断源向CPU发出的申请中断信号称为中断请求信号。计算机系统有上百种可以发出中断请求的中断源,但最常见的中断源是外设的输入/输出请求,如键盘输入引起的中断、通信端口接收信息引起的中断等。一些计算机内部的异常事件,如0作除数、奇偶校验错等,也能产生中断。

6.1.2　中断的种类

1. 可屏蔽中断和不可屏蔽中断

计算机系统有上百种中断,按中断的性质来划分,中断可分为可屏蔽中断和不可屏蔽中

断两种。对不可屏蔽中断,程序员不能控制它,一旦产生不可屏蔽中断系统肯定会立即响应;而对于可屏蔽中断,程序员可以通过指令来控制 CPU 是否响应。

2. 硬件中断和软件中断

若按中断来源来划分,中断可分为硬件中断和软件中断。对于硬件中断的请求时间,程序员无法控制,它们基本上是随机产生的;而对于软件中断,程序员可通过指令根据需求安排其请求时间和位置。

3. 内部中断和外部中断

在一些 CPU 内部集成的许多功能模块,如定时器、串行通信口、模/数转换器等,它们在正常工作时往往无须 CPU 参与,而当功能模块处于某种状态或达到某个规定值需要程序控制时,会发出中断请求信号通知 CPU。这一类的中断源位于 CPU 内部,称作内部中断源。其典型例子有定时器溢出中断,如 8 位的定时器在正常计数过程中无须 CPU 的干预,一旦计数到达 FFH 而产生溢出时,就会产生一个中断请求信号通知 CPU 进行必要的处理。内部中断源在中断条件成立时,一般通过片内硬件可自动产生中断请求信号,无须用户介入。

计算机系统中的外部设备也可以用作中断源,它们能够产生一个中断信号(通常是高/低电平或者电平跳变的上升/下降沿)送到 CPU 的外部中断请求引脚。这些中断源通过 CPU 的引脚请求中断,称为外部中断源。通常用作外部中断源的有输入/输出设备、控制对象以及故障源等。例如,打印机打印完一个字符时,可以产生中断以请求 CPU 向它发送下一个打印字符;掉电检测电路发现掉电时可以通过中断通知 CPU,以在短时间内进行数据保护。

视频讲解

视频讲解

6.1.3 中断优先级和中断嵌套

通常,CPU 可以接收若干中断源发出的中断请求。但在同一时刻,CPU 只能响应这些中断请求中的一个。为了避免 CPU 同时响应多个中断请求带来的混乱,每一个中断源被赋予一个特定的中断优先级。当有多个中断请求信号时,CPU 先响应中断优先级高的中断请求,然后再逐个响应优先级较低的中断。中断优先级反映了各个中断源的重要程度,同时也是分析中断嵌套的基础。CPU 在如下两种情况下需要对中断的优先级进行判断:

(1) 某一时刻同时有两(多)个中断源申请中断。在这种情况下,CPU 首先响应中断优先级最高的那个中断,而将其他中断挂起。待优先级最高的中断服务程序执行完返回后,再顺序响应优先级较低的中断。

(2) 当 CPU 已经响应了某个中断正在执行为其服务的中断程序时,此时又产生一个其他的中断申请,这种情况也称作中断嵌套。

对于中断嵌套的处理,当 CPU 正在响应一个中断 2 的过程中,又产生一个其他的中断 1 申请时,如果中断 1 的优先级比正在响应的中断 2 优先级高,就应该暂停当前的中断 2 的处理,转入响应高优先级的中断 1,待高优先级中断 1 处理完成后,再返回原来的中断 2 的处理过程。如果中断 1 的优先级比正在处理中断 2 的优先级低(或相同),则应在处理完当前的中断 2 后,再响应中断 1 申请(如果中断 1 条件还成立的话)。中断嵌套过程如图 6.1 所示。

注意,一些 CPU 内部的硬件能够自动实现中断优先级判断以及进行中断嵌套的处理,

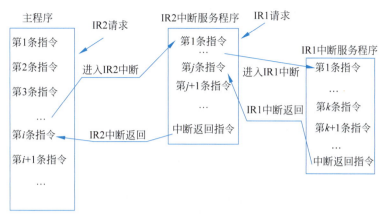

图 6.1　中断嵌套过程

也即单片机芯片内部的硬件电路能够识别中断的优先级,并根据优先级的高低自动完成对高优先级中断的优先响应,从而实现中断的嵌套处理。然而,对 8086 而言,CPU 内部没有中断优先级判断电路和中断嵌套处理电路,因此必须外接中断管理芯片才能完成中断的处理,如 8259 芯片等。

6.2　51 单片机的中断结构

6.2.1　中断源

MCS-51 单片机有 5 个中断源和两个中断优先级(能实现二级中断嵌套)。每一个中断源的优先级的高低都可以通过编程来设定。这 5 个中断源如下。

(1) $\overline{INT_0}$:外部中断请求 0,由引脚 INT0 输入,中断请求标志为 IE0。

(2) $\overline{INT_1}$:外部中断请求 1,由引脚 INT1 输入,中断请求标志为 IE1。

(3) 定时器/计数器 T0 溢出中断:中断请求标志为 TF0。

(4) 定时器/计数器 T1 溢出中断:中断请求标志为 TF1。

(5) 串行接口中断:片内串行接口完成一帧发送或接收产生的中断,中断请求标志为 TI 或 RI。

每一个中断源都对应了一个中断请求标志位,它们设置在特殊功能寄存器 TCON 和 SCON 中。当这些中断源请求中断时,分别由 TCON 和 SCON 中的相应位来指示。

6.2.2　51 单片机中断寄存器

1. 中断允许和禁止

在 MCS-51 中断系统中,中断允许或禁止是由片内的中断允许寄存器 IE(IE 为特殊功能寄存器)控制的,下面介绍 IE 中各位的功能。

D7	D6	D5	D4	D3	D2	D1	D0
EA			ES	ET1	EX1	ET0	EX0

EA:中断全局允许标志。EA=0,CPU 禁止所有中断,即 CPU 屏蔽所有的中断请求;

EA＝1,CPU 开放中断,但每个中断源的中断请求是允许还是被禁止还需由各自的允许位确定(见 D4～D0 位说明)。

ES：串行接口中断允许位。ES＝1,允许串行接口中断；ES＝0,禁止串行接口中断。

ET1：定时器/计数器 1(T1)的溢出中断允许位。ET1＝1,允许 T1 中断；ET1＝0,禁止 T1 中断。

EX1：外部中断 1 中断允许位。EX1＝1,允许外部中断 1 中断；EX1＝0,禁止外部中断 1 中断。

ET0：定时器/计数器 0(T0)的溢出中断允许位。ET0＝1,允许 T0 中断；ET0＝0,禁止 T0 中断。

EX0：外部中断 0 中断允许位。EX0＝1,允许外部中断 0 中断；EX0＝0,禁止外部中断 0 中断。

中断允许寄存器中各相应位的状态,可根据要求用指令置位或清 0,从而实现该中断源允许中断或禁止中断,复位时 IE 寄存器被清 0。

2. 中断优先级控制

MCS-51 中断系统提供两个中断优先级,对于每一个中断请求源都可以编程为高优先级中断源或低优先级中断源,以便实现二级中断嵌套。中断优先级是由片内的中断优先级寄存器 IP(特殊功能寄存器)控制的。下面介绍 IP 寄存器中各位的功能。

D7	D6	D5	D4	D3	D2	D1	D0
			PS	PT1	PX1	PT0	PX0

PS：串行接口中断优先级控制位。PS＝1,串行接口定义为高优先级中断源；PS＝0,串行接口定义为低优先级中断源。

PT1：T1 中断优先级控制位。PT1＝1,定时器/计数器 1 定义为高优先级中断源；PT1＝0,定时器/计数器 1 定义为低优先级中断源。

PX1：外部中断 1 中断优先级控制位。PX1＝1,外部中断 1 定义为高优先级中断源；PX1＝0,外部中断 1 定义为低优先级中断源。

PT0：定时器/计数器 0(T0)中断优先级控制位,功能同 PT1。

PX0：外部中断 0 中断优先级控制位。功能同 PX1。

中断优先级控制寄存器 IP 中的各个控制位都可由编程来置位或复位(用位操作指令或字节操作指令),单片机复位后 IP 中各位均为 0,各个中断源均为低优先级中断源。MCS-51 中断系统遵循下列两条基本规则:

(1) 低优先级中断源可被高优先级中断源所中断,而高优先级中断源不能被任何低中断源所中断。

(2) 一种中断源(不管是高优先级或低优先级)一旦得到响应,与它同级的中断源就不能再中断它。

为了实现上述两条规则,中断系统内部包含两个不可寻址的优先级状态触发器。其中一个用来指示某个高优先级的中断源正在得到服务,并阻止所有其他中断的响应；另一个触发器则指出某低优先级的中断源正得到服务,所有同级的中断都被阻止,但不阻止高优先级中断源。

当同时收到几个同一优先级的中断时,响应哪一个中断源取决于默认的优先级顺序。其默认优先级排列如下:

中断源	同级内的中断优先级
外部中断 0	最高
定时器/计数器 0 溢出中断	↓
外部中断 1	
定时器/计数器 1 溢出中断	
串行接口中断	最低

3. 定时器控制寄存器 TCON

TCON 是定时器/计数器 0 和 1(T0、T1)的控制寄存器,它用来指示 T0、T1 和外部中断的请求,并选择外部中断触发方式。TCON 寄存器中与中断有关的位如下所示。

D7	D6	D5	D4	D3	D2	D1	D0
TF1		TF0		IE1	IT1	IE0	IT0

TF1:定时器/计数器 1(T1)的溢出中断标志。当 T1 从初值开始加 1 计数到计数满,产生溢出时,由硬件使 TF1 置 1,直到 CPU 响应中断时由硬件复位。

TF0:定时器/计数器 0(T0)的溢出中断标志。其作用同 TF1。

IE1:外中断 1 中断请求标志。如果 IT1=1,则当外中断 1 引脚 $\overline{INT1}$ 上的电平由 1 变 0 时,IE1 由硬件置位,外中断 1 请求中断。在 CPU 响应该中断时由硬件清 0。

IT1:外部中断 1($\overline{INT1}$)触发方式控制位。如果 IT1 为 1,则外中断 1 为下降沿触发方式(CPU 在每个机器周期的 S5P2 采样 $\overline{INT1}$ 脚的输入电平,如果在一个周期中采样到高电平,则在下一个周期中采样到低电平,则硬件使 IE1 置 1,向 CPU 请求中断);如果 IT1 为 0,则外中断 1 为电平触发方式。此时外部中断是通过检测 $\overline{INT1}$ 端的输入电平(低电平)来触发的。采用电平触发时,输入 $\overline{INT1}$ 的外部中断源必须保持低电平有效,直到该中断被响应。同时在中断返回前必须使电平变高,否则将会再次产生中断。

IE0:外中断 0 中断请求标志。如果 IT0 置 1,则当 $\overline{INT0}$ 上的电平由 1 变 0 时,IE0 由硬件置位。在 CPU 把控制转到中断服务程序时由硬件使 IE0 复位。

IT0:外部中断源 0 触发方式控制位。其含义同 IT1。

4. 串行接口控制寄存器 SCON

串行接口控制寄存器 SCON 中的低 2 位用作串行接口中断标志,如下所示。

D7	D6	D5	D4	D3	D2	D1	D0
						TI	RI

RI 串行接口接收中断标志。在串行接口方式 0 中,每当接收到第 8 位数据时,由硬件置位 RI;在其他方式中,当接收到停止位的中间位置时置位 RI。注意,当 CPU 转入串行接口中断服务程序入口时不复位 RI,必须由用户用软件来对 RI 清 0。

TI 串行接口发送中断标志。在方式 0 中,每当发送完 8 位数据时由硬件置位 TI;在其他方式中于停止位开始时置位。TI 也必须由软件来复位。

MCS-51 中断系统结构如图 6.2 所示。

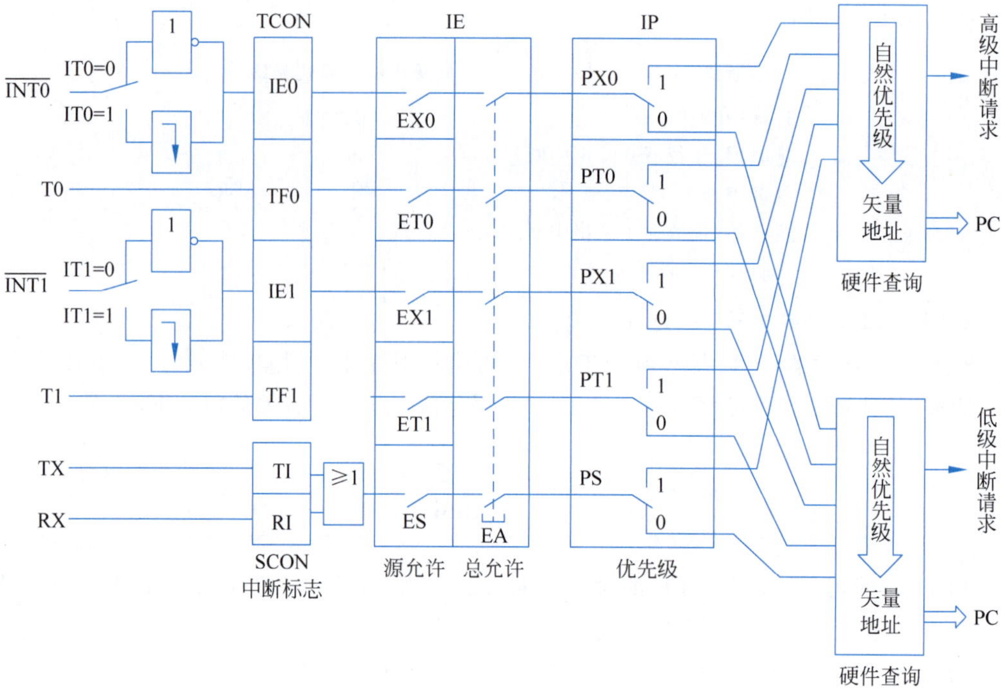

图 6.2 MCS-51 中断系统结构

MCS-51 中断系统的 5 个中断源服务程序的入口地址是：

中断源	入口地址
外部中断 0	0003H
定时器 0 溢出	000BH
外部中断 1	0013H
定时器 1 溢出	001BH
串行接口中断	0023H

通常，在中断入口地址处安排一条跳转指令，以跳转到用户的中断服务程序入口。中断服务程序的最后一条指令必须是中断返回指令 RETI。CPU 执行完这条指令后，把响应中断时所置位的优先级激活触发器清 0，然后从堆栈中弹出两个字节内容（断点地址）装入程序计数器 PC 中，CPU 就从原来被中断处重新执行被中断的主程序。

6.2.3 中断响应过程

假如单片机初始化时 SP=30H，CPU 即将执行主程序 1000H 处的指令，这时在单片机的 $\overline{INT0}$ 引脚上出现一个中断请求，则 CPU 响应和处理该中断的过程如图 6.3 所示。

(1) CPU 的 $\overline{INT0}$ 出现中断请求，这时 **TCON 寄存器的 IE0 位被置 1**。

(2) CPU 检查中断是否开放？是否满足优先级条件？

(3) 如果满足中断响应条件，则 CPU 检查该中断的响应是否需要等待？即 CPU 是否正在处理同级的或更高级的中断；现行的机器周期不是当前所执行指令的最后一个机器周期；当前正在执行的指令是返回(RETI)指令或是对 IE 或 IP 寄存器进行读/写的指令。

(4) CPU 响应该中断,自动将断点的地址 1000H 压入堆栈。

(5) CPU 将 $\overline{INT0}$ 中断的入口地址 0003H 传递给 PC,下一条指令即将执行中断服务程序。

(6) 此时,**TCON 寄存器的 IE0 位将被 CPU 自动清 0**。

(7) 执行用户编写的中断服务程序。

(8) 执行到中断服务程序的最后一条语句 RETI,这时 CPU 将堆栈保存的断点地址取出传递给 PC,回到主程序产生中断的位置执行,如图 6.4 所示。

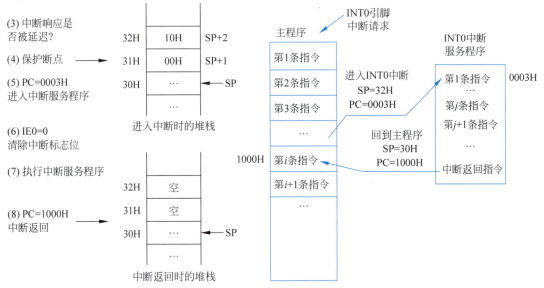

图 6.3　CPU 响应和处理中断的过程　　　　图 6.4　中断进入和返回

6.2.4　中断的清除

在中断请求被响应前,中断源发出的中断请求由 CPU 保存在特殊功能寄存器 TCON 和 SCON 的相应中断标志位中。一旦某个中断请求得到响应,CPU 就必须将其相应的中断标志位复位成 0。否则,CPU 会因为中断标志位未能得到及时撤除而重复响应同一中断请求,这是绝对不允许的。

(1) 定时器溢出中断请求的撤除:TF0 和 TF1 是定时器溢出中断标志位(见 TCON),当发生定时器溢出中断请求时,TF0 和 TF1 置 1;当该中断得到响应后,TF0 和 TF1 自动复位成 0。因此,定时器溢出中断源的中断请求是自动撤除的,用户不用编写程序清除它们。

(2) 串行接口中断请求的撤除:TI 和 RI 是串行接口中断的标志位(见 SCON),当串行接口中断得到响应后中断系统无法自动将它们撤除。为防止 CPU 再次响应这类中断,用户应在中断服务程序的适当位置通过如下指令将它们撤除:

```
CLR  TI       ;撤除发送中断
CLR  RI       ;撤除接收中断
```

若采用字节型指令,则也可采用如下指令:

ANL　SCON,♯0FCH;　　撤除发送和接收中断

(3) 外部中断请求的撤除:当 CPU 响应外部中断后,中断系统将自动撤除该中断源的标志位,用户不用编写程序清除它们。

6.3　中断的程序设计

6.3.1　中断初始化

中断系统初始化步骤如下:
(1) 打开对应中断源的中断;
(2) 设定所用中断源的中断优先级;
(3) 若为外部中断,则应设置低电平还是负边沿的中断触发方式。

【例 6-1】　设允许 T0 中断和外部中断 0 中断,禁止其他中断。

EA			ES	ET1	EX1	ET0	EX0	
1	0	0	0	0	0	1	1	=83H

解:

用位操作指令编程如下:

```
SETB   ET0      ;允许 T0 中断
SETB   EX0      ;允许 INT0 中断
SETB   EA       ;开总开关
```

用字节操作指令编程如下:

```
MOV   IE,♯83H     或
MOV   IE,♯10000011B
```

用位操作指令进行中断系统初始化比较方便,用户不必记住各控制位寄存器中的确切位置。鉴于定时器和串行接口还未介绍,有关定时器中断和串行中断的内容将在后续章节进行讲解。

6.3.2　主程序的安排

由于单片机复位后 PC=0000H,而 0003H~0023H 为中断入口地址,为了避免单片机主程序覆盖中断入口地址的程序,往往会在 0000H 处放一条跳转指令,跳转到真正存放主程序的地方:

```
        ORG    0000H        ;主程序入口地址
        LJMP   MAIN
        ORG    0003H        ;中断程序入口地址
        LJMP   INT0_R
        ORG    0030H
MAIN:   …                   ;主程序
```

6.3.3　中断编程举例

【例 6-2】　如图 6.5 所示,在 INT0 引脚(P3.2)上接一个按键开关,要求每按一次,P1

口连接的 8 个发光二极管点亮位置下移一位,初态 P1.0 亮。

解：按键按下输入低电平,没按下为高电平。设置边沿触发,下降沿有效。按键按下产生一个下降沿触发中断,在中断服务程序中对点亮位置左移。初始状态时 P1 口高电平亮灯,设 P1 的初值为 00000001B＝01H。程序如下：

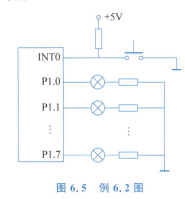

图 6.5　例 6.2 图

```
        ORG   0000H          ;主程序入口
        LJMP  MAIN
        ORG   0003H          ;INT0 入口
        LJMP  INT0_R
        ORG   0030H
MAIN:   MOV   A,#01H         ;初始状态
        SETB  EA             ;开全局中断
        SETB  EX0            ;开 INT0 中断
        SETB  IT0            ;设下降沿触发
LOOP:   MOV   P1,A           ;输出
HERE:   SJMP  LOOP
INT0_R:
        RL    A              ;中断服务程序
        RETI                 ;中断返回
```

在上面的程序中,主程序将在 LOOP 和 HERE 两句循环执行,等待按键产生中断后进入中断服务程序 0003H 处,然后跳转到 INT0_R 处执行真正的中断服务程序。在产生中断的一瞬间,具体是在 LOOP 或者 HERE 处产生中断,是随机的,因此中断返回的地址也是随机的。为了保证返回到 LOOP 处,可以采用修改中断返回点的方法,程序如下：

```
        ORG   0000H          ;主程序入口
        LJMP  MAIN
        ORG   0003H          ;INT0 入口
        LJMP  INT0_R
        ORG   0030H
MAIN:   MOV   A,#01H         ;初始状态
        SETB  EA             ;开全局中断
        SETB  EX0            ;开 INT0 中断
        SETB  IT0            ;设下降沿触发
LOOP:   MOV   P1,A           ;输出
HERE:   SJMP  LOOP
INT0_R: RL    A              ;中断服务程序
        POP   DPH
        POP   DPL
        MOV   DPTR,#LOOP
        PUSH  DPL
        PUSH  DPH
        RETI                 ;中断返回
```

上面的程序是为了让读者充分理解中断和堆栈的关系。如果在中断服务程序中加入一条语句,则可以避免中断返回的地址是随机的情况。

```
        ORG   0000H          ;主程序入口
        LJMP  MAIN
        ORG   0003H          ;INT0 入口
        LJMP  INT0_R
        ORG   0030H
MAIN:   MOV   A,#01H         ;初始状态
        SETB  EA             ;开全局中断
```

```
        SETB    EX0             ;开 INT0 中断
        SETB    IT0             ;设下降沿触发
        MOV     P1,A            ;输出
        SJMP    $               ;$ 表示本条语句的首地址
INT0_R: RL      A               ;中断服务程序
        MOV     P1,A
        RETI                    ;中断返回
```

【例 6-3】 如图 6.6 所示，在 INT0 引脚上每中断一次，CPU 从 P1.0～P1.3 引脚读入开关状态，然后将开关状态从 P1.4～P1.7 引脚输出，以控制对应的灯。

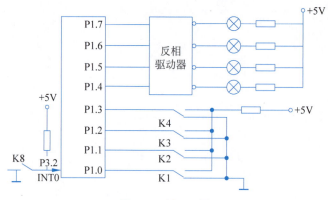

图 6.6　例 6.3 图

解:

分析：单片机的 P1.0～P1.3 引脚接开关 K1～K4 作为输入口，P1.4～P1.7 接灯作为输出口，P3.2(INT0)接 K0 作为中断源。我们设置 INT0 低电平触发中断。注意，P1 口为准双向口，作为输入口的，应先写 1。程序如下：

```
        ORG     0000H           ;主程序入口
        LJMP    MAIN
        ORG     0003H           ;INT0 入口
        LJMP    INT0_R
        ORG     0030H
MAIN:   CLR     IT0             ;低电平有效
        SETB    EX0             ;开中断
        SETB    EA
        MOV     P1,#00H         ;灭灯
HERE:   SJMP    HERE            ;等中断

INT0_R:                         ;中断服务程序入口
        ORL     P1,#0FH         ;设输入方式
        MOV     A,P1            ;读开关状态
        SWAP    A               ;交换到高 4 位
        MOV     P1,A            ;送 P1 口输出
        RETI
        END
```

在例 6-3 中，开关 K8 处于高电平时，拨动 K1～K4 到任意位置，然后将 K0 拨到低电平，CPU 马上响应中断，将 K1～K4 的状态输出控制四个灯。如果 K0 保持在低电平位置，则 CPU 会不断地响应中断，不停地读入开关状态，并输出控制灯。此时，K1～K4 一改变，灯马上就改变状态。如果 K0 处于高电平位置，则开关拨动无效，不影响灯的状态。

习题

1. 填空题

(1) MCS-51 有_____个中断源,有 2 个中断优先级,优先级由特殊功能寄存器_____加以选择。

(2) MCS-51 中,T0 中断服务程序入口地址为_____。

(3) $\overline{INT0}$ 和 $\overline{INT1}$ 的中断标志位分别是_____和_____。

(4) 8051 单片机响应中断后,执行该指令的过程包括:首先把_____的内容压入堆栈,以进行断点保护,然后把长调用指令的 16 位地址送_____,使程序执行转向_____中的中断地址区。

2. 选择题

(1) 当定时器 T0 发出中断请求后,中断响应的条件是(　　)。

　　A. SETB ET0　　　　　　B. SETB EX0
　　C. MOV IE,♯82H　　　　D. MOV IE,♯61H

(2) 在中断服务程序中,至少应有一条(　　)。

　　A. 传送指令　　B. 转移指令　　C. 加法指法　　D. 中断返回指令

(3) 当 CPU 响应外部中断 0 中断请求后,程序计数器 PC 的内容是(　　)。

　　A. 0003H　　　B. 000BH　　　C. 0013H　　　D. 001BH

3. 判断题

(1) 51 单片机复位后,所有的中断请求都被开放了。(　　)

(2) 各中断发出的中断请求信号,都会标记在 MCS-51 系统的 TMOD 寄存器中。(　　)

(3) 同一级别的中断请求按时间的先后顺序响应。(　　)

(4) MCS-51 单片机对最高优先权的中断响应是无条件的。(　　)

(5) MCS-51 单片机系统复位后,中断请求标志 TCON 和 SCON 中各位均为 0。(　　)

4. 简答题

(1) 什么叫中断嵌套?中断嵌套有什么限制?中断嵌套与子程序嵌套有什么区别?

(2) 为什么一般情况下,在中断入口地址区间要设置一条跳转指令转移到中断服务程序的实际入口处?

(3) 写出 MCS-51 单片机的所有中断源,并说明哪些中断源在响应中断时,由硬件自动清除,哪些中断源必须用软件清除,为什么?

(4) 试编写一段对中断系统初始化的程序,使之允许 INT0、INT1、T0、串行接口中断,且使 T0 中断为高优先级中断。

(5) 若规定外部中断 1 为边沿触发方式,低优先级,在中断服务程序将寄存器 B 的内容左循环一位,B 的初值设为 02H,按要求将主程序与中断服务程序补充完整。

```
ORG   0000H
LJMP  MAIN
```

```
            _____
            LJMP    WB
            ORG     0100H
    MAIN:   SETB    EA
            _____
            _____
            MOV     B,#02H
    WAIT:   SJMP    WAIT
    WB:     MOV     A,B
            RL      A
            MOV     B,A
            _____
```

第7章 51单片机I/O接口

CHAPTER 7

第2章已介绍了接口的概念。本章将重点介绍51单片机内部的4个并行I/O接口的基本结构、工作原理、编程方法和一些应用。

7.1 P0～P3口的功能和内部结构

视频讲解

MCS-51单片机设有4个8位双向I/O接口,分别为P0、P1、P2、P3,每个端口都是8位,每一位对应一个I/O引脚,共占32个引脚,每一个I/O引脚都能独立地用作输入或输出。其中,P0、P1、P2、P3口为准双向端口,通常把4个端口笼统地表示为P0～P3。在无片外扩展存储器的系统中,这4个端口的每一位都可以作为准双向通用I/O接口使用。在具有片外扩展存储器的系统中,此时P2口作为高8位地址线,P0口分时作为低8位地址线和双向数据总线。

7.1.1 功能和内部结构

1. P0口

所谓双向,是既能用于输入,又能用于输出。所谓准双向,是指该端口在用于输入线时,必须先写入1。

P0口是一个准双向口,其8位(8根I/O线)具有完全相同的结构。图7.1是P0口的某位P0.n(n=0～7)结构图,它由一个输出锁存器、两个三态输入缓冲器和输出驱动电路及控制电路组成。从图7.1中可以看出,P0口既可以用于I/O接口,也可用于地址/数据线。

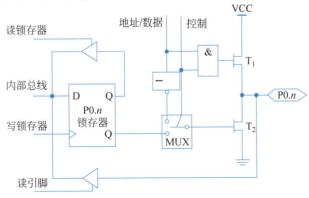

图7.1 P0口的结构图

在使用 P0 口时,需要注意以下几点。

(1) P0 口用于数据/地址线:在访问外部存储器时,P0 分时复用作为数据总线和低 8 位地址总线。由于单片机通常会外接其他存储器或接口芯片,因此 P0 口多做数据总线和低 8 位地址总线分时复用使用,无法作为 I/O 接口使用。

(2) P0 口用于通用 I/O 接口使用:P0 口用作输出端口时外部必须接上拉电阻才能正确输出高电平;P0 口用作输入端口时,在进行输入操作前,应先向该端口写 1。

2. P1 口——准双向口

P1 口是一个有内部上拉电阻的准双向口,其位逻辑电路如图 7.2 所示。

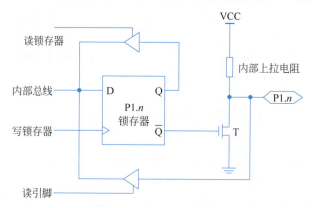

图 7.2 P1 口位逻辑电路

P1 口只能作为通用的 I/O 接口使用。基于此,P0 口不需要多路转接开关 MUX(不需要在 I/O 功能和数据/地址总线功能之间切换)。同时,P1 口输出电路中有上拉电阻,且上拉电阻和场效应管共同组成了输出驱动电路。因此 P1 口作为输出口使用时,外电路无须再接上拉电阻。由于 P1 口是准双向口,P1 口作为输入口使用时,应先向其锁存器写入 1,使输出驱动电路的场效应管截止。

3. P2 口

P2 口的位结构如图 7.3 所示。

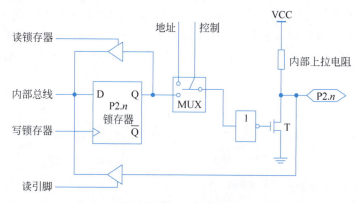

图 7.3 P2 口的位结构

P2 口作通用 I/O 接口使用时,是一个准双向口,引脚可接 I/O 设备,其输入/输出操作与 P1 口完全相同。P2 口作为输出口使用时,外电路无须再接上拉电阻。由于 P2 口是准双向口,作为输入口使用时,应先向其锁存器写入1。

当系统中接有外部存储器或接口芯片时,P2口作地址总线使用,输出高8位地址A15～A8。由于单片机通常会外接其他存储器或接口芯片,在实际使用中P2口一般只作地址总线口使用,不再作为I/O接口直接连接外部设备。

4. P3口

P3口的位结构如图7.4所示。

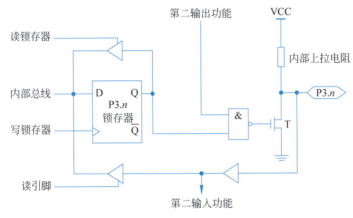

图 7.4　P3 口的位结构

P3口是一个多用途的端口,也是一个准双向口。作为第一功能使用时,其功能同P1口。P3口作为输出口使用时,外电路无须再接上拉电阻。由于P3口是准双向口,作为输入口使用时,应先向其锁存器写入1。

当作第二功能使用时,每一位功能定义如下:

P3.0——RXD 串行接口输入;

P3.1——TXD 串行接口输出;

P3.2——INT0 外部中断 0 输入;

P3.3——INT1 外部中断 1 输入;

P3.4——T0 定时器 0 外部输入;

P3.5——T1 定时器 1 外部输入;

P3.6——WR 外部写控制;

P3.7——RD 外部读控制。

由上述介绍可知,如果单片机不需要扩展外部存储器和I/O接口,那么单片机的4个口均可作I/O接口用。4个口在用作输入口时,均应先对其写1,以避免误读。其中,P0口作I/O接口使用时应外接10kΩ的上拉电阻,其他口则不需要。P2口的某几根线作地址使用时,剩下的线不能作I/O接口线使用。P3口的某些口线作第二功能时,剩下的口线可以单独作I/O接口线使用(此时宜采用位寻址访问)。对于8031单片机而言,P2口是输出高8位地址,与P0口一起组成16位地址总线。此时P0口和P2口只作为地址总线使用,而不作为I/O接口线直接与外部设备相连。

7.1.2　负载能力

P0、P1、P2、P3口的电平与CMOS和TTL电平兼容。

P0 口的每一位可以驱动 8 个 LSTTL 负载。P0 口在作为通用 I/O 接口时,由于输出驱动电路是开漏方式,由集电极开路(OC 门)电路或漏极开路电路驱动时需外接上拉电阻;当作为地址/数据总线使用时,口线输出不是开漏的,无须外接上拉电阻。

P1、P2、P3 口的每一位能驱动 4 个 LSTTL 负载。它们的输出驱动电路设有内部上拉电阻,所以可以方便地由集电极开路(OC 门)电路或漏极开路电路所驱动,而无须外接上拉电阻。

由于单片机口线仅能提供几毫安的电流,当作为输出驱动一般的晶体管的基极时,应在口与晶体管的基极之间串接限流电阻。

7.2 I/O 接口编程举例

视频讲解

51 单片机中 4 个 8 位的并行 I/O 接口 P0、P1、P2 和 P3 口,分别对应有自己的 1 个特殊功能寄存器,这些寄存器分别称为 P0、P1、P2、P3 寄存器。通常,通过特殊功能寄存器的读写,可以完成对相应端口的操作,每个端口既可以数据输入,也可以数据输出。同时,每个端口既可以 8 位一起整体操作,也可以按位进行操作。以 P1 口为例,其字节地址和位地址如图 7.5 所示。

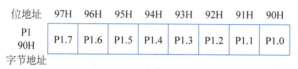

图 7.5 P1 口字节地址和位地址

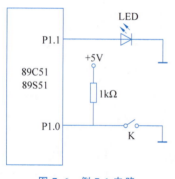

图 7.6 例 7-1 电路

【例 7-1】 设计一电路,监视某开关 K,用发光二极管 LED 显示开关 K 的状态,如果开关合上则 LED 亮、开关断开则 LED 熄灭。

解:设计电路如图 7.6 如示。开关接在 P1.0,LED 接 P1.1,当开关断开时,P1.0 为 +5V,对应数字量为 1;开关合上时 P1.0 电平为 0V,对应数字量为 0。可以用 JB 指令对开关状态进行检测。本例旨在让读者熟悉位操作指令。在图 7.6 中,开关 K 的逻辑与 LED 的驱动逻辑关系正好是反相的。

编程如下:

```
       CLR   P1.1        ;使发光二极管灭
AGA:   SETB  P1.0        ;先对 P1 口写入 1,为输入作准备
       JB    P1.0,LIG    ;开关开(为 1),转 LIG 开
       SETB  P1.1        ;开关合上(为 0),二极管亮
       SJMP  AGA
LIG:   CLR   P1.1        ;开关开,二极管灭
       SJMP  AGA
```

在图 7.6 中,由于单片机引脚的电流太小,二极管亮度不够,可以按照图 7.7 中的电路接法增加 LED 的驱动电流,让 LED 亮度增大。此时 P1.1 是低电平时 LED 亮。

图 7.7 增加 LED 驱动电流

【例 7-2】 在图 7.8 中，P1.4～P1.7 接 4 个发光二极管 LED，P1.0～P1.3 接 4 个开关，编程将开关的状态反映到发光二极管上。

解：本例中，4 个开关对应 4 个 LED 灯，因此适合用字节的方式进行操作。

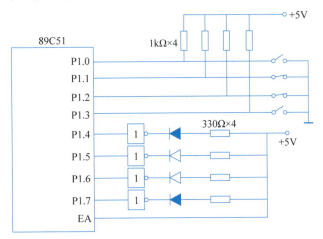

图 7.8　例 7-2 电路图*

编程如下：

```
        ORG   0000H
ABC:    MOV   P1,#0FH      ;高 4 位灭,低 4 位送 1 作为输入
        MOV   A,P1         ;读 P1 口引脚开关状态传输给 A
        SWAP  A            ;低 4 位开关状态转换到高 4 位
        ANL   A,#0F0H      ;保留高 4 位
        MOV   P1,A         ;从 P1 口输出
        SJMP  ABC          ;循环
```

7.3　用并行接口设计 LED 数码显示器

由于 51 单片件引脚和内部资源有限，无法像 PC 一样外接 CRT 显示器，通常单片机采用 LED 数码管作为其显示设备，本节将对 LED 数码管在单片机中的应用进行讲解。

7.3.1　LED 数码管结构及编码

LED 数码管有着显示亮度高、响应速度快的特点，最常用的是七段 LED 数码管。七段 LED 数码管内部由 7 个条形发光二极管和一个小圆点发光二极管组成，根据各管的亮暗组合成字符。常见 LED 的引脚排列见图 7.9(a)。其中，COM 为公共点，根据内部发光二极管的接线形式，可分为共阴极型图 7.9(b)和共阳极型图 7.9(c)。

对于共阴极的 LED 数码管而言，a～g 七个发光二极管加高电平时发光，加低电平时不能发光，不同发光二极管发光与不发光的组合就能形成不同的字形，这种组合称为字段码，例如，显示 0 的情况如图 7.10 所示。

---

* ◁表示灯灭，◁表示灯亮，后同。

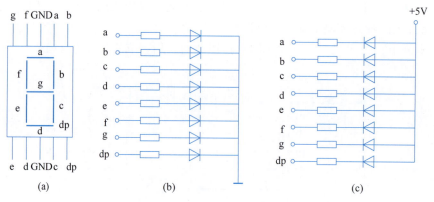

图 7.9 LED 数码管结构

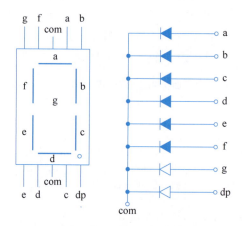

图 7.10 显示 0 的情况

```
dp g f e d c b a
0  0 1 1 1 1 1 1  3fh
```

图 7.11 各个发光二极管
对应的情况

此时,各个发光二极管对应的情况如图 7.11 所示,其中,0 表示二极管不发光、1 表示二极管发光。

使用 LED 数码管时,要注意区分共阴极和共阳极两种不同的接法。七段数码管加上一个小数点,共计 8 段。因此为 LED 显示器提供的段码正好是一个字节。在实际使用中,通过单片机向 LED 显示接口输出不同字段码,即可显示相应的数字。LED 数码管的字段码如表 7.1 所示。

表 7.1 LED 数码管字段码

显 示 数 字	共阴极接法的七段状态 g f e d c b a	共阴极接法 字段码(十六进制数)	共阳极接法 字段码(十六进制数)
0	0 1 1 1 1 1 1	3F	40
1	0 0 0 0 1 1 0	06	79
2	1 0 1 1 0 1 1	5B	24
3	1 0 0 1 1 1 1	4F	30
4	1 1 0 0 1 1 0	66	19
5	1 1 0 1 1 0 1	6D	12
6	1 1 1 1 1 0 1	7D	02
7	0 0 0 0 1 1 1	07	78

续表

显示数字	共阴极接法的七段状态 g f e d c b a	共阴极接法 字段码(十六进制数)	共阳极接法 字段码(十六进制数)
8	1 1 1 1 1 1 1	7F	00
9	1 1 0 0 1 1 1	67	18
A	1 1 1 0 1 1 1	77	08
B	1 1 1 1 1 0 0	7C	03
C	0 1 1 1 0 0 1	39	46
D	1 0 1 1 1 1 0	5E	21
E	1 1 1 1 0 0 1	79	06
F	1 1 1 0 0 0 1	71	0E

从表 7.1 可以看出，共阴极和共阳极的字段码互为反码。

7.3.2 LED 数码管的显示方式

在计算机系统中，通常使用 LED 数码管构成 N 位 LED 显示器。LED 数码管每段需 10～20mA 的驱动电流，可用 TTL 或 CMOS 器件驱动。图 7.12 是 N 位显示器的构成原理。

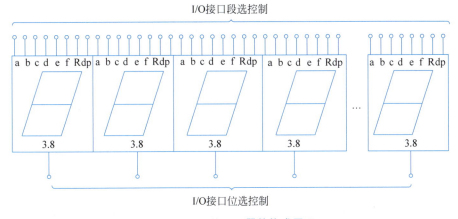

图 7.12　N 位显示器的构成原理

LED 数码管与单片机的接法占用 I/O 接口多，如果单片机的 P0 口和 P2 口用作数据线和地址线，单片机的引脚资源就特别受限。常用的 LED 数码管显示方式有两种：

(1) LED 静态显示方式，如图 7.13 所示。LED 静态显示时，其公共端直接接地（共阴极）或接电源（共阳极），各段选线分别与 I/O 接口线相连。要显示字符，直接在 I/O 接口线送相应的字段码即可。

在静态显示方式下，数码管显示某一字符时相应的发光二极管恒定导通或恒定截止，在同一时刻只显示 1 种字符，或者说被显示的字符在同一时刻是稳定不变的。这种显示方式的各位数码管相互独立，公共端恒定接地（共阴极）或接正电源（共阳极）。每个数码管的 8 个字段分别与一个 8 位 I/O 接口相连，I/O 接口只要有字形代码输出，相应字符即显示出来，并保持不变，直到 I/O 接口输出新的字形代码。采用静态显示方式，虽然具有较高的显示亮度、占用 CPU 时间少、编程简单等优点，但其占用的端口线多，硬件电路复杂且成本

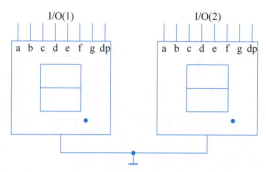

图 7.13 静态显示方式

高,只适合于显示位数较少的场合。

(2) LED 动态显示方式,如图 7.14 所示。动态显示是将所有的数码管的段选并接在一起,用一个 I/O 接口控制,公共端不直接接地(共阴极)或电源(共阳极),而是通过相应的 I/O 接口线控制。

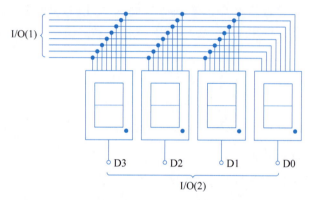

图 7.14 动态显示方式

假设数码管为共阴极,动态显示过程为：第一步使右边第一个数码管的公共端 D0 为 0,其余的数码管的公共端为 1,同时在 I/O(1) 上送右边第一个数码管的字段码,这时只有右边第一个数码管显示,其余不显示;第二步使右边第二个数码管的公共端 D1 为 0,其余的数码管的公共端为 1,同时在 I/O(1) 上送右边第二个数码管的字段码,这时只有右边第二个数码管显示,其余不显示;以此类推,直到最后一个,这样 4 个数码管轮流显示相应的信息。一个循环完后,下一循环又这样轮流显示,从计算机的角度看是一个一个地显示,但由于人的视觉滞留,只要循环的周期足够快,人眼看起来所有的数码管均一起显示,这就是动态显示的原理。这个循环周期对于计算机来说很容易实现,因此在单片机中经常采用动态扫描方式。采用动态显示方式节省 I/O 接口,硬件电路也较静态显示方式简单,但其亮度不如静态显示方式均匀,而且在显示位数较多时,CPU 要依次扫描,会占用 CPU 较多的时间。

7.3.3 LED 数码管译码

由 LED 数码管的结构可知,对共阴极数码管而言,当需要显示 0 时,数码管的字段码为 3FH;当需要显示 1 时,数码管的字段码为 06H。将 0 译码成 3FH、将 1 译码成 06H 的过程,有下列两种方式：

（1）一种是采用硬件译码的方式，即字形码的控制输出可采用硬件译码方式，如采用 BCD 7 段译码/驱动器 MC14495、74LS48、74LS49、CD4511 等芯片，如图 7.15 所示。

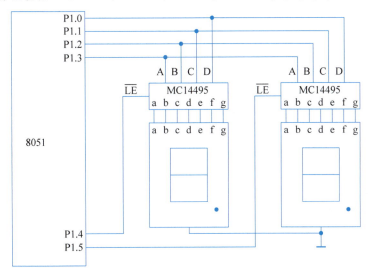

图 7.15　硬件译码方式

此时，需要显示 0 时，单片机的 P1.0、P1.1、P1.2 和 P1.3 直接输出 0、0、0、0 给 MC14495 芯片即可，MC14495 将 0H 译码成 3FH 传递给数码管。

（2）另一种方法是采用软件译码方式，通过编写软件译码程序（通常是查表的方式），通过译码程序来得到要显示的字符的字段码。下面举例说明。

【例 7-3】　根据如图 7-16 所示电路，试编制 3 位动态扫描显示程序。已知显示字段码存在以 40H（低位）为首地址的 3 字节 RAM 中。

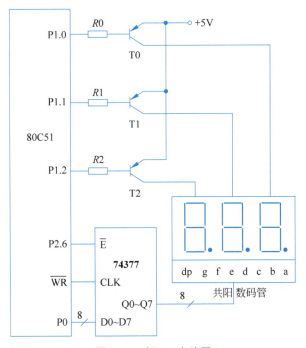

图 7.16　例 7-3 电路图

解：
编程如下：

```
DIR50: SETB   P1.0           ;停显示
       SETB   P1.1
       SETB   P1.2
       MOV    A,40H          ;取个位字段码
       MOV    P0,A           ;输出个位字段码
       CLR    P1.0           ;个位显示
       LCALL  DY2ms          ;调用延时 2ms 子程序
DIR51: SETB   P1.0           ;个位停显示
       MOV    A,41H          ;取十位字段码
       MOV    P0,A           ;输出十位字段码
       CLR    P1.1           ;十位显示
       LCALL  DY2ms          ;调用延时 2ms 子程序
DIR52: SETB   P1.1           ;十位停显示
       MOV    A,42H          ;取百位字段码
       MOV    P0,A           ;输出百位字段码
       CLR    P1.2           ;百位显示
       LCALL  DY2ms          ;调用延时 2ms 子程序
       RET
```

习题

1. 填空题

(1) MCS-51 的 P0 口作为输出端口时，每位能驱动_____个 LS 型 TTL 负载。

(2) MCS-51 有_____个并行 I/O 接口，其中 P0～P3 是准双向口，所以由输出转输入时必须先写入_____。

(3) 设计 8031 系统时，_____口不能用作一般 I/O 接口。

(4) 当 MCS-51 引脚 ALE 有效时，表示从 P0 口稳定地送出了_____地址。

2. 选择题

(1) 在 8051 单片机中，输入/输出引脚中用于专门的第二功能的引脚是(　　)。
    A. P0   B. P1   C. P2   D. P3

(2) 当使用外部存储器时，8031 的 P0 口是一个(　　)。
    A. 传输高 8 位地址口   B. 传输低 8 位地址口
    C. 传输高 8 位数据口   D. 传输低 8 位地址/数据口

(3) P0 口作数据线和低 8 位地址线时，(　　)。
    A. 应外接上拉电阻   B. 不能作 I/O 接口
    C. 能作 I/O 接口   D. 应外接高电平

3. 简答题

(1) 8031 的扩展储存器系统中，为什么 P0 口要接一个 8 位锁存器，而 P2 口却不接？

(2) 8031 单片机需要外接程序存储器，实际上它还有多少条 I/O 接口线可以用？当使用外部数据存储器时，还剩下多少条 I/O 接口线可用？

(3) 图 7.17，通过 8051 单片机的 P1 口接 8 只发光二极管，读如下程序后回答问题

```
       ORG    0000H
       LJMP   0200H
```

```
        ORG    0200H
START:  MOV    A,#01H
LOOP:   MOV    P1,A
        LCAIL  D2S       ;调用延时 2 秒子程序
        RL     A         ;A 循环左移
        SJMP   LOOP
D2S:    ...              ;子程序略
        RET
        END
```

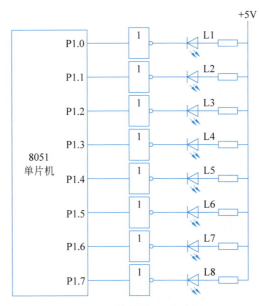

图 7.17　简答题(3)电路图

① 第一次调用子程序时,哪个发光二极管亮?
② 第二次调用子程序时,哪个发光二极管亮?
③ 第八次调用子程序时,哪个发光二极管亮?
④ 第九次调用子程序时,哪个发光二极管亮?

第8章　51单片机定时器/计数器

CHAPTER 8

定时器/计数器是单片机系统的一个重要部件，其工作方式灵活、编程简单且使用方便，通常可用于实现定时控制、延时、脉冲宽度测量、信号发生等。本章对51单片机中的定时器/计数器的工作原理、基本结构和具体应用进行讲解。

8.1　概述

8.1.1　定时与计数的概念

（1）定时：在CPU内部时钟信号作用下，定时时间达到后从CPU的输出引脚输出一定的提示信号。

（2）计数：对芯片的外部引脚输入的脉冲个数进行计数，当计数个数到达后从CPU的输出引脚输出一定的提示信号。

定时器和计数器都由数字电路中的计数电路构成，51单片机内部已经集成了这种计数电路。在定时模式下，定时器对单片机晶振经过12分频后的脉冲进行计数，比如对12MHz的晶振而言，晶振经过12分频后的脉冲周期是1μs，那么定时器计数5个12分频后的脉冲就相当于定时5μs。在计数模式下，计数器记录从单片机外部引脚提供的具有一定随机性的（周期不固定）脉冲信号，它主要反映外部输入的脉冲个数，无法计算具体的定时时间，故称为计数器。

8.1.2　定时的方法

定时的方法有3种：软件定时、不可编程硬件定时和可编程定时。

（1）软件定时：根据CPU执行每条指令需要一定的时间，重复执行一些指令就会占用一段固定的时间，通过适当地选取指令和循环次数可很容易地实现定时功能，这种方法不需要增加硬件，可通过编程来控制和改变定时时间，灵活方便，成本较低；缺点是CPU重复执行的这段程序的本身并没有什么具体目的，仅为延时，从而降低了CPU利用率。

（2）不可编程硬件定时：采用数字电路中的分频器将系统时钟进行适当的分频产生需要的定时信号；也可以采用单稳电路或简易定时电路（如常用的555定时器）由外接RC电路控制定时时间。但是，这种定时电路在硬件接好后，不易通过程序来改变和控制定时范围,使用不够方便,且定时精度也不高。

(3) 可编程定时:在计算机系统中,常采用软件、硬件相结合的方法,用可编程定时/计数芯片构成一个方便灵活的定时/计数电路。这种电路不仅定时时间和定时范围可用程序确定和改变,而且具有多种工作方式,可以输出多种控制信号,它由微处理器的时钟信号提供时间基准,故计时也精确稳定。

计算机系统中均是采用可编程的定时方式。对于 8086 而言,由于 CPU 内部仅仅包含运算器、控制器和寄存器,没有集成定时的硬件结构,通常需要外部连接可编程定时接口芯片来实现,如 Intel 8253 等;对于 51 单片机而言,CPU 内部集成了定时器的硬件接口电路,因此可以直接通过编程实现定时。

8.1.3 初始值与溢出

在单片机内部的定时器中,有一个特殊功能寄存器用来存放计数的初始值。该计数器是 16 位的,分成两个 8 位的计数器供用户访问。由于该特殊功能寄存器是 16 位的,故一个计数器最大的计数值范围是 0~65 535。因此,计数器达到 65 536 个脉冲时就会产生溢出,CPU 给出一个提示信号;对于 12MHz 的晶振,经过 12 分频后的脉冲周期是 $1\mu s$,故一个定时器的最大定时值为 65 536μs。然而,在实际应用中经常会有少于 65 536 个计数脉冲的要求,这就涉及单片机的计数初始值问题。

例如,需要计 5000 个脉冲,对于加法计数器,将初始值设为 60 535,那么单片机计数 5000 个脉冲后就达到 65 535,再加 1 产生溢出,CPU 输出提示信号;对于减法计数器,将初始值设为 5000,当单片机计数 5000 个脉冲后,再减 1 便达到 65 535 从而产生溢出,CPU 输出提示信号。对于加法定时器,12MHz 的晶振经过 12 分频后的脉冲周期是 $1\mu s$,那么将初始值设为 60 535,单片机计数 5000 个脉冲,也即定时 5000μs 后,再加 1 产生溢出,CPU 输出提示信号;对于减法定时器,将初始值设为 5000,单片机计数 5000 个脉冲,也即定时 5000μs 后,再减 1 便达到 65 535 从而产生溢出,CPU 输出提示信号。

8.2 51 单片机定时器/计数器工作原理

8.2.1 单片机定时器/计数器结构

8051 单片机内部提供两个 16 位的定时器/计数器 T0 和 T1,它们既可以利用内部时钟信号定时,也可以对外部脉冲计数。定时器/计数器的基本部件是两个 8 位计数器(其中,TH1 和 TL1 是 T1 的初始值寄存器,TH0 和 TL0 是 T0 的初始值寄存器),两个定时器/计数器都是 16 位。51 单片机的内部定时器/计数器的结构和控制信号如图 8.1 所示。

图 8.1 是定时器 T0 的结构和控制信号,T1 的结构和控制信号完全一样。T0 的计数和定时功能描述如下:

(1) 计数功能。

当 $C/\overline{T}=1$ 时,通过从单片机芯片的引脚 T0(P3.4)和 T1(P3.5)输入外部脉冲,T0 对外部脉冲的个数进行计数。外部事件的发生以输入脉冲下降沿有效,单片机引脚的最高计数脉冲频率为晶振频率的 1/24。

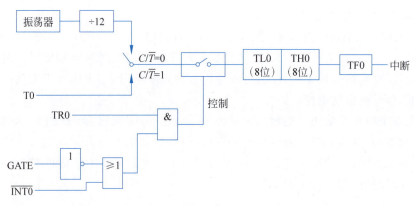

图 8.1　单片机的内部定时器/计数器的结构和控制信号

(2) 定时功能。

当 $C/\overline{T}=0$ 时，T0 对单片机芯片内部的机器周期产生的脉冲进行计数，由于每个机器周期的时间是固定的，因此对机器周期计数就相当于定时。由于一个机器周期等于 12 个振荡脉冲周期，因此如单片机采用 12MHz 晶振，则计数频率为 12MHz/12＝1MHz，即每微秒计数器加 1，这样就可以根据计数个数计算出定时时间。

视频讲解

8.2.2　定时器/计数器的寄存器

1. 定时/计数方式寄存器 TMOD

定时方式寄存器 TMOD 是 8051 专门用来控制定时器/计数器的工作方式的寄存器，各个位定义如图 8.2 所示。

D7	D6	D5	D4	D3	D2	D1	D0
GATE	$C/\overline{T}$	$M1$	$M0$	GATE	$C/\overline{T}$	$M1$	$M0$
定时器1				定时器0			

图 8.2　TMOD 各个位的定义

(1) $M1M0$：工作方式选择位，总共有 4 种工作方式，如表 8.1 所示。

表 8.1　$M1M0$ 位的含义

M1	M0	工 作 方 式	说　　明
0	0	0	13 位定时器/计数器，由 TL0 低 5 位和 TH0 高 8 位组成
0	1	1	16 位定时器/计数器，由 TL0 低 8 位和 TH0 高 8 位组成
1	0	2	8 位定时器/计数器，由 TL0 低 8 位组成
1	1	3	TL0 低 8 位和 TH0 高 8 位分别为 8 位定时器/计数器

(2) $C/\overline{T}$：定时器和计数器模式选择位，如图 8.1 所示，该位控制 $C/\overline{T}$ 开关，用来选择定时或计数的功能。$C/\overline{T}=0$，定时器模式，每一个机器周期计数器自动加 1；$C/\overline{T}=1$，计数器模式，在单片机 T0 引脚上每发生一次负跳变，计数器自动加 1。

(3) GATE：门控位，如图 8.1 所示，当 GATE＝0 时，定时器/计数器工作不受外部控制，仅当 TR＝1 时定时器便可以工作；当 GATE＝1 时，定时器/计数器 T0 还受单片机的 $\overline{INT0}$ 引脚控制。即，在 TR＝1 的前提下，$\overline{INT0}$ 引脚必须是高电平定时器才能工作，故这是一种外部引脚 INT0 启动定时器的方式。

值得注意的是,在正常的定时或计数情况下,GATE 位通常为 0。仅当需要测试外部脉冲的宽度时,将 GATE 位置 1。

2. 定时器/计数器控制寄存器 TCON

TCON 的高 4 位分别作为 T0、T1 的溢出标志和启动控制位,低 4 位用于外部中断,如图 8.3 所示。本章仅对 TCON 寄存器中与定时控制功能有关的控制位进行介绍。

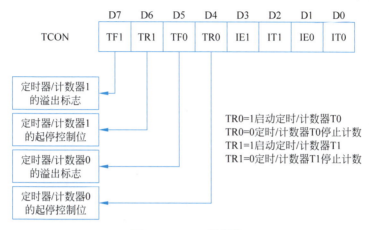

图 8.3 TCON 控制位

(1) TR0/TR1:启动控制位,当 TR0/TR1=0,停止定时器 T0/T1 工作;TR0/TR1=1,启动定时器 T0/T1 工作。

(2) TF0/TF1:定时器溢出标志位,当 TF0/TF1=1,表示定时器 T0/T1 定时或计数到位产生溢出,如果 CPU 开放了中断,那么该位可引起中断请求。当 CPU 响应 T0/T1 的中断后,系统自动将 TF0/TF1 清 0。

8.3 51 单片机定时器/计数器的工作方式

8.3.1 工作方式

定时器 T0 有 4 种工作方式:方式 0、方式 1、方式 2 和方式 3;定时器 T1 有 3 种工作方式:方式 0、方式 1、方式 2。

1. 方式 0

当 T0/T1 的 M1M0 两位为 00 时,定时器/计数器选为工作方式 0,它是一个 13 位的定时器/计数器,由 TL0/TL1 的低 5 位和 TH0/TH1 的 8 位组成,TL0/TL1 的高 3 位无效。当 TL0/TL1 的低 5 位全为 1 时,直接向 TH0/TH1 进位。故方式 0 的最大计数值为 2^{13},即 8192。以 T0 为例,其结构如图 8.4 所示。

2. 方式 1

当 T0/T1 的 M1M0 两位为 01 时,定时器/计数器选为工作方式 1,它是一个 16 位的定时器/计数器,由 TL0/TL1 和 TH0/TH1 的 8 位组成 16 位,故方式 1 的最大计数值为 2^{16},即 65 536。以 T0 为例,其结构如图 8.5 所示。

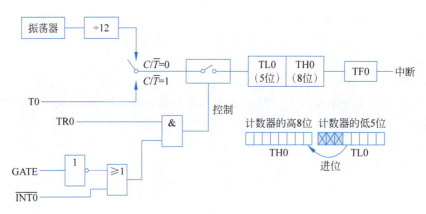

图 8.4　方式 0 下 T0 的结构

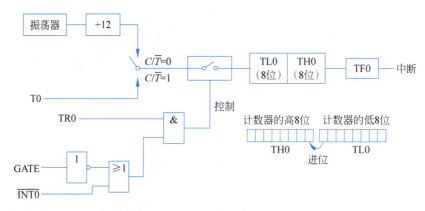

图 8.5　方式 1 下 T0 的结构

3. 方式 2

当 T0/T1 的 M1M0 两位为 10 时,定时器/计数器选为工作方式 2,它为 8 位时间常数可自动再装入的定时器/计数器。

在方式 0 和方式 1 下,每次定时/计数到位后,计数寄存器(TH 和 TL)的内容为 0 并产生溢出信号,在下一次定时/计数工作时,需要进行初值重载,且初值重载需要程序员编程实现。如果需要进行多次定时/计数,则需占用较多 CPU 时间。定时器/计数器在方式 2 下可由硬件实现初值重载。

在方式 2 下,当 TL0/TL1 计满溢出时,产生溢出置位 TF0/TF1,并将 TH0/TH1 的内容(即时间常数初值)重新装入 TL0/TL1 中,然后定时器又重新开始定时/计数。方式 2 特别适合于需要重复定时/计数的场合。以 T0 为例,其结构如图 8.6 所示。

由于方式 2 只利用了低 8 位计数寄存器,因此计数最大值为 2^8,即 256。

4. 方式 3

当 T0 的 M1M0 设置为 11 时,T0 的工作方式为方式 3。只有定时器/计数器 T0 有方式 3,定时器/计数器 T1 没有工作方式 3,如果把 T1 设置为方式 3,计数器将停止工作。这种方式很少使用,仅仅适合在 T1 作为串行接口的波特率发生器,或不需要中断的场合。

8.3.2　初始值 C 及加载

如前所述,T0/T1 工作在不同方式下,其最大计数值不同,故其初始值有不同的计算方

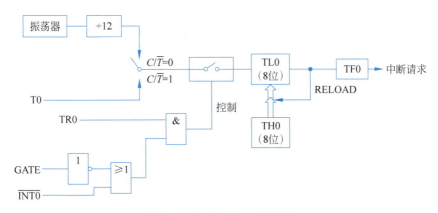

图 8.6　方式 2 下 T0 的结构

法和加载方式。考虑到方式 3 很少使用,下面仅对方式 0、方式 1 和方式 2 进行介绍。

1. 方式 0 初始值

方式 0 下的计数溢出值为 $8192(2^{13})$,则

$$计数次数 = 8192 - 计数初值$$

$$定时时间 = (8192 - 计数初值) \times 机器周期$$

比如,如果需要计数 100 个脉冲,则初始值为

$$C = 8192 - 100 = 8092D = 1F9CH$$

另一种方式是,由于单片机的定时器/计数器是加 1 计数,当计数个数到达 0 时,计数初值应为负数,用补码表示,而求补码的方法是模减去该负数的绝对值。比如,方式 0 下的模是 2000H(8192D),如果需要计数 100 个脉冲,则初始值为

$$C = (100)_{补码} = (64H)_{补码} = 2000H - 64H = 1F9CH$$

由于方式 0 是 13 位定时/计数方式,其初始值的高 8 位载入 TH0/TH1,低 5 位载入 TL0/TL1(高 3 位无效),故对于计数 100 个脉冲的计数初始值 1F9CH 而言,以 T0 为例,其载入方法如图 8.7 所示。

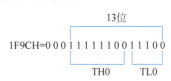

图 8.7　方式 0 下的 T0 初始值载入

2. 方式 1 初始值

方式 1 下的计数溢出值为 $65\,536(2^{16})$,则

$$计数次数 = 65\,536 - 计数初值$$

$$定时时间 = (65\,536 - 计数初值) \times 机器周期$$

比如,如果需要计数 100 个脉冲,则初始值为

$$C = 65\,536 - 100 = 65436D = FF9CH$$

或者

$$C = (100)_{补码} = (64H)_{补码} = 10000H - 64H = FF9CH$$

方式 1 下的初始值加载方式很简单,只需将初始值低 8 位装入 TL0,高 8 位装入 TH0 即可。

3. 方式 2 初始值

方式 2 下的计数溢出值为 $256(2^8)$,则

$$计数次数 = 256 - 计数初值$$

$$定时时间 = (256 - 计数初值) \times 机器周期$$

比如,如果需要计数 100 个脉冲,则初始值为
$$C = 256 - 100 = 156D = 9CH$$
或者
$$C = (100)_{补码} = (64H)_{补码} = 100H - 64H = 9CH$$
方式 2 下的初始值加载方式很简单,只需将初始值分别装入 TL0 和 TH0 即可。

8.4　51 单片机定时器/计数器的应用

8.4.1　定时器/计数器的初始化编程

在使用定时器/计数器以前,必须先对其特殊功能寄存器进行设置,这称为初始化编程。在查询方式下,单片机定时器/计数器的初始化编程步骤为:

(1) 确定工作方式及启动控制方式,将方式控制字写入特殊功能寄存器 TMOD。
(2) 计算定时器或计数器的计数初值,送入 TH0、TL0 或 TH1、TL1 中。
(3) 启动定时器/计数器。

在中断方式下,单片机定时器/计数器的初始化编程步骤为:

(1) 确定工作方式及启动控制方式,将方式控制字写入特殊功能寄存器 TMOD。
(2) 计算定时器或计数器的计数初值,送入 TH0、TL0 或 TH1、TL1 中。
(3) 允许定时器/计数器中断 CPU 的工作。
(4) 启动定时器/计数器。

8.4.2　应用编程举例

【例 8-1】 如图 8.8 所示,编程从单片机的 P1.0 引脚输出周期为 2ms 的方波信号,设 fosc=12MHz。

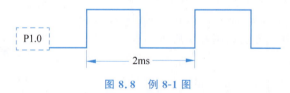

图 8.8　例 8-1 图

解: fosc=12MHz,则机器周期为 1μs。要输出 2ms 的方波,则需要每隔 1ms 改变一次 P1.0 的输出状态即可。用 T0 的方式 1 定时,则初始值为
$$X = 2^{16} - t/T = 2^{16} - 1000/1 = FC18H$$

(1) 查询方式。

```
START: MOV    TMOD,#01H
       MOV    TL0,#18H
       MOV    TH0,#0FCH
       SETB   TR0
LOOP:  JBC    TF0,PTF0
       SJMP   LOOP
PTF0:  CPL    P1.0
       MOV    TL0,#18H
       MOV    TH0,#0FCH
       SJMP   LOOP
```

(2) 中断方式。

```
        ORG     0000H
        AJMP    MAIN
        ORG     000BH
        AJMP    QUFAN
        ORG     0100H
MAIN:   MOV     SP,#60H
        MOV     TMOD,#01H
        MOV     TL0,#18H
        MOV     TH0,#0FCH
        SETB    EA
        SETB    ET0
        SETB    TR0
        SJMP    $
QUFAN:  CPL     P1.0
        MOV     TL0,#18H
        MOV     TH0,#0FCH
        RETI
```

【例 8-2】 利用定时器方式 2 对外部脉冲计数,要求每计满 110 次,将 P1.0 口取反。

解：外部信号由 T1 引脚输入,每发生一次负跳变计数器加 1,每输入 110 个脉冲,计数器发生溢出中断,中断服务程序将 P1.0 取反一次。T1 计数方式 2 的方式字为：TMOD=60H。TMOD 不用的位一般取 0。计算 T1 的计数初值：

$$X = 2^8 - 110 = 146 = 92H$$

程序如下：

```
        ORG 0000H
        AJMP    MAIN
        ORG 001BH           ;中断服务程序入口
        CPL P1.0            ;对 P1.0 取反
        RETI                ;中断返回
        ORG 0100H
MAIN:   MOV TMOD,#60H       ;置 T1 方式 2 计数
        MOV TL1,#92H        ;赋初值
        MOV TH1,#92H
        MOV IE,#88H         ;定时器 T1 开中断
        SETB TR1            ;启动计数器
HERE:   SJMP HERE           ;等待中断
```

【例 8-3】 利用 T1 门控位测试一个正脉冲的宽度。

解：将正脉冲从 INT1(P3.3)引脚输入,将 T1 定为定时器方式 1,计数初值为 0,GATE 程控为 1,置 TR1 为 1。一旦 INT1(P3.3)引脚出现高电平即开始计数,直到出现低电平,然后读取 T1 的计数值即可。测试过程如图 8.9 所示。

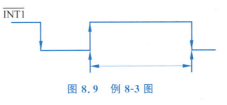

图 8.9 例 8-3 图

```
START:  MOV     TMOD,#90H       ;T1 工作于定时器方式 1,GATE 置 1
        MOV     TL1,#00H
        MOV     TH1,#00H
WAIT1:  JB      P3.3,WAIT1      ;等待 INT1 变低
        SETB    TR1             ;启动定时器计数 T1,但此时 T1 没有工作
WAIT2:  JNB     P3.3,WAIT2      ; 等待 INT1 升高
WAIT3:  JB      P3.3,WAIT3      ;INT1 升高后,T1 开始工作,然后等待 INT1 变低
        CLR     TR1             ;INT1 变低后,T1 停止工作
```

```
            MOV     R2,TL1              ;读数
            MOV     R3,TH1
```

由于方式 1 的 16 位计数长度有限,被测脉冲高电平宽度必须小于 65 536 个机器周期。

习题

1. 填空题

(1) 当计数器产生计数溢出时,把定时器/计数器的 TF0(TF1)位置 1。在中断方式时,该位作_____位使用;在查询方式时,该位作_____位使用。

(2) 在定时器工作方式 1 下,计数器的宽度为 16 位,若系统晶振频率为 12MHz,则最大定时时间为_____。

(3) T0 的初始值由两个 8 位特殊功能寄存器_____和_____设置,T1 的初始值由_____和_____设置。

(4) 定时时间与定时器的_____、_____及_____有关。

(5) MCS-51 的定时器/计数器作计数器时,计数脉冲由外部信号通过引脚_____和_____提供。

(6) MCS-51 的定时器/计数器 T0 的门控信号 GATE 设置为 1 时,只有_____引脚为高电平且由软件使_____置 1 时,才能启动定时器/计数器 T0 工作。

2. 选择题

(1) MCS-51 单片机计数器可以自动重装计数值的计数模式是(　　)。
　　　A. 模式 0　　　　B. 模式 1　　　　C. 模式 2　　　　D. 模式 3

(2) MCS-51 单片机计数器采用定时方式 2 计数,振荡频率是 12MHz,一个计数过程产生的最大时间延时大约是(　　)。
　　　A. 约 500μs　　　B. 约 400μs　　　C. 约 1000μs　　　D. 约 256μs

(3) MCS-51 单片机定时器 T0 的溢出标志 TF0,若计满数,则在 CPU 响应中断后(　　)。
　　　A. 由硬件清零　　　　　　　　　　B. 由软件清零
　　　C. A 和 B 都可以　　　　　　　　　D. 随机状态

(4) MCS-51 单片机定时器 T0 的溢出标志 TF0,若计满数产生溢出时,其值为(　　)。
　　　A. 00H　　　　　B. FFH　　　　　C. 1　　　　　　D. 计数值

(5) 在下列寄存器中,与定时/计数控制无关的是(　　)。
　　　A. TCON　　　　B. TMOD　　　　C. SCON　　　　D. IE

(6) 在工作方式 0 下,计数器是由 TH 的全部 8 位和 TL 的 5 位组成,因此其计数范围是(　　)。
　　　A. 1～8192　　　B. 0～8191　　　C. 0～8192　　　D. 1～4096

(7) 用定时器 T1 方式 1 计数,要求每计满 10 次产生溢出标志,则 TH1、TL1 的初始值是(　　)。
　　　A. FFH、F6H　　B. F6H、F6H　　C. F0H 、F0H　　D. FFH、F0H

(8) 启动定时器 0 开始定时的指令是(　　)。
　　　A. CLR TR0　　B. CLR TR1　　　C. SETB TR0　　D. SETB TR1

3. 判断题

（1）MCS-51 单片机的两个定时器均有两种工作方式,即定时和计数工作方式。(   )

（2）指令 JNB TF0,LP 的含义是：若定时器 T0 未计满数,则转 LP。(   )

（3）MCS-51 单片机系统复位时,TMOD 模式控制寄存器为 00H。(   )

（4）启动定时器 T0 工作,可使用 SETB TR0 启动。(   )

（5）MOD 中的 GATE＝1 时,表示由两个信号控制定时器的启停。(   )

4. 简答题

（1）试归纳 80C51 定时器/计数器 4 种工作方式的特点。

（2）如何判断 T0、T1 定时/计数溢出？

（3）按下列要求设置 TMOD。

① T0 计数器、方式 1,运行与 INT0 有关；T1 定时器、方式 2,运行与 INT1 无关。

② T0 定时器、方式 0,运行与 INT0 有关；T1 计数器、方式 2,运行与 INT1 有关。

（4）采用 6MHz 的晶振,定时 1ms,用定时器方式 0 时的初值应为多少？（请给出计算过程）

（5）应用单片机内部定时器 T0 工作在方式 1 下,从 P1.0 输出周期为 1ms 的方波脉冲信号,已知单片机的晶振频率为 6MHz。

要求：

（1）计算时间常数 X,应用公式 $X=2^{16}-t(f/12)$；

（2）写出程序清单。

第 9 章　51单片机的串行接口

CHAPTER 9

9.1　概述

并行通信是将单位信息的各位数据同时传送的通信方式；串行通信是将单位信息的各位数据分时、顺序传送的通信方式。

在串行通信中，数据的各位按时间顺序依次在一根传输线上传输，数据的各位依次由源到达目的地。其特点是通信线路简单，只要一对传输线就可以实现双向通信，从而大大降低了成本，特别适用于远距离通信。在数据位数较多、传输距离较长的情况下，这个优点更为突出，但相对于并行通信，其传送速度较慢。所以串行通信适于长距离、中低速的通信。

本章主要介绍单片机的串行接口的结构、工作原理及应用编程。

9.1.1　异步通信方式

串行通信可分为异步通信和同步通信两种方式。

异步通信用起始位表示字符的开始，在起始位后面，从字符的最低位（即数据位的最低位）至最高位（即数据位的最高位）依次传送。字符的最高位传送完后，用停止位表示字符的结束，每个字符的结束位是一个高电平的停止位。起始位至停止位构成一帧，而每一帧的字符的编码形式及规定被称为字符帧格式。例如，在异步串行通信方式下，规定一个串行异步通信的字符帧由 4 个部分组成：1 个起始位、5～8 个数据位、1 个奇偶校验位（可选）及 1～2 个停止位。这种串行异步通信的字符帧格式如图 9.1 所示，相邻两个字符之间的间隔可以是任意长度的，以便使它有能力处理实时的串行数据。两个相邻字符之间的位叫空闲位。下一个字符的开始以高电平变成低电平的起始位的下降沿作为标志。

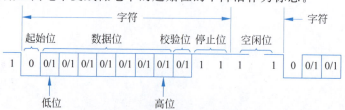

图 9.1　串行异步通信的字符帧格式

9.1.2 通信方向

在串行通信中,数据通常在两个站之间进行双向传送。这种传送根据需要又分为单工传送、半双工传送和全双工传送。

1. 单工传送

单工传送方式是指在通信时,只能由一方发送数据而另一方接收数据的通信方式,如图 9.2(a)所示。

2. 半双工传送

半双工传送方式是指在通信时,双方都能接收或发送,但不能同时接收和发送的通信方式。在这种传送方式中,通信双方只能轮流进行发送和接收,即 A 站发送、B 站接收;或 B 站发送、A 站接收。半双工传送如图 9.2(b)所示。

3. 全双工传送

全双工传送方式是指可以同时在两个站之间进行发送和接收的通信方式。全双工需要两条传输线。全双工传送如图 9.2(c)所示。

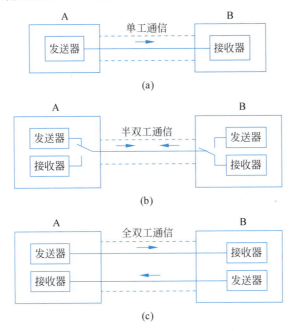

图 9.2 串行通信的 3 种传送方式

9.1.3 串行接口的任务

串行通信是通过使用串行接口来实现的,串行接口具体完成的任务包括如下几方面。

(1) 实现数据格式化。串行接口电路具有实现不同串行通信方式下的数据格式化的功能。在异步通信方式下,串行接口电路自动生成包括起始位和停止位的数据帧格式。在面向字符的同步方式下,串行接口电路自动在待传送的数据块前加上同步字符。

(2) 进行串、并转换。在串行通信中,数据通信按照顺序串行进行传送,而 CPU 处理的数据是并行数据。在发送端,当数据由 CPU 送至串行接口的数据发送器时,串行接口电路把并行信号转换成串行数据进行传送；在接收端，接口要将接收到串行数据变成并行数据送往 CPU，由 CPU 进行处理。串、并转换是串行接口电路的重要任务之一。

（3）控制数据的传输速率。串行接口电路具备对数据传输速率（波特率）进行选择和控制的能力。

（4）进行传送错误检测。在发送时，串行接口电路对传送的字符数据自动生成奇偶校验位或其他校验码。在接收时，接口电路检查字符的奇偶校验码或其他校验码，确定是否发生传送错误。

（5）进行 TTL 与 EIA 电平转换。CPU 和终端均采用 TTL 电平（正逻辑），它们与 EIA 采用的电平（负逻辑）不兼容，因此需要在串行接口电路中进行转换。

（6）提供 EIA-RS-232C 接口标准要求的信号线。远距离通信采用 Modem 时，需要 9 根信号线；近距离采用无 Modem 方式时，只需要 3 根信号线。这些信号线由接口电路提供，以便与 Modem 或终端进行联络与控制。

9.1.4 波特率

在串行接口通信中，单位时间内传输的信息量即数据传输速率，可用比特率和波特率来表示。

（1）比特率：指每秒传输的二进制位数，用 bps(b/s)表示。

（2）波特率(Baud)：指每秒传输的符号数，若每个符号所含的信息量为 1 比特，则波特率等于比特率。在计算机中，一个符号的含义为高低电平，它们分别代表逻辑 1 和 0，故每个符号所含的信息量刚好为 1 比特，因此在计算机通信中，常将比特率称为波特率，即：1 波特＝1 比特＝1 位/秒(1bps)。

例如，设单片机串行通信时的数据传输速率是 960 字符/秒，而每一个字符格式规定包含 10 个数据位(1 起始位、1 停止位和 8 个数据位)，则这时传送的波特率为 10×9600＝9600 波特。

9.1.5 RS-232 介绍及通信线的连接

1. RS-232C 接口标准

RS-232C 接口标准是美国电子工业联合会(Electronic Industry Association，EIA)和 BELL 等公司于 1969 年公布的通信协议，被广泛地运用于微型计算机通信接口中。该标准是为数据设备终端(Data Terminal Equipment，DTE)与数据通信设备(Data Communication Equipment，DCE)通信而制定的标准，标准的全称是 EIA-RS-232C，其中，EIA 代表是美国电子工业联合会，RS 代表推荐标准(Recommended Standard)，232 是标识号，C 代表第三次修改。RS-232C 接口标准规定了连接电缆和机械、电气特性、信号功能及传送过程。

1) RS-232C 的电气特性

EIA-RS-232C 对电气特性、逻辑电平和各种信号线功能都作了规定。在 TxD 和 RxD 上：逻辑 1 为－3～－15V，逻辑 0 为＋3～＋15V。在 RTS、CTS、DSR、DTR 和 DCD 等控制线上：信号有效(接通，ON 状态，正电压)为＋3～＋15V，信号无效(断开，OFF 状态，负电压)为－3～－15V。

以上规定说明了 RS-323C 标准对逻辑电平的定义。对于数据(信息码)：逻辑 1 的电平低于－3V，逻辑 0 的电平高于＋3V；对于控制信号：接通状态(ON)即信号有效的电平高于+3V,断开状态(OFF)即信号无效的电平低于-3V,也就是当传输电平的绝对值大于3V时,电路可以有效地检查出来,-3~+3V的电压无意义,低于-15V或高于+15V的电压也无意义。实际工作时,为保证有效地传输信号,应保证电平不超过±(3~15)V的范围。

2) RS-232C 与 TTL 电平的转换

RS-232C 是用正负电压表示逻辑状态；TTL 是用高低电平表示逻辑状态。为实现 RS-232C 与 TTL 电路的连接,必须进行电平转换。要实现这种转换,可用分立元件,也可用集成电路芯片。目前较为广泛地使用集成电路转换器件,如 MC1488、SN75150 芯片可完成 TTL 电平到 RS-232C 电平的转换,而 MC1489、SN75154 可实现 EIA 电平到 TTL 电平的转换。

此外,MAX232 芯片可完成 TTL 到 RS-232C 电平双向转换,其内部具有电压提升电路,并有两路接收器和发送器。其连线和引脚如图 9.3 所示。

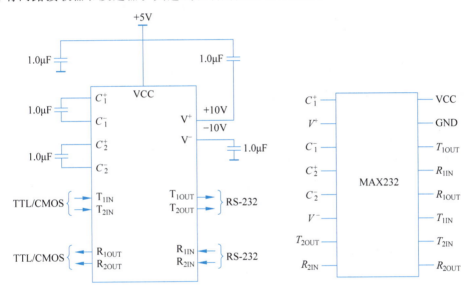

图 9.3 MAX232 连线和引脚

3) RS-232C 的机械特性

由于 RS-232C 并未定义连接器的物理特性,因此,出现了 DB-25、DB-15 和 DB-9 各种类型的连接器,其引脚的定义也各不相同。常用的连接器为 DB-9,DB-9 连接器的外形及接线引脚图如图 9.4 所示,各个引脚对照如表 9.1 所示。

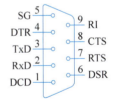

图 9.4 DB-9 连接器的外形及接线引脚图

表 9.1 DB-25 与 DB-9 连接器的引脚对照表

串行接口引脚功能说明	缩写	9针串行接口(DB9)针号	串行接口引脚功能说明	缩写	9针串行接口(DB9)针号
数据载波检测	DCD	1	数据设备准备好	DSR	6
接收数据	RXD	2	请求发送	RTS	7
发送数据	TXD	3	清除发送	CTS	8
数据终端准备	DTR	4	振铃指示	RI	9
信号地	SG(GND)	5			

当数据传输速率低于20kbps时,RS-232C所直接连接的最大物理距离约为15m。这个最大的距离是在码元畸变小于4%的前提下给出的。为了保证码元畸变小于4%,接口标准在电气特性中规定,驱动器的负载电容应小于2500pF。

2. 其他串行通信标准介绍

1) RS-422A 接口标准

RS-422A 是一种平衡方式传输标准。所谓平衡,是指双端发送和双端接收(RS-232C采用单端收发器),用两根传输线A和B间的电位差表示逻辑状态。A比B高200mV以上即认为是逻辑1,A比B低200mV以上即认为是逻辑0。RS-422A通过双线传输,抗干扰能力强,最大数据传输速率可达10Mbps(15m时)。由于接收器具有高阻抗的特点且发送器比 RS-232C 的驱动力更强,RS-422 可以支持多点通信(最多支持10个节点),包括一个发送器和多个接收器,采用主从方式通信。主设备可与从设备通信,但从设备之间不能通信。

RS-422 标准中有4根信号线:两根发送(Y、Z)、两根接收(A、B)。由于 RS-422 的收与发是分开的,所以可以同时收和发(全双工)。

2) RS-485 接口标准

RS-485 接口标准是从 RS-422A 的基础上发展起来的,与 RS-422A 一样采用平衡传输方式,支持多点通信。但 RS-485 允许多个发送器(最多32个节点),可实现真正的多点双向通信。RS-485 最大的通信距离约为1219m,最大数据传输速率为10Mbps。

9.1.6 单片机串行通信电路

传输速率和通信距离这两个方面是相互制约的,降低传输速率,可以提高通信距离。不同的通信距离,串行通信电路有不同的连接方法。

对于近距离的单片机与单片机之间的通信,可以使用如图9.5所示的方法。这种连接方式不需要使用 RS-232 电平,仅使用 TTL 电平,所以直接将两个单片机串行接口线 RXD 和 TXD 互相交叉连接、GND 相连即可。

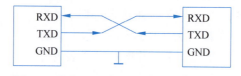

图 9.5 单片机与单片机近距离通信的连接

如果通信距离在15m以上,一般使用 RS-232 电平进行通信,如图9.6所示。

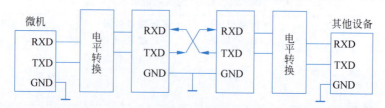

图 9.6 使用 RS-232 电平进行通信

9.2 单片机串行接口的结构与工作原理

9.2.1 串行接口结构

51 单片机内含一个可编程的全双工异步串行接口(Serial Port),它可作为通用异步接收器/发送器(Universal Asynchronous Receiver/Transmitter,UART),也可作为同步移位寄存器。51 单片机的串行通信帧格式可以设置成 8 位、10 位或 11 位,并能设置各种波特率,使用起来方便灵活。

51 单片机的串行接口结构组成如图 9.7 所示。其主要由两个数据缓冲寄存器 SBUF、一个输入移位寄存器、一个串行控制寄存器 SCON 以及波特率发生器(由 T1 或内部时钟和分频器构成)等组成。其中接收和发送数据缓冲寄存器共用一个地址 99H,共享 SBUF 这个寄存器名称。

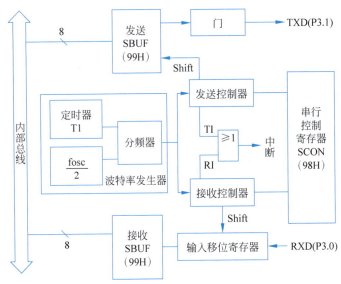

图 9.7 51 单片机的串行接口结构组成

51 单片机通过引脚 RXD(P3.0)和引脚 TXD(P3.1)与外界进行通信。图 9.7 中两个物理上独立的接收、发送缓冲器 SBUF 可同时发送、接收数据。发送缓冲器只能写入,不能读出。CPU 写 SBUF 时,一方面修改发送寄存器,同时启动数据串行发送;接收缓冲器只能读出、不能写入。读 SBUF 就是读接收寄存器。串行控制寄存器 SCON 用于存放串行接口的控制和状态信息。电源控制寄存器 PCON 的最高位 SMOD 为串行接口波特率的倍增控制位。51 单片机串行接口通过对上述专用寄存器的设置、检测与读取来管理串行通信。

对于波特率发生器,可以有两种选择:

(1) 定时器 T1 作为波特率发生器,通过改变计数初值就可以改变串行通信的传输速率,为可变波特率。

(2) 以内部时钟的分频器作为波特率发生器,因内部时钟频率一定,故为固定波特率。

在串行通信时,通过串行数据接收端引脚 RXD(P3.0)接收外界数据。输入的数据先进入输入移位寄存器,再送往接收缓冲区 SBUF。在接收器中采用双缓冲结构,以避免在接收到第二帧数据之前,CPU 未及时响应接收器的前一帧中断请求,没把前一帧数据读走而造成两帧数据重叠错误。对于发送器,因为发送时 CPU 是主动的,不会发生写重叠问题,所以一般不需要双缓冲器结构,以保持最大传输速率。

9.2.2 工作原理

如图 9.8 所示,有甲、乙两个单片机进行串行通信:

(1) 对甲机而言,甲方发送时,CPU 执行指令"MOV SBUF,A"即启动发送过程,数据以并行方式送入 SBUF,在发送时钟 Shift 的控制下由低位到高位,一位一位地发送。甲方一帧数据发送完毕,置位发送中断标志 TI,该位可作为查询标志(或引起中断),CPU 可再发送下一帧数据。

(2) 对乙机而言,乙方在接收时钟 Shift 的控制下由低位到高位顺序进入移位寄存器,再进入 SBUF。乙方收齐一帧数据后,接收缓冲器满同时置位接收中断标志 RI,该位可作为查询标志(或引起接收中断),乙方通过执行指令"MOV A,SBUF"将这帧数据由 CPU 并行读取到累加器 A 中。

由上述介绍可知:

(1) 甲、乙方的移位时钟频率应相同,即应具有相同的波特率,否则会造成数据丢失。

(2) 发送方是先发数据再查标志,接收方是先查标志再收数据。

(3) CPU 通过指令和 SBUF 并行交换数据,并不能控制数据的串行移位,它只能查询标志位来确定数据的移位是否完成。

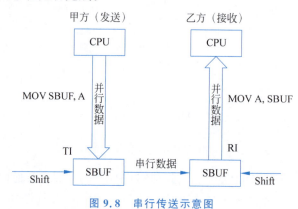

图 9.8 串行传送示意图

9.2.3 波特率的设定

波特率是指每秒传输字符的个数,其代表了串行通信的发送或接收速率。串行通信的收发双方的发送速率和接收速率要求一致。51 单片机产生波特率的时钟信号来源有两个:一个是对系统时钟信号的分频,因此这种方式下,波特率是固定的;另一个是定时器 T1,T1 工作于自动重装载计数初值方式,即方式 2 下,波特率取决于定时器 T1 的溢出率,因此这种方式下波特率是可变的。若需要对波特率进行倍增,则要设置特殊功能寄存器 PCON 寄存器中的 SMOD 位的值,SMOD=1 则波特率倍增。

51 单片机的波特率的计算方法将在 9.4 节详细介绍。

9.3 串行接口的控制寄存器

51单片机串行接口是一个可编程接口,对它的编程只需将两个控制字分别写入特殊功能寄存器:串行接口控制寄存器SCON(98H)和电源控制寄存器PCON(87H)。

9.3.1 串行接口的控制寄存器SCON

51单片机串行通信的方式选择、接收和发送控制及串行接口的标志均由专用寄存器SCON控制和指示,其格式如表9.2所示。

表9.2 SCON寄存器格式

位号	D7	D6	D5	D4	D3	D2	D1	D0
含义	SM0	SM1	SM2	REN	TB8	RB8	TI	RI

SCON中各位的功能如下:

SM0和SM1——串行接口工作方式控制位。

  0 0—方式0, 0 1—方式1

  1 0—方式2, 1 1—方式3

REN——串行接收允许位。

  0—禁止接收, 1—允许接收

TB8——在方式2和方式3中,TB8是发送机要发送的第9位数据。

RB8——在方式2和方式3中,RB8是接收机收到的第9位数据,该数据来自发送机的TB8。

TI——发送中断标志位。发送前必须用软件清零,发送过程中TI保持零电平,发送完一帧数据后自动置1。如果再发送,必须用软件再清零。

RI——接收中断标志位。接收前,必须用软件清零,接收过程中RI保持零电平,接收完一帧数据后自动置1。如果再接收,必须用软件清零。

SM2——多机通信控制位。当选择方式2或方式3时,发送机设置SM2=1,以发送第九位TB8。TB8=1表示作为地址帧寻找从机;TB8=0表示作为数据帧进行通信。从机初始化时设置SM2=1,若接收到的第九位数据RB8=0,不置位RI,则不引起接收中断,即不接收数据帧,继续监听;若接收到的RB8=1,置位RI,则引起接收中断,中断程序中判断所接收的地址帧和本机的地址是否符合,若不符合,则维持SM2=1,继续监听,否则清SM2,接收对方发来的后续信息。

9.3.2 电源控制寄存器PCON

PCON地址为87H,无位地址,不能位寻址,其格式如表9.3所示。串行通信只用其中的最高位SMOD(波特率加倍位)。

表9.3 PCON寄存器格式

位号	D7	D6	D5	D4	D3	D2	D1	D0
含义	SMOD	—	—	—	GF1	GF0	PD	IDL

PCON 的各控制位功能如下：

(1) SMOD——波特率加倍位。在计算串行方式 1、方式 2、方式 3 的波特率时，SMOD=0 为不加倍；SMOD=1 为加倍。初始化时 SMOD=0。

(2) 对于 CHMOS 的单片机，PCON 还有其他几位有效控制位，这些控制位功能如下：
GF1,GF0——通用标志位，用户可作为软件使用标志。

PD——掉电方式位，PD=1 则激活掉电工作方式（片内振荡器停止工作，一切功能停止，V_{CC} 可以降低到 2V 以下）。

IDL——待机方式位，IDL=1 则激活待机方式（供给 CPU 的内部时钟被切断，但串行接口定时器的时钟依然提供，工作寄存器状态被保留）。

视频讲解

9.4 串行接口的工作方式

根据串行通信数据格式和波特率的不同，51 单片机的串行通信有 4 种工作方式，由 SCON 寄存器中的 SM1 和 SM0 两位决定。

1. 方式 0（移位寄存器方式）

方式 0 为移位寄存器方式，其数据格式为 8 位，低位在前、高位在后。RXD 为串行数据的发送端或接收端，TXD 输出频率为 fosc/12 的时钟脉冲，其波特率固定为 fosc/12（fosc 为单片机晶振频率）。这种方式多用于并行接口的扩展，当用单片机构成系统时，如果并行接口不够用，则可通过外接串入并出移位寄存器扩展输出接口，或通过外接并入串出移位寄存器扩展输入接口。

(1) 单片机以方式 0 发送：数据从 RXD 引脚串行输出，TXD 引脚输出同步脉冲。发送数据时，在 TI=0 的情况下，由"MOV SBUF, A"指令把一个数据写入串行接口发送缓冲器时启动发送过程，串行接口将 8 位数据以固定波特率 fosc/12，按先低位后高位的顺序从 RXD 引脚输出。当 8 位数据发送完后，自动将 TI 中断标志位置位，并向 CPU 提出中断申请。若 CPU 可以响应该中断，应先软件复位 TI 标志（TI 不会自动复位），再向 SBUF 传送下一个 8 位数据。

(2) 单片机以方式 0 接收：首先在满足 REN=1 和 RI=0 的条件下，RXD 引脚为串行数据输入端，TXD 引脚输出同步脉冲。接收器以固定波特率 fosc/12，当 8 位数据接收完后，自动将 RI 中断标志位置位，并向 CPU 提出中断申请。在 CPU 响应该中断后，可以使用"MOV A, SBUF"指令读取接收到的 8 位数据信息，在再次接收新的数据之前，应先软件复位 RI 标志（RI 不会自动复位）。

2. 方式 1（波特率可变 10 位）

方式 1 为 10 位异步通信方式，每帧数据由 1 个起始位 0、8 个数据位和 1 个停止位 1，总共 10 位构成。其中起始位和停止位在发送时由串行接口电路自动插入。方式 1 以 TXD 为串行数据的发送端、RXD 为数据的接收端，由 T1 提供移位时钟，属于波特率可变方式，其波特率计算公式为

$$\text{波特率} = (2^{SMOD}/32) \times (\text{T1 的溢出率}) = (2^{SMOD}/32) \times [fosc/12(256-X)]$$

根据给定的波特率，可以计算 T1 的计数初值 X。

定时器/计数器 T1 作为串行接口波特率发生器时，采用定时方式 2。例如，若采用频率

为 11.0592MHz 的晶振,用定时器/计数器 T1 的定时方式 2 作为波特率发生器,根据上述波特率计算公式就可以算出常用波特率对应的 T1 计数初值如表 9.4 所示。

表 9.4 常用波特率对应的 T1 计数初值

常用波特率/bps	晶振频率/MHz	SMOD	TH1 初值
1200	11.0592	0	0E8H
2400	11.0592	0	0F4H
4800	11.0592	0	0FAH
9600	11.0592	0	0FDH
19 200	11.0592	1	0FDH

当单片机以方式 1 发送时,数据从 TXD 引脚串行输出。在 TI=0 的情况下,由"MOV SBUF,A"指令把一个数据写入串行接口发送缓冲器时启动发送过程,串行接口将 SBUF 中的 8 位数据前面加上起始位,后面加上停止位,在移位脉冲的作用下,从 TXD 引脚输出,输出的顺序是:起始位 0,8 个数据位按先低后高的顺序发送,1 个停止位 1。当一帧数据发送完后,硬件自动将 TI 中断标志位置位,TXD 引脚自动维持高电平。若要继续发送下一帧数据,应先软件复位 TI 标志,再重复以上过程。

当单片机以方式 1 接收时,在满足 REN=1 和 RI=0 的条件下,RXD 引脚为串行数据输入端。对 RXD 引脚输入的信息进行采样,当采样到 1 到 0 的跳变时,表明 RXD 上出现起始位,则启动接收器接收一帧数据的其他信息,当这一帧 10 位信息收完后,硬件自动将 RI 中断标志位置位,并向 CPU 提出中断申请。在 CPU 响应该中断后,可以使用"MOV A,SBUF"指令读取接收到的 8 位数据信息,在再次接收新的数据之前,应先软件复位 RI 标志。

3. 方式 2(波特率固定 11 位)

方式 2 是 11 位异步发送/接收方式,即每帧数据由有一个起始位 0,9 个数据位和 1 个停止位 1 组成。发送数据时,第九数据位由 SCON 寄存器的 TB8 位提供,接收到的第九位数据存放在 SCON 寄存器的 RB8 位。第九位数据可作为检验位,也可用于多机通信中识别传送的是地址还是数据的特征位。波特率固定为 $(2^{SMOD}/64) \times fosc$。

4. 方式 3(波特率可变 11 位)

方式 3 的数据格式同方式 2,所不同的是波特率可变,计算公式同方式 1,即

波特率=$(2^{SMOD}/32) \times$(TI 的溢出率)=$(2^{SMOD}/32) \times fosc/[12(256-X)]$

9.5 串行接口的应用编程

视频讲解

在进行单片机串行接口应用编程时要注意以下几方面的问题。

1. 波特率的设置

串行接口的波特率有两种形式:固定波特率和可变波特率。串行接口方式 0 和方式 2 为固定波特率方式,在固定波特率方式下,波特率取决于晶振频率的固定分频;串行接口方式 1 和方式 3 是可变波特率方式,在使用可变波特率时,使用定时器/计数器 T1 的方式 2 作为波特率发生器,使用时应先确定 T1 的工作方式及计数初值,并对 T1 进行初始化。

在使用串行接口方式 0 和方式 2 时,不需要对定时器/计数器 T1 进行设置。在双机通

信或多机通信时,参与通信的单片机波特率和工作方式要一致。

2. 串行接口控制寄存器的设置

需要设置寄存器 SCON 以确定串行接口的工作方式。如果串行接口需要接收则要将其中的 REN 位置 1,以便允许串行接口接收数据;将 TI 位和 RI 位清零,以便做好发送和接收准备。

3. 查询方式和中断方式的选择

根据实际需要选择如下两种方式中的一种进行编程。

(1) 查询方式:查询方式发送程序的流程为:发送一个数据→查询 TI 询发送下一个数据,即先发后查 TI;查询方式接收程序的流程为:查询 RI 方读入一个数据→查询 RI 询读入一个数据,即先查 RI 后收。

(2) 中断方式:如果预先开了中断,当 TI 或 RI 为 1 时,会自动产生中断。中断方式发送程序的流程为:发送一个数据→等待中断,在中断服务程序中再发送下一个数据;中断方式接收程序的流程为:等待中断,在中断服务程序中再接收一个数据。

无论是查询方式还是中断方式,当发送或接收数据后都要注意将 TI 或 RI 清零,因为 TI 和 RI 不会被自动清零,需要用户编程将其清零。

【例 9-1】 甲机用查询方式发送英文字符 X 的 ASCII 码给乙机,要求甲乙双方均采用方式 1 进行数据传输,波特率为 9600bps,晶振频率为 11.0592MHz。

解:方式 1 的波特率 $=(2^{\text{SMOD}}/32) \cdot f_{\text{osc}}/[12(256-X)]$,代入数值得

$$9600 = (2^0/32) \times (11.0592 \times 10^6)/[12(256-X)]$$

解得 X = FDH。

所以 TH1 = TL1 = FDH。

X 的 ASCII 码为 58H。

甲机(发送数据):

```
    ORG 0000H
    LJMP MAIN
    ORG 0100H
MAIN:
    MOV TMOD, #20H      ; 设置 T1 为方式 2
    MOV TH1, #0FDH      ; 设置波特率为 9600
    MOV TL1, #0FDH
    MOV SCON, #40H      ; 设置串行接口为方式 1
    MOV PCON, #00H
    SETB TR1            ; T1 开始计数
    MOV SBUF, #58H      ; 开始发送,发送字母为 X
    JNB TI, $
END
```

乙机(接收数据):

```
    ORG 0000H
    LJMP MAIN
    ORG 0100H
MAIN:
    MOV TMOD, #20H      ; 设置 T1 为方式 2
    MOV TH1, #0FDH      ; 设置波特率为 9600
    MOV TL1, #0FDH
    MOV SCON, #50H      ; 设置串行接口为方式 1,接收方式
```

```
        MOV  PCON, #00H
        SETB TR1                    ;T1 开始计数
        JNB  TI, $                  ;等待接收完毕
        MOV  R0,SBUF                ;将接收的数据保存到 R0
    END
```

【例 9-2】 MCS-51 单片机进行通信,要求甲机将内部 RAM 地址 30H 开始存储的 20 个数据送入乙机器中内部 RAM 地址 40H 开始的存储空间中。要求双方的串行接口均采用方式 1、中断方式进行数据传输。波特率为 4800bps,晶振频率为 11.0592MHz。试分别写出甲乙机器的发送与接收程序。

解:方式 1 的波特率 $=(2^{SMOD}/32) \cdot f_{osc}/[12(256-X)]$,代入数值得

$$4800 = (2^0/32) \times (11.0592 \times 10^6)/[12(256-X)]$$

解得 X=FAH。

所以 TH1=TL1=0FAH。

甲机(发送数据):

```
        ORG   0000H
        AJMP  MAIN
        ORG   0023H                 ;串行接口中断入口
        AJMP  SOUT                  ;跳转到中断服务程序
        ORG   0030H
    MAIN:
        MOV   SCON,#40H             ;采用方式 1,且禁止接收
        MOV   TMOD,#20H             ;定时器采用方式 2
        MOV   TH1,#0FAH             ;定时器初值
        MOV   TL1,#0FAH
        SETB  TR1                   ;启用定时器 1
        SETB  EA                    ;打开中断允许总开关
        SETB  ES                    ;允许串行接口中断
        MOV   R0,#30H               ;存储数据的地址
        MOV   R7,#20                ;控制循环次数
        MOV   A,@R0
        MOV   SBUF,A                ;发送第一个数据
        SJMP  $                     ;死循环,等待中断
    SOUT:
        CLR   TI                    ;发送中断标志位清零
        DJNZ  R7,CONTINUE           ;判断循环是否结束
        CLR ES
    ENDSI:
        RETI
    CONTINUE:
        INC   R0                    ;R0 + 1
        MOV   A,@R0
        MOV   SBUF, A
        SJMP  ENDSI
        END
```

乙机(接收数据):

```
        ORG   0000H
        AJMP  MAIN
        ORG   0023H                 ;串行接口中断入口
        AJMP  SIN                   ;跳转到中断服务程序
        ORG   0030H
    MAIN:
        MOV   SCON,#50H             ;采用方式 1,且允许接收
```

```
        MOV    TMOD,#20H         ;定时器采用方式 2
        MOV    TH1,#0FAH         ;定时器初值
        MOV    TL1,#0FAH
        SETB   TR1               ;启用定时器 1
        SETB   EA                ;打开中断允许总开关
        SETB   ES                ;允许串行接口中断
        MOV    R0,#40H           ;存储数据的地址
        MOV    R7,#20            ;控制循环次数
        SJMP   $                 ;死循环,等待中断
SIN:
        CLR    RI                ;接收中断标志位清零
        MOV    A,SBUF
        MOV    @R0,A
        DJNZ   R7,CONTINUE
        CLR    ES
ENDSI:
        RETI
CONTINUE:
        INC    R0
        SJMP   ENDSI
        END
```

习题

1. 填空题

(1) 将单位信息的各位数据同时传送的通信方式称为_____。将单位信息的各位数据分时、顺序传送的通信方式称为_____。

(2) 51 单片机异步串行通信方式_____的帧格式为 1 个起始位、8 个数据位和 1 个停止位。

(3) 在串行通信中,收发双方对波特率的设定应该是_____的。

(4) 在 51 单片机中,控制串行接口工作方式的寄存器是_____,含有串行接口中断标志的寄存器是_____。含有 SMOD(波特率加倍位)的寄存器是_____。

2. 选择题

(1) 串行接口工作方式 1 的波特率是(　　)。

    A. 固定的,为 fosc/32

    B. 固定的,为 fosc/16

    C. 可变的,通过定时器/计数器 T1 的溢出率设定

    D. 固定的,为 fosc/64

(2) 发送一次串行数据的操作不包含的是(　　)。

    A. CLR TI　　　　　　　　　　B. MOV A,SBUF

    C. JNB TI,$　　　　　　　　　D. MOV SBUF,A

(3) 在进行串行通信时,若两机的发送与接收可以同时进行,则称为(　　)。

    A. 半双工传送　　　　　　　　B. 单工传送

    C. 双工传送　　　　　　　　　D. 全双工传送

(4) 51 单片机芯片的串行接口电平采用的是(　　)。

    A. TTL 电平　　　　　　　　　B. RS-232C 电平

C. RS-422 电平 D. RS-485 电平

(5) 在单片机应用系统中,两线双向长距离(几百米)通信应采用( )。

A. TTL 电平 B. RS-232C 电平

C. RS-422 电平 D. RS-485 电平

(6) 串行接口的控制寄存器 SCON 中,REN 的作用是( )。

A. 接收中断请求标志位 B. 发送中断请求标志位

C. 串行接口允许接收位 D. 地址/数据位

3. 判断题

(1) 串行接口控制寄存器 SCON(地址是 98H)是可按位寻址的控制寄存器。( )

(2) 要进行多机通信,MCS-51 串行接口的工作方式应为方式 1。( )

(3) 根据信息的传递方向,串行通信通常有 3 种:单工、半单工和全双工。( )

(4) MCS-51 的串行接口有 4 种工作方式:方式 1、方式 2、方式 3、方式 4。( )

(5) MCS-51 发送数据的第 9 数据位的内容是在 SCON 寄存器的 TB8 位中预先准备好的。( )

(6) MCS-51 串行通信帧发送时,指令把 TB8 位的状态送入发送 SBUF 中。( )

(7) MCS-51 串行通信接收到的第 9 位数据送 SCON 寄存器的 RB8 中保存。( )

(8) MCS-51 串行接口方式 1 的波特率是可变的,通过定时器/计数器 T1 的溢出率设定。( )

4. 简答题

(1) 为什么定时器/计数器 T1 用作串行接口波特率发生器时,常采用方式 2?若已知时钟频率、通信波特率,如何计算其初值?

(2) 试解释单工、半双工、全双工的概念。

(3) 若晶体振荡器为 11.0592MHz,串行接口工作于方式 1,波特率为 4800bps,写出用 T1 作为波特率发生器的方式控制字和计数初值。

(4) 简述串行接口接收和发送数据的过程。

(5) AT89C51 单片机串行接口,传送数据的帧格式由 1 个起始位(0)、7 个数据位、1 个偶校验和 1 个停止位(1)组成。当该串行接口每分钟传送 1800 个字符时,试计算出它的波特率。

(6) 为什么 AT89C51 单片机串行接口的方式 0 帧格式没有起始位(0)和停止位(1)?

(7) RS-232C 总线标准是如何定义其逻辑电平的?实际应用中可以将 MCS-51 单片机串行接口和 PC 的串行接口直接相连吗?为什么?

(8) 设计一个单片机的双机通信系统,并编写通信程序。将甲机内部 RAM 30H~3FH 存储区的数据块通过串行接口传送到乙机内部 RAM 40H~4FH 存储区中。

第 10 章　51 单片机的扩展

CHAPTER 10

单片机被广泛用于工业控制、智能接口、仪器仪表、家用电器、计算机外设等各个领域。对于小型的应用系统，单片机内部已经有比较丰富的资源，例如，一般单片机内部都具有并行接口、串行接口、ROM、RAM 等资源，通常不需要扩展。但对于复杂的应用场景，单片机内的 RAM、ROM 和 I/O 接口等资源不足，就需要进行扩展。单片机的系统扩展主要是指对外接数据存储器、程序存储器或 I/O 接口等资源的扩展。

视频讲解

10.1　单片机系统总线和系统扩展方法

10.1.1　单片机系统的引脚

单片机是通过地址总线、数据总线和控制总线与外部交换信息的，因此在进行资源扩展时，首先需要了解单片机的系统总线及其功能、系统扩展的原则等。51 单片机的系统总线信号如图 10.1 所示。

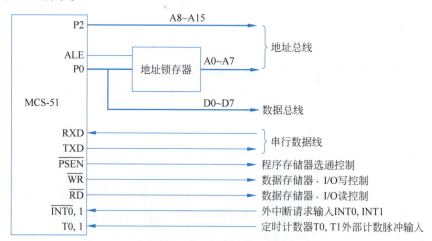

图 10.1　51 单片机的系统总线信号

51 单片机在进行扩展时，需要注意以下几点：

（1）由于 P0 分时传送地址/数据信息，在接口电路中通常配置地址锁存器，用 ALE 信号锁存低 8 位地址 A0～A7，以分离地址和数据信息。

（2）P2 口传送高 8 位地址 A8～A15。

（3）$\overline{PSEN}$ 为程序存储器的控制信号，在取指令码时或执行 MOVC 指令时变为有效；$\overline{RD}$、$\overline{WR}$ 为数据存储器和 I/O 接口的读、写控制信号，在执行 MOVX 指令时变为有效。

10.1.2 外围芯片的引脚

通常情况下，单片机扩展的外围芯片也具备三总线，即数据线、地址线和读、写控制线。另外，为区分系统中不同的外围芯片，外围芯片上还设有片选信号。只有芯片的片选有效时，芯片才处于工作状态。外围芯片的引脚规律如下：

（1）外围芯片的数据线一般是 8 根，可以很方便地直接与 51 单片机数据总线直接相连。

（2）外围芯片的地址线根数因芯片不同而不同，取决于片内存储单元的个数或 I/O 接口内寄存器（又称为端口）的个数，N 根地址线和单元的个数的关系是：单元的个数 = 2^N。

（3）读控制线一般用符号 $\overline{OE}$ 或 $\overline{RD}$ 表示，其中，$\overline{OE}$ 表示输出允许，$\overline{RD}$ 表示读允许，一般都是低电平有效。

（4）写控制线一般用符号 $\overline{WE}$ 或 $\overline{WR}$ 表示写允许，一般都是低电平有效。

（5）外围芯片通常有一个片选引脚 $\overline{CS}$ 或 $\overline{CE}$，表示芯片选择或芯片允许，一般都是低电平有效。仅当片选引脚为有效电平时，该芯片才会被选中使用总线。因此，一个芯片的某个单元或 I/O 接口的某个端口的地址由片选地址和片内自选地址共同组成。

10.1.3 系统扩展的方法

1. 系统扩展的连线原则

系统的扩展归结为三总线的连接，连接的方法很简单，连线时应循下列原则。

（1）连接的双方数据线连数据线，地址线连地址线，控制线连控制线。

（2）使用相同控制信号的芯片之间，不能有相同的地址；使用相同地址的芯片之间，控制信号不能相同。

（3）片选信号有效的芯片才被选中工作。当一类芯片仅一片时片选端可接地；当同类芯片有多片时，片选端可通过线译码、部分译码、全译码的方式与单片机的地址线（通常是高位地址线）相连。在单片机中多采用线选法。

2. 数据线的连接

对于并行接口的外围芯片，其数据线通常为 8 位，外围芯片的数据线 D0~D7 与单片机的数据线 D0~D7 直接相连。

3. 控制线的连接

1）扩展程序存储器

程序存储器为只读，$\overline{PSEN}$ 为单片机的程序存储器的选通控制信号，因此需要单片机的 $\overline{PSEN}$ 引脚与扩展 ROM 芯片的 $\overline{OE}$（输出允许）引脚相连。

2）扩展数据存储器和 I/O 接口

由于数据存储器可读可写，$\overline{RD}$(P3.7)和 $\overline{WR}$(P3.6)引脚为单片机的数据存储器和 I/O 接口的读写控制信号，因此单片机的 $\overline{RD}$ 引脚应与扩展芯片的 $\overline{OE}$（输出允许）或 $\overline{RD}$ 引脚相连，单片机的 $\overline{WR}$ 应与扩展 RAM 芯片的 $\overline{WR}$ 或 $\overline{WE}$ 引脚相连。

为区别同类型的不同芯片，外围芯片通常还会有一个被称为片选（$\overline{CS}$ 或 $\overline{CE}$）的控制信号。仅当该引脚为有效电平(通常为低电平)时,该芯片才被选中。当接入单片机的某类芯片仅有一片时,该芯片的片选引脚可直接接地,使它始终处于选中状态。

4. 地址线的连接

通常,扩展芯片的地址线根数小于 CPU 地址总线的根数,扩展芯片有 N 根地址线与 CPU 地址总线的低 N 位相连,用于选择片内的存储单元或端口,CPU 的这些地址线称为字选地址线或片内地址线,CPU 剩下的高位地址线称为片选地址线。一个芯片的某个单元或某个端口在单片机中的地址由片选地址和片内字选择地址共同组成,如图 10.2 所示。

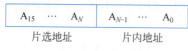

图 10.2 片选地址与片内地址

因此,字选和片选引脚均应接到单片机的地址线上。连线的方法如下:

(1) 字选地址线的连接方法。

外围芯片的字选(片内)地址线直接接到单片机地址总线的从 A0 开始的低位地址线。

(2) 片选地址线的连接方法。

外围芯片的片选信号需要与单片机高位地址线中的某一根相连(线选法),或者通过线译码、部分译码、全译码的方式与单片机的地址线(通常是高位地址线)相连。

10.1.4 译码方法

视频讲解

单片机系统扩展中所用到的译码方法一般有线选法和译码法两种。

1. 线选法

线选法直接将高位地址线中的某一根作为扩展芯片的片选信号线,每一片扩展芯片使用一根高位地址线。线选法的优点在于地址信号不需要译码而直接与扩展芯片相连,省去了地址译码器;缺点在于地址资源浪费较严重。

线选法的实例如图 10.3 所示。采用线选法用 3 片 2764 扩展 24KB 的外部程序存储器。由于每片 2764 为 8KB 的 EPROM,为了对其内部存储单元编址,需要 13 根地址线(2^{13}=8KB),即需要 13 根字选线。其中,低 8 位由 P0 口提供,高 5 位由 P2.0~P2.4 提供。P2 口剩下的 P2.5~P2.7 作为片选线,分别接每个芯片的片选端 $\overline{CE}$。

为了选中 IC1 芯片,P2.5 应为 0,其余片选线应为 1,即 P2.6 和 P2.7 均为 1,否则 IC2 和 IC3 芯片就会被同时选中,同时选中 1 片以上的 ROM 是不允许的。这是由于 IC1、IC2、IC3 都属于 ROM 地址空间,其控制信号均为 $\overline{PSEN}$,因而,任一时刻只能选中其中一块芯片,否则会产生地址重叠。

在图 10.3 中,对于 IC1 而言,为了选中该芯片,则 P2.5=0,P2.6=1,P2.7=1,即地址总线高 3 位 A15~A13 为 110,而 A12~A0 的范围为 0000000000000~1111111111111。其中,低 8 位 A7~A0 由 P0 口提供(通过 74LS373 地址锁存器与数据总线分时复用),高 5 位 A12~A8 由 P2.0~P2.4 提供。由于这 13 位的每位要么是 0 要么是 1,因而,此 13 位最小的地址编码为 0000000000000,即每位均为 0,最大的地址编码为 1111111111111,即每位均为 1,所以,其范围为 0000000000000~1111111111111,将此 13 位的地址范围再综合高 3 位 110,可得出 IC1 芯片的地址编码为 1100000000000000~1101111111111111,即 C000H~DFFFH。同理,IC2 为 A000H~BFFFH; IC3 为 6000H~7FFFH。由此可见,此 3 个芯片所占用的地址在 64KB 的空间范围内是不连续的,且最小地址为 6000H,并不是起始地址 0000H。

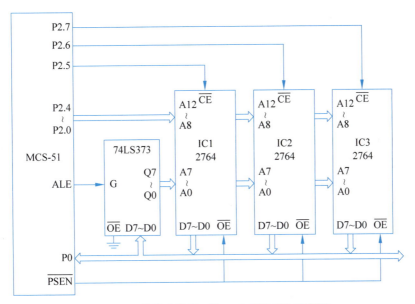

图 10.3　线选法扩展 3 片 8KB EPROM 示意图

在如图 10.3 所示的电路中,单片机片外扩展了 3 片 ROM,每块 ROM 芯片均需一根线作为其片选线。如果只需扩展一片 ROM,则可选 P2.5、P2.6、P2.7 中任一根线作为该片 ROM 芯片的片选线。假设选择 P2.6 作为片选线,则高 3 位地址为 A15~A13 为 X 0 X。其中,X 既可以为 0,也可为 1,因为此时 P2.5 和 P2.7 未用,属于地址无关位。因此,此片扩展的 ROM 芯片的地址范围为 X0X00000000000000~X0X1111111111111,若 X 取 0,则其地址范围为 0000H~1FFFH;若 X 取 1,则其地址范围为 A000H~BFFFH。

另外,如果片外扩展的芯片只有一片,其片选端可直接接地,表示该芯片始终选通,此时,就可省掉片选线。

线选法的另外一个实例如图 10.4 所示,采用线选法扩展 2 片 8KB ROM 和 2 片 8KB RAM。其中,ROM 的型号为 2764,RAM 的型号为 6264。ROM 的 $\overline{OE}$ 引脚接单片机的 $\overline{PSEN}$ 引脚,RAM 的 $\overline{WE}$ 和 $\overline{OE}$ 引脚分别接单片机的 $\overline{WR}$ 和 $\overline{RD}$ 引脚。由于 ROM 和 RAM

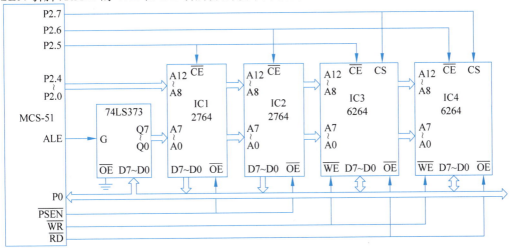

图 10.4　线选法扩展 2 片 8KB ROM 和 2 片 8KB RAM 的示意图

的控制信号不同,它们属于不同的地址空间,其地址可以重叠,因而在图 10.4 中,P2.5 接 IC1 和 IC3 的片选端 $\overline{CE}$,P2.6 接 IC2 和 IC4 的片选端 $\overline{CE}$。如果 P2.5＝0,IC1 和 IC3 都被选中,但 IC1 为 ROM,IC3 为 RAM,同时选中不会发生冲突;同理,如果 P2.6＝0,IC2 和 IC4 同时被选中也不会发生冲突。但是,IC1 和 IC2 不能同时被选中,IC3 和 IC4 也不能同时被选中。

为了选中 6264 芯片,除了其 $\overline{CE}$ 引脚要为低电平外,其 $\overline{CS}$ 引脚还要为高电平。为此,在图 10.4 中,用 P2.7 来给两片 6264 的/CS 引脚提供高电平。当然,此两片 6264 的/CS 引脚可直接连接 VCC。

图 10.4 中各个芯片的地址范围分析如下:

为了选中 IC1 和 IC3,P2.7＝1(6264 芯片要求 CS 引脚为高电平),P2.6＝1(IC1 和 IC3 被选中时,IC2 和 IC4 不能被同时选中),P2.5＝0,即地址总线高 3 位 A15～A13 为 110,字选地址 A12～A0 的范围为 0000000000000～1111111111111,因而 IC1 和 IC3 的地址范围为 1100000000000000～1101111111111111,即 C000H～DFFFH。同理 IC2 和 IC4 为 A000H～BFFFH。

在图 10.4 中,如果两片 6264 的 CS 引脚均直接接 VCC,而不接 P2.7,即 P2.7 不用,则各芯片地址范围的推导如下:为了选中 IC1 和 IC3,P2.7＝X,即,P2.7 既可为 0,也可为 1,属地址无关位,P2.6＝1,P2.5＝0,即地址总线高 3 位 A15～A13 为 X10,则 X100000000000000～X101111111111111 为 IC1 和 IC3 的地址范围。若 X 取 1,则为 C000H～DFFFH;若 X 取 0,则为 4000H～5FFFH。同理,若 P2.7＝1,则 IC2 和 IC4 的地址范围为 A000H～BFFFH;若 P2.7＝0,则 IC2 和 IC4 的地址范围为 2000H～3FFFH。

2. 译码法

译码法分部分译码法和全译码法。部分译码法是用片内寻址剩下的高位地址线中的一部分进行译码,全译码是用片内寻址剩下的所有的高位地址线进行译码。

相对于线选法,译码法的缺点是要增加地址译码器,其优点是地址唯一。

译码法的一个实例如图 10.5 所示,采用译码法用 4 片 6264 扩展 32KB 外部数据存储器。由于每片 6264 为 8KB 的 RAM,为了对其内部存储单元编址,需要 13 根地址线,即 13 根

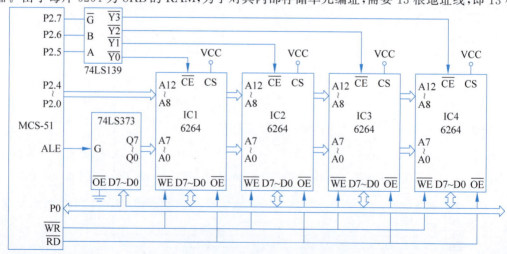

图 10.5 译码法扩展 4 片 8KB RAM 的示意图

字选线。其中的低 8 位由 P0 口通过 74LS373 地址锁存器与数据总线分时复用后提供,高 5 位由 P2.0~2.4 提供。每片 6264 的 CS 引脚接 VCC,$\overline{CE}$ 引脚分别与译码器 74LS139 的输出端相连。74LS139 是双 2-4 译码器。每个译码器有 1 个使能端 $\overline{G}$(低电平选通)、2 个选择输入端 B 和 A,有 4 个译码输出端,输出低电平有效。74LS139 译码器的真值表如表 10.1 所示。从真值表看出,只有使能端 $\overline{G}$ 为低电平时,才能选通译码器,对应输入端 B 和 A 的每种输入状态 4 个输出端中只有一个为低电平,即任一时刻只能选中一个芯片。

除了 74LS139 外,还有 3-8 译码器 74LS138 以及 4-16 译码器 74LS154 等。

表 10.1　74LS139 的真值表

输	入		输	出		
使能	选择		$\overline{Y0}$	$\overline{Y1}$	$\overline{Y2}$	$\overline{Y3}$
$\overline{G}$	B	A				
1	×	×	1	1	1	1
0	0	0	0	1	1	1
0	0	1	1	0	1	1
0	1	0	1	1	0	1
0	1	1	1	1	1	0

图 10.5 中各个芯片的地址范围分析如下:对 IC1 而言,为了选中该芯片,$\overline{Y0}$ 端应为低电平,而 $\overline{Y1}=\overline{Y2}=\overline{Y3}=1$。通过查表 10.1 可知,此时有 $\overline{G}=B=A=0$,即 $P2.7=P2.6=P2.5=0$,即地址总线高 3 位 A15~A13 为 000。同前所述,A12~A0 的地址范围为 000000000000~111111111111,则 IC1 芯片的地址编码为 0000000000000000~0001111111111111,即 0000H~1FFFH。同理,IC2 为 2000H~3FFFH;IC3 为 4000H~5FFFH,IC4 为 6000H~7FFFH。由此可见,此 4 个芯片所占用的地址在 64KB 的空间范围内是连续的,且起始地址为 0000H。

10.2　时序

10.2.1　信号与时序

1. 外部程序存储器读周期的时序

单片机扩展外部程序存储器的读周期的时序如图 10.6 所示。

(1) ALE 在一个程序存储器读周期内两次有效;

(2) 在 ALE 第 1 个下降沿,P0 口输出的低 8 位地址存入地址锁存器;

(3) 同时高 8 位地址由 P2 口直接送到程序存储器;

(4) $\overline{PSEN}$ 在低电平时有效,将数据读出;

(5) 读出的数据通过 P0 口送回单片机。

2. 外部数据存储器读/写周期时序

单片机扩展外部数据存储器的读周期的时序如图 10.7 所示,写周期的时序如图 10.8 所示。

读周期的具体过程为:

(1) 在 ALE 下降沿,P0 口输出的低 8 位地址 A7~A0 被锁存;

(2) P2 口此时也将高 8 位地址直接送出;

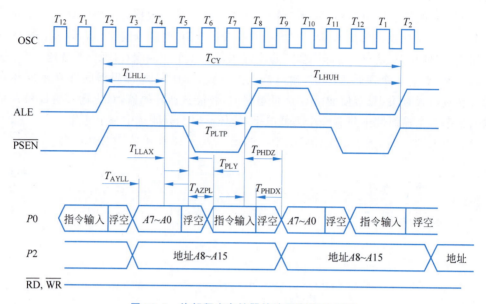

图 10.6 外部程序存储器的读周期的时序图

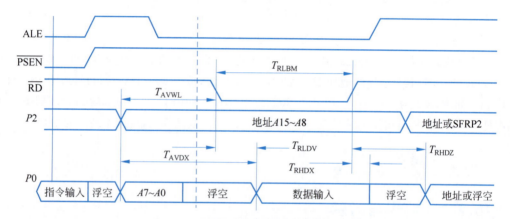

图 10.7 外部数据存储器的读周期的时序

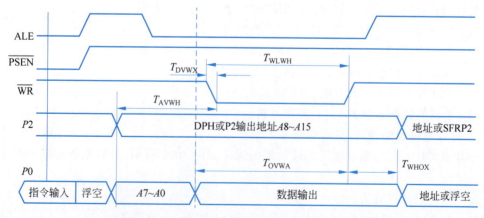

图 10.8 写周期的时序

(3) 读控制信号 $\overline{RD}$ 有效,从数据存储器中读取数据;

(4) 读取的数据经过 P0 口输入单片机中,完成一次读操作。

写周期的具体过程为:

(1) 在 ALE 下降沿,P0 口输出的低 8 位地址 $A7\sim A0$ 被锁存;

(2) P2 口此时也将高 8 位地址直接送出;

(3) 写控制信号 $\overline{WR}$ 有效,单片机将数据传输(写)给数据存储器;

(4) 写出的数据经过 P0 口输出到数据存储器中,完成一次写操作。

10.2.2 编程访问

51 单片机对扩展的外部 ROM 访问要使用 MOVC 指令,并且使用基址变址寻址方式,使用的指令有两条:MOVC A,@A+DPTR 及 MOVC A,@A+PC。

例如,要将扩展的外部 ROM 的 1208H 地址单元的内容读入累加器 A,可编程如下:

```
MOV A, #00H
MOV DPTR, #1208H
MOVC A, @A + DPTR
```

或

```
MOV A, #00H
MOV PC, #1208H
MOVC A, @A + PC
```

51 单片机对扩展的外部 RAM 访问要使用 MOVX 指令,并且使用间接寻址方式,使用寄存器 Ri(i=0,1)或 DPTR 来提供间接地址,所读写的数据只能放在累加器 A 中。例如,要将扩展的外部 RAM 的 1208H 地址单元的内容读入累加器 A,程序有两种写法:

```
MOV    P2, #12H        ;P2 口提供高位地址
MOV    R0, #08H        ;Ri 提供低 8 位地址
MOVX   A, @R0          ;外部 RAM 的数据→数
```

或

```
MOV    DPTR, #1208H    ;16 位地址→地址→8
MOVX   A, @DPTR        ;外部 RAM 的数据→数
```

如要将累加器 A 的内容写入扩展的外部 RAM 的 1208H 地址单元中,程序有两种写法:

```
MOV    P2, #12H        ;P2 口提供高位地址
MOV    R0, #08H        ;Ri 提供低 8 位地址
MOVX   @R0, A          ; A 外部 RAM 的数据
```

或

```
MOV    DPTR, #1208H    ;16 位地址→地址→8
MOVX   @DPTR, A        ; A1 外部 RAM 的数据
```

10.3 I/O 接口的扩展

10.3.1 基本概念

1. 接口的功能

接口是介于主机与外部设备之间的一种电路,其主要功能是:向主机提供外设的工作

视频讲解

状态和数据；向外部设备传送来自主机的命令和数据。

对于输入接口，其基本功能是三态缓冲。只有当输入接口被选中时，输入接口电路才被选通，外设可以将数据传送到系统的数据总线上。当输入接口没有被选中时，输入接口的三态缓冲器处于高阻态，相当于三态缓冲器的输出端和与系统数据总线断开。

对于输出接口，其基本功能是数据锁存器。CPU 在通过接口向外设输出数据时，是通过总线写周期来实现的。在总线写周期中，数据出现在系统数据总线上的时间是短暂的，因此需要在输出接口电路中使用数据锁存器来暂存 CPU 向外设传送的数据。

因此，在设计接口电路的时候，必须遵循"输入要三态，输出要锁存"的基本原则。

2. 接口的编址方式

（1）接口与存储器分别独立编址方式：如 80x86 系列、Z80 系列采样这种方式，其特点是：接口与存储器分别独立编址，接口不占用内存空间；有专门的 I/O 指令对接口进行读写，对内存操作的指令不能用于接口。

（2）接口与存储器统一编址方式：如 Motorola 的 M6800 系列及日立 H8S 单片机系列采样这种方式，其特点是：接口相当于内存的一部分，使内存容量减小；对接口的读/写与对存储器的读/写指令和时序相同，指令系统中不专设 I/O 操作指令。

通常情况下，接口地址也称为端口地址。

3. 基本的输入/输出操作方法

CPU 通过接口与外设进行数据传送的方法主要有主程序控制的输入/输出方式、中断控制的输入/输出方式、直接存储器存取方式和专用 I/O 处理器方式等。

1）主程序控制的输入/输出方式

主程序控制的输入/输出方式是指利用输入/输出指令来完成主机与外设的数据传送。在这种方式下，传送的过程是事先安排的，可分为无条件传送和有条件传送。

无条件传送是指程序执行到 I/O 指令时，立即无条件地执行 I/O 操作；有条件传送是指 CPU 在传送数据前查询外设是否准备就绪，若就绪则进行数据传送。因此有条件传送能保证主机与外设间协调同步工作，但其缺点是查询操作会浪费 CPU 时间。

2）中断程序控制的输入/输出方式

在中断程序控制的输入/输出方式下，只有当外设要传送数据时才向 CPU 发出中断请求。该方式下外设处于主动地位，实时性较好。其缺点是：一方面，为能接收中断请求，CPU 必须提供中断接口；另一方面，中断响应和处理浪费较多 CPU 时间。

3）直接存储器存取方式

直接存储器存取（Direct Memory Access，DMA）方式是在存储器与 I/O 设备间直接进行数据传送。这种传送方式下，数据并不经过 CPU，因此其优点是速度快，缺点是需要使用 DMA 控制器，硬件连接较复杂。

4）专用 I/O 处理器方式

专用 I/O 处理器方式是采用专用的 I/O 处理器（IOP）（如 8089 芯片）进行数据传输。这种专用的 I/O 处理器负责完成各种 I/O 操作与控制，因此减轻了 CPU 进行 I/O 操作的负担。在 I/O 设备数量较多时，或者 CPU 与外设交换数据量较大时，采用这种方式。

10.3.2 通用锁存器、缓冲器的扩展

用 74LS244 和 74LS273 芯片扩展输入接口和输出接口的扩展电路如图 10.9 所示。

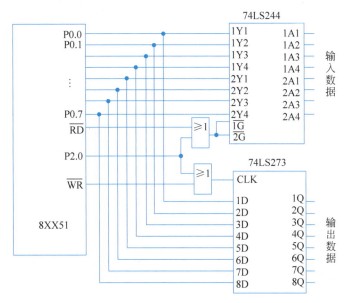

图 10.9　51 单片机扩展缓冲器和锁存器 I/O 接口

74LS244 的选通信号由 $\overline{RD}$ 和 $P2.0$ 相或产生。当执行读取 74LS244 芯片的指令时，$\overline{RD}$ 和 $P2.0$ 有效，打开 74LS244 控制门，从而把数据通过 74LS244 读入 8XX51。

74LS273 的选通信号由 $\overline{WR}$ 和 $P2.0$ 相或产生，通过执行写数据到 74LS273 芯片的指令，$\overline{WR}$ 和 $P2.0$ 有效，使 8XX51 的数据向 74LS273 输出。

74LS273、74LS244 有相同的地址 FEFFH(即：只需保证 $P2.0=0$，其他地址位无关紧要)，然而由于使用不同的控制信号 $\overline{RD}$ 或 $\overline{WR}$，它们地址相同却不会发生数据传送冲突。

例如，将 74LS244 的输入数据从 74LS273 输出只需使用如下指令：

```
MOV    DPTR, #0FEFFH    ;DPTR 指向扩展 I/O 地址
MOVX   A, @DPTR         ;从 74LS244 读入数据
MOVX   @DPTR,A          ;向 74LS273 输出数据
```

10.4 存储器和 I/O 综合扩展举例

视频讲解

设某一单片机应用系统,需外扩 4KB 的 EPROM(一片 2732),4KB 的 RAM(两片 6116),还需外扩两片 8255 并行接口芯片。这些芯片与 MCS-51 单片机的连接电路如图 10.10 所示。

图 10.10 扩展电路各芯片的地址范围见表 10.2。

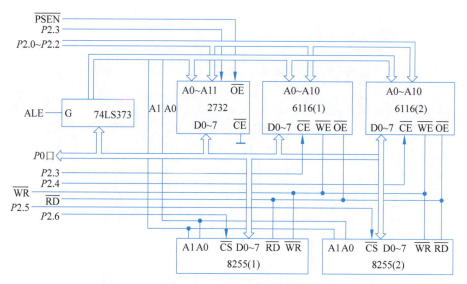

图 10.10 线选法应用实例

表 10.2 图 10.10 扩展电路中各芯片的地址范围

地址线与 I/O 接口	A15 P2.7	A14 P2.6	A13 P2.5	A12 P2.4	A11 P2.3	A10~A7 P2.2~P0.7	A6~A1 P0.6~P0.1	A0 P0.0	
2732 地址	0 0	0 0	0 0	0 0	0 1	0…0 1…1	0…0 1…1	0 1	0000H~ 0FFFH
6116(1)地址	1 1	1 1	1 1	1 1	0 0	0…0 1…1	0…0 1…1	0 1	0F000H~ 0F7FFH
6116(2)地址	1 1	1 1	1 1	0 0	1 1	0…0 1…1	0…0 1…1	0 1	0E800H~ 0EFFFH
8255(1)地址	1 1	0 0	1 1	1 1	1 1	1…1 1…1	1…0 1…1	0 1	0BFFCH~ 0BFFFH
8255(2)地址	1 1	1 1	0 0	1 1	1 1	1…1 1…1	1…0 1…1	0 1	0DFFCH~ 0DFFFH

习题

1. 填空题

(1) 在扩展中,无论是线选法还是译码法最终都是为扩展芯片的片选端提供_____控制信号。

(2) 起止范围为 0000H~3FFFH 的存储器的容量是_____KB。

(3) 11 根地址线可选_____个存储单元,16KB 存储单元需要_____根地址线。

(4) 4KB RAM 存储器的首地址若为 0000H,则末地址为_____H。

2. 选择题

(1) 区分 AT89C51 单片机片外程序存储器和片外数据存储器的最可靠方法是(_____)。

    A. 看其位于地址范围的低端还是高端

    B. 看其离 AT89C51 单片机芯片的远近

  C. 看其芯片的型号是 ROM 还是 RAM

  D. 看其是与 $\overline{\text{RD}}$ 信号连接还是与 $\overline{\text{PSEN}}$ 信号连接

（2）某种存储器芯片是 16KB，那么它的地址线有（　　）。

  A. 11 根   B. 12 根   C. 13 根   D. 14 根

（3）当 8031 外扩程序存储器 8KB 时，需使用 EPROM 2716（　　）。

  A. 2 片   B. 3 片   C. 4 片   D. 5 片

（4）51 单片机复位时，P0～P3 口锁存器的状态为（　　）。

  A. 00H   B. 80H   C. FFH   D. 不确定

（5）I/O 设备经接口与单片机连接，不传输数据时对总线呈高阻，这是利用接口的（　　）功能。

  A. 数据锁存   B. 三态缓冲   C. 时序协调   D. 信号转换

（6）对于 8051 单片机，当其引脚 EA 接高电平时，可扩展的外部程序存储器最大为（　　）KB。

  A. 32   B. 60   C. 64   D. 128

（7）8051 单片机的 P2 口除作为输入/输出接口使用外，还可以作为（　　）使用。

  A. 低 8 位地址总线   B. 高 8 位地址总线   C. 数据总线   D. 控制总线

3. 简答题

（1）若 51 系列单片机进行了系统扩展，其 P0、P2 还能作为 I/O 接口使用吗？它们在系统扩展后的功能是什么？

（2）当单片机应用系统中数据存储器 RAM 地址和程序存储器 EPROM 地址重叠时，它们内容的读取是否会发生冲突，为什么？

（3）设某一 8031 单片机系统，拟扩展 2 片 2764 EPROM 芯片和 2 片 6264 SRAM 芯片，试画出电路图，并说明存储器地址分配情况。

（4）试用 1 片 74LS244 和 1 片 74LS273 为 8031 扩展 8 位输入端口和 8 位输出端口，8 位输入端口各接 1 个开关，8 位输出端口各接 1 个发光二极管，要求按下 1 个开关，相对应的发光二极管发光。试画出硬件连接图并编写程序。

第 11 章　嵌入式系统概述

CHAPTER 11

第 1～10 章介绍了计算机系统的基础知识,并详述了单片机系统的原理、构成和应用。从本章开始,将介绍嵌入式系统及其应用的相关知识。本章的主要内容是介绍嵌入式系统相关的基本概念。

11.1　嵌入式系统

嵌入式系统是伴随着计算机技术、电子技术、集成电路技术等的发展而发展的,经过几十年的不断进步,嵌入式系统已经在很大程度上改变了人们的生活、工作和娱乐方式,而且这些改变还在不断加速。

嵌入式系统具有很多种类,每一种都具有自己独特的个性,例如,日常生活中常见的移动电话、路由器、数码相机、打印机中的嵌入式系统,不论从外观还是内部结构来说都大不相同。汽车中嵌入式系统则更为复杂,一辆汽车往往含有多个嵌入式系统,这些嵌入式系统使汽车使用起来更方便、更人性化,驾驶体验更轻松。

嵌入式系统的构成,从范围上可以分广义和狭义两个方面。从广义上说,嵌入式系统由微处理器、硬/软件系统构成;从狭义上说,嵌入式系统由嵌入式微处理器、操作系统、特定功能、专用硬/软件系统构成。

1. 现实中的嵌入式系统

嵌入式系统在很多行业中得到了广泛的应用,并逐步改变着这些行业,包括工业自动化、国防、运输和航天等相关的行业和领域。例如,神舟飞船和长征火箭中的嵌入式系统,导弹的制导系统中使用的嵌入式系统,高档汽车中也有多达几十个嵌入式系统。

在日常生活中,人们使用各种嵌入式系统,但人们不一定意识到它们的存在。事实上,几乎所有带有一点"智能"的家电(例如,全自动洗衣机、智能电饭煲、照相机、移动电话等)都使用嵌入式系统。嵌入式系统具有广泛的适应能力和多样性,这使得视听、工作场所、交通出行,甚至休闲娱乐设施中都有嵌入式系统的身影。

2. 嵌入式系统的概念

目前,对嵌入式系统的定义是多种多样的,但没有一种定义可以做到全面概括。下面给出两种比较常见且合理的定义:

(1) 从技术的角度定义。嵌入式系统是以应用为中心,以计算机技术为基础,软硬件可裁剪,能够满足应用系统对功能、可靠性、成本、体积、功耗严格要求的专用计算机系统。

(2) 从系统的角度定义。嵌入式系统是设计完成复杂功能的硬件和软件,并使其紧密耦合在一起的计算机系统。

嵌入的对象系统中可以有多个嵌入式系统共存。

从嵌入式系统的定义来看,嵌入式系统具有 3 个最基本的要素,即计算机系统、专用、嵌入。嵌入式系统从本质上来说是计算机系统,但其在应用中表现出来是专用性,并且是内嵌到更大的对象系统中的。

3. 嵌入式系统的发展历程

嵌入式系统的发展历程可以分为如下 4 个阶段:
(1) 20 世纪 70 年代,单片机(嵌入式的萌芽阶段)出现;
(2) 20 世纪 80 年代,实时操作系统内核出现;
(3) 20 世纪 90 年代,实时多任务操作系统出现;
(4) 21 世纪,面向 Internet 应用。

11.2 嵌入式系统的特点、分类和应用

1. 嵌入式系统的特点

嵌入式系统具有如下特点:系统内核小、专用性强、系统精简、高实时性、多任务的操作系统、需要专门的开发工具和环境(自身不具备开发工具和环境)。

2. 嵌入式系统的分类

由于嵌入式系统由硬件和软件两大部分组成,所以其分类也可以从硬件和软件两方面进行。

1) 嵌入式系统的硬件

嵌入式系统的硬件分类主要取决于处理器的分类。一般来说,嵌入式系统的处理器可以分为嵌入式微控制器(Micro Controller Unit,MCU)、嵌入式 DSP(Digital Signal Processor)处理器、嵌入式微处理器(Micro Processor Unit,MPU)、嵌入式片上系统(System on Chip,SoC),如图 11.1 所示。

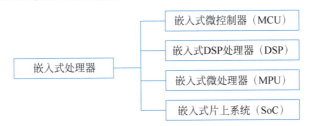

图 11.1 嵌入式系统的处理器分类

(1) 嵌入式微控制器。

嵌入式微控制器又称单片机,它是将整个计算机系统的主机部分集成到一块芯片中。嵌入式微控制器一般以某一种微处理器内核为核心,芯片内部集成 ROM/EPROM/EEPROM/Flash ROM、RAM、总线、总线逻辑、定时器/计数器、WatchDog、I/O、串行接口、脉宽调制输出、A/D、D/A 等各种必要功能的接口和存储器电路。为适应不同的应用需求,一般一个系列的单片机具有多种衍生产品,每种衍生产品的处理器内核都是一样的,不同的

是存储器和接口电路的配置及封装。这样可以使单片机最大限度地与应用需求相匹配,功能不多不少,从而减少功耗和成本。

嵌入式微控制器的最大特点是单片化,体积大幅度减小,从而使功耗和成本下降、可靠性提高。微控制器是目前嵌入式系统领域的主流。之所以称其为微控制器,是因为微控制器的片上接口资源一般比较丰富,比较适合作为控制器设备的核心。

嵌入式微控制器目前的品种和数量最多,比较有代表性的通用系列包括 8051、P51XA、MCS-251、MCS-96/196/296、C166/167、MC68HC05/11/12/16、68300 以及数目众多的 ARM 芯片等。目前 MCU 占嵌入式系统约 70% 的市场份额。

(2) 嵌入式 DSP 处理器。

DSP 处理器对系统结构和指令进行了特殊设计,使其适合于执行 DSP 算法,编译效率较高,指令执行速度也较高。在数字滤波、FFT、谱分析等方面,DSP 算法正在大量进入嵌入式领域,DSP 应用正从在通用单片机中以普通指令实现 DSP 功能,过渡到采用嵌入式 DSP 处理器。

嵌入式 DSP 处理器比较有代表性的产品是 Texas Instruments 的 TMS320 系列和 Motorola 的 DSP56000 系列。TMS320 系列处理器包括用于控制的 C2000 系列,用于移动通信的 C5000 系列,以及性能更高的 C6000 和 C8000 系列。

(3) 嵌入式微处理器。

在嵌入式系统的处理器实际应用中,往往将 MPU 装配在专门设计的电路板上,只保留与嵌入式应用有关的功能,这样可以大幅度减小系统体积和功耗。在这种应用中,将嵌入式微处理器及其存储器、总线、外设等安装在一块电路板上,这样的嵌入式系统被称为单板计算机。如工业控制领域常见的 STD-BUS、PC104 等。

(4) 嵌入式片上系统。

随着 EDA 的推广和 VLSI 设计的普及化,以及半导体工艺的迅速发展,在一个硅片上已经可以轻松地实现一个更为复杂的电子系统,这种系统就是 SoC。在进行嵌入式片上系统设计时,各种通用处理器内核将作为 SoC 设计公司的标准库,和许多其他嵌入式系统外设一样,成为 VLSI 设计中一种标准的器件,用标准的 VHDL 等硬件描述语言进行描述,并存储在器件库中。在设计 SoC 应用系统时,设计者只需利用标准库和硬件描述语言设计出整个应用系统,再经过仿真验证后就可以将设计图交给半导体工厂制作所需要的 SoC。这样除个别无法集成的器件以外,整个嵌入式系统大部分可以集成到一块或几块芯片中去,应用系统电路板将变得很简洁,这对于减小体积和功耗、提高可靠性非常有利。

SoC 可以分为通用和专用两类。通用系列包括 Infineon 的 TriCore、Motorola 的 M-Core、某些 ARM 系列器件、Echelon 和 Motorola 联合研制的 Neuron 芯片等。专用 SoC 一般专用于某个或某类系统中,不为一般用户所知。一个有代表性的产品是 Philips 的 Smart XA,它将 XA 单片机内核和支持超过 2048 位复杂 RSA 算法的 CCU 单元制作在一块硅片上,形成一个可加载 JAVA 或 C 语言的专用的 SoC,可应用于互联网的网络安全系统。

2) 嵌入式系统的软件

嵌入式系统的软件一般固化于嵌入式存储器中,是嵌入式系统的控制核心,控制着嵌入式系统的运行,实现嵌入式系统的功能。由此可见,嵌入式软件在很大程度上决定了整个嵌入式系统的价值。

从软件结构上划分,嵌入式软件分为无操作系统和带操作系统两种。

(1) 无操作系统的嵌入式软件包括引导程序和应用程序。

引导程序一般用汇编语言编写,在嵌入式系统上电后立即运行,完成自检、存储映射、时钟系统和外设接口配置等硬件初始化操作。应用程序一般用高级语言编写,比如用 C 语言编写,直接架构在硬件之上,在引导程序之后运行,负责实现嵌入式系统的主要功能。

(2) 带操作系统的嵌入式软件。

与无操作系统的嵌入式软件相比,带操作系统的嵌入式软件具有如下特点:规模较大;应用软件架构于嵌入式操作系统(Embedded Operating System,EOS)上,而非直接面对嵌入式硬件,因此可靠性高;开发周期短;易于移植和扩展;适用于功能复杂的嵌入式系统。常见的典型嵌入式操作系统有 μC/OS-Ⅱ、VxWorks、嵌入式 Linux、Android、Windows CE 等。

从理论上讲,基于操作系统的开发模式,具有快捷、高效的特点,开发的软件移植性、后期维护性、程序稳健性等都比较好。但不是所有应用系统都要基于操作系统。主要原因是,基于操作系统的开发模式要求开发者对操作系统的原理有比较深透的掌握。一般功能比较简单的系统,不建议使用操作系统,毕竟操作系统也会占用系统资源。另外,也不是所有系统都能使用操作系统,因为操作系统对系统的硬件有一定的要求。例如,虽然 STM32 是 32 位系统,但一般不在 STM32 上运行嵌入式操作系统,因为其硬件资源有限。

3. 嵌入式系统的应用

嵌入式系统的应用领域主要包括工业控制、消费电子、网络及电子商务、军事国防等。

11.3 嵌入式处理器

视频讲解

嵌入式微处理器有许多种流行的处理器核,芯片生产厂家一般都基于这些处理器核生产不同型号的芯片。

本节主要介绍以下几种嵌入式处理器的架构,以及典型芯片制造商生产的芯片型号。

1. ARM

ARM(Advanced RISC Machines)已成为移动通信、手持设备、多媒体数字消费嵌入式解决方案的 RISC 标准。

ARM 处理器有三大特点:

(1) 小体积、低功耗、低成本且高性能;

(2) 16 位/32 位双指令集;

(3) 全球的合作伙伴众多。

目前 ARM 微处理器,已遍及工业控制、消费类电子产品、通信系统、网络系统、无线系统等各类产品市场,ARM 技术正逐步渗透到人们生活的各个方面。

2. MIPS

MIPS(Microprocessor without Interlocked Pipelined Stages,无内部互锁流水级的微处理器),是一种处理器内核标准,由 MIPS 技术公司开发。

MIPS 系列微处理器是在 20 世纪 80 年代由美国斯坦福大学 Hennessy 教授领导的研究小组研制出来的,MIPS 系列微处理器芯片是出现最早的商业 RISC 架构芯片之一。MIPS 应用领域覆盖游戏机、路由器、掌上电脑等各个方面。MIPS 的系统结构及设计理念比较先进,在设计理念上 MIPS 强调软硬件协同提高性能,同时简化硬件设计。

3. PowerPC

PowerPC 处理器品种很多,既有通用的处理器,又有嵌入式控制器和内核,应用范围非常广泛,包括从高端的工作站、服务器到桌面计算机系统,从消费类电子产品到大型通信设备等各个方面。PowerPC 处理器由 IBM、Apple 和 Motorola 公司共同开发。

4. x86

x86 系列处理器是我们最熟悉的,它起源于 Intel 架构的 8080,后发展出 286、386、486、Pentium4 等。除此之外 AMD(美国超威半导体公司)的系列处理器芯片也属于 x86 构架。

5. Motorola 68000(68K)

Motorola 68000(68K)是出现得比较早的一款嵌入式处理器,68K 采用的是 CISC 结构,与现在的 PC 指令集保持了二进制兼容。

视频讲解

11.4　ARM 微处理器

11.4.1　ARM 公司简介

ARM 既是一个公司的名字,也是对一类微处理器的通称,还是一种技术的名字。1991 年,ARM 公司成立于英国剑桥,主要出售芯片设计技术的授权。目前,采用 ARM 技术知识产权(IP)核的微处理器已遍及各类产品市场,ARM 公司将技术授权给其他芯片厂商,例如,PHILIPS、Intel、SHARP、SAMSUNG、ATMEL 等芯片厂商,这些芯片厂商开发出了各具特色的 ARM 芯片。

11.4.2　ARM 微处理器

ARM 公司开发了很多系列的 ARM 处理器核,目前应用比较广泛的系列是 ARM7、ARM9、ARM10、ARM11、ARM Cortex、SecurCore、Xscale 等。

1. ARM7

ARM7 系列包括 ARM7TDMI、ARM7TDMI-S、带有高速缓存处理器宏单元的 ARM720T 和扩充了 Jazelle(java 加速器)的 ARM7EJ-S。该系列处理器提供 Thumb 16 位压缩指令集和 Embeded ICE 软件调试方式,适用于更大规模的 SoC 设计中。ARM7 系列广泛应用于多媒体和嵌入式设备,包括 Internet 设备、网络和调制解调器设备、移动电话、PDA 等无线设备。

2. ARM9

ARM9 系列包括 ARM9TDMI、ARM920T 和带有高速缓存处理器宏单元的 ARM940T。ARM9 采用哈佛体系结构,在流水线上也较 ARM7 有较大提升。ARM9 系列主要应用于引擎管理、仪器仪表、安全系统和机顶盒等领域。

3. ARM10

ARM10 系列处理器包括 ARM1020E、ARM1022E、ARM1026EJ-S 三种类型。其核心在于使用向量浮点(VFP)单元 VFP10 提供高性能的浮点解决方案,从而极大地提高了处理器的整型和浮点运算性能。可以用于视频游戏机和高性能打印机等场合。

4．ARM11

ARM11 是基于 ARMv6 指令架构的系列处理器。该系列主要有 ARM1136J、ARM1156T2 和 ARM1176JZ 三种内核型号。ARM11 具有很好的媒体处理能力和低功耗特点,适用于无线移动设备和消费类电子产品;ARM11 高数据吞吐量和高性能的结合使其能很好地应用于网络处理;ARM11 的实时性能和浮点处理性能使其可以满足汽车电子应用的需求。

5．ARM Cortex

ARM11 以后的产品改用 Cortex 命名,并分成 A、R 和 M 三类:

(1) A 系列面向尖端的基于虚拟内存的操作系统和用户应用,如智能手机、平板电脑等。

(2) R 系列针对实时系统的应用,如汽车制动系统等。

(3) M 系列针对微控制器的应用,如 STM32 基于 Cortex-M0/M3/M4 核。

6．SecurCore

SecurCore 涵盖了 SC100、SC110、SC200 和 SC210 处理核。该系列处理器主要针对新兴的安全市场,以一种全新的安全处理器设计为智能卡和其他安全 IC 开发提供独特的 32 位系统设计,并具有特定反伪造方法,从而有助于防止对硬件和软件的盗版。

7．Xscale

Intel Xscale 微控制器提供全性能、高性价比、低功耗的解决方案,支持 16 位 Thumb 指令并集成数字信号处理(DSP)指令。

11.4.3　RISC 结构

精简指令集计算机(Reduced Instruction Set Computer,RISC)结构的产生是相对于传统的复杂指令集计算机(Complex Instruction Set Computer,CISC)结构而言的。

随着计算机技术的发展而不断引入新的复杂的指令集,为支持这些新增的指令,计算机的体系结构会越来越复杂。然而,在 CISC 的各种指令中,其使用频率却相差悬殊。约 20% 的指令会被反复使用,占整个程序代码的 80%;而余下的 80% 的指令不经常使用,在程序设计中只占 20%。

基于 CISC 的不合理性,1979 年美国加州大学伯克利分校提出了精简指令集计算机,即 RISC 的概念。RISC 指令系统相对简单,只要求硬件执行少量最常用的指令,大部分复杂的操作则使用成熟的编译技术,由简单指令合成。

但是 RISC 不是简单地减少指令,而是把着眼点放在:

(1) 使计算机的结构更加简单;

(2) 合理地提高运算速度。

RISC 优先选取使用频度最高的简单指令,避免使用复杂指令;将指令长度固定,指令格式和寻址方式种类减少;以控制逻辑为主,不用或少用微码控制等措施来达到上述目的。

RISC 特点为:指令规整、对称、简单;指令集中指令条数小于 100,基本寻址方式有 2 或 3 种,具体表现为:

(1) 使用单周期指令;

(2) 指令字长度一致,单拍完成,便于流水操作。

例如,ARM7、Cortex-M3 具有三级流水线,可以在一个时钟周期内完成取指、译码、执行,而 ARM9 具有五级流水线,ARM10 具有六级流水线。流水线级数越多,其效率越高。

(3) 使用大量的寄存器。

寄存器数量不少于 32 个。数据处理器的指令只对寄存器的内容操作。只有加载/存储指令可以访问存储器。

11.4.4 ARM 微处理器的体系结构

1. ARM 和 Thumb 状态

在 ARM 微处理器中,处理器的工作状态会分为 ARM 和 Thumb 状态,每种工作状态各自有一套指令集,即 ARM 指令集和 Thumb 指令集。其中,Thumb 指令集的功能是 32 位 ARM 指令集的功能子集。Thumb 在性能和代码大小之间进行了很好的平衡。

因此,正在执行 Thumb 指令集的处理器工作在 Thumb 状态下,其每条指令都是 16 位的。而正在执行 ARM 指令集的处理器则工作在 ARM 状态下,其每条指令都是 32 位的。

2. ARM 的寄存器

ARM 处理器数量比较多,以 ARM7 处理器为例,它共有 37(31+6)个物理寄存器,分为 18 种可编程访问的寄存器,如图 11.2 所示。寄存器被安排成部分重叠的组。每种处理器模式都有不同的寄存器组。分组的寄存器在异常处理和特权操作时,可实现快速的上下文切换。

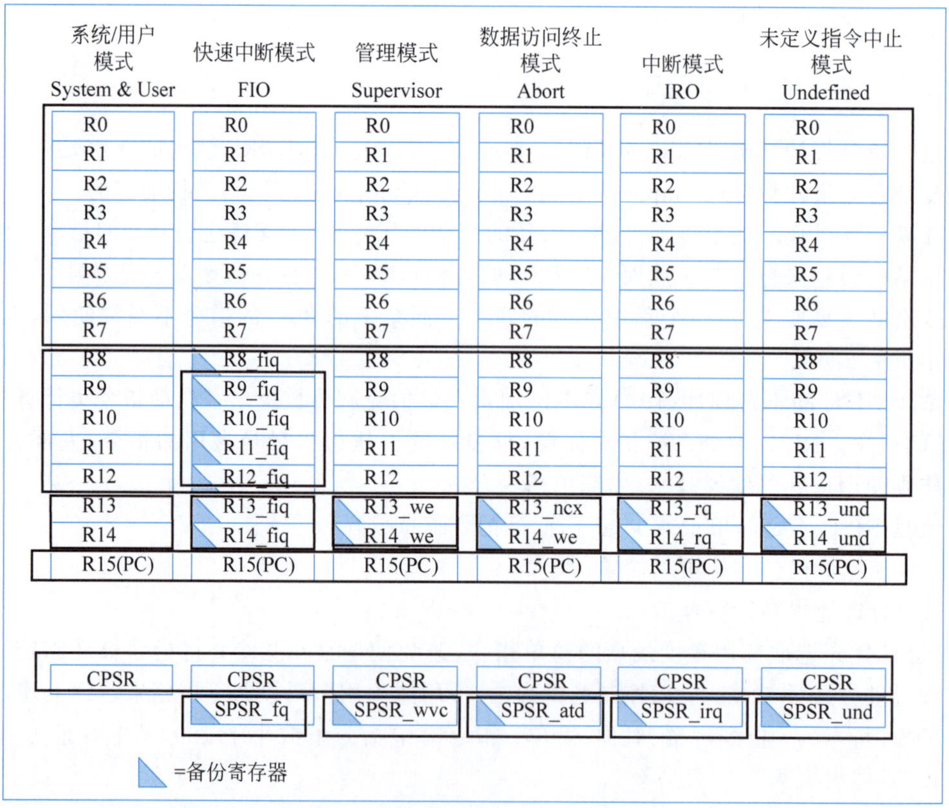

系统/用户模式 System & User	快速中断模式 FIQ	管理模式 Supervisor	数据访问终止模式 Abort	中断模式 IRQ	未定义指令中止模式 Undefined
R0	R0	R0	R0	R0	R0
R1	R1	R1	R1	R1	R1
R2	R2	R2	R2	R2	R2
R3	R3	R3	R3	R3	R3
R4	R4	R4	R4	R4	R4
R5	R5	R5	R5	R5	R5
R6	R6	R6	R6	R6	R6
R7	R7	R7	R7	R7	R7
R8	R8_fiq	R8	R8	R8	R8
R9	R9_fiq	R9	R9	R9	R9
R10	R10_fiq	R10	R10	R10	R10
R11	R11_fiq	R11	R11	R11	R11
R12	R12_fiq	R12	R12	R12	R12
R13	R13_fiq	R13_we	R13_ncx	R13_rq	R13_und
R14	R14_fiq	R14_we	R14_we	R14_rq	R14_und
R15(PC)	R15(PC)	R15(PC)	R15(PC)	R15(PC)	R15(PC)
CPSR	CPSR	CPSR	CPSR	CPSR	CPSR
	SPSR_fq	SPSR_wvc	SPSR_atd	SPSR_irq	SPSR_und

▲=备份寄存器

图 11.2 ARM7 处理器的寄存器

ARM Cortex-A8 处理器共有 40(33+7)个物理寄存器,有 18 种可编程访问的寄存器,如图 11.3 所示。

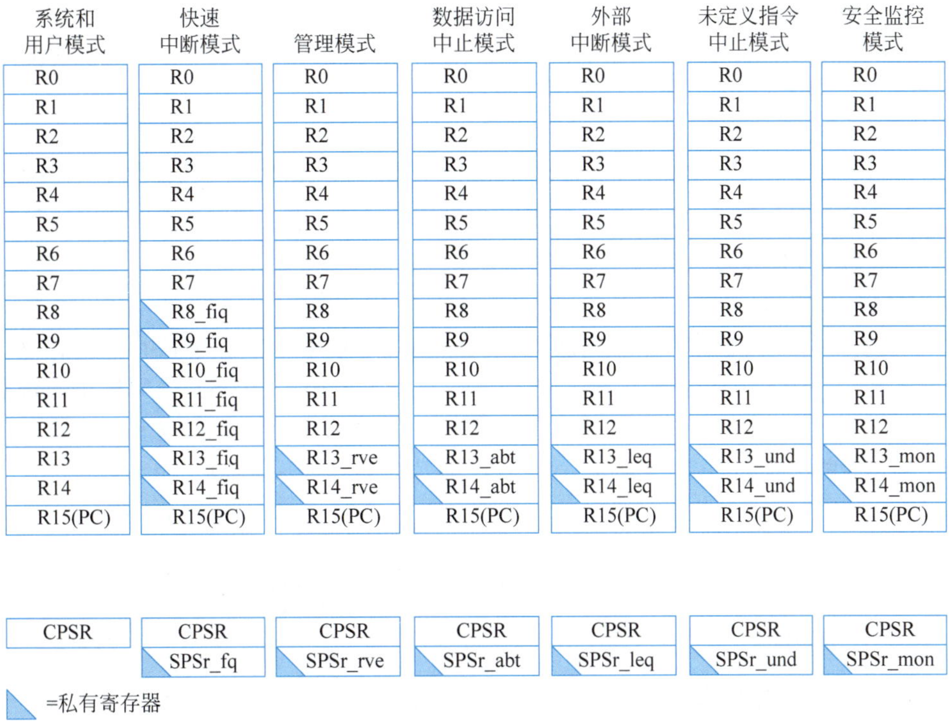

系统和 用户模式	快速 中断模式	管理模式	数据访问 中止模式	外部 中断模式	未定义指令 中止模式	安全监控 模式
R0	R0	R0	R0	R0	R0	R0
R1	R1	R1	R1	R1	R1	R1
R2	R2	R2	R2	R2	R2	R2
R3	R3	R3	R3	R3	R3	R3
R4	R4	R4	R4	R4	R4	R4
R5	R5	R5	R5	R5	R5	R5
R6	R6	R6	R6	R6	R6	R6
R7	R7	R7	R7	R7	R7	R7
R8	R8_fiq	R8	R8	R8	R8	R8
R9	R9_fiq	R9	R9	R9	R9	R9
R10	R10_fiq	R10	R10	R10	R10	R10
R11	R11_fiq	R11	R11	R11	R11	R11
R12	R12_fiq	R12	R12	R12	R12	R12
R13	R13_fiq	R13_rve	R13_abt	R13_leq	R13_und	R13_mon
R14	R14_fiq	R14_rve	R14_abt	R14_leq	R14_und	R14_mon
R15(PC)	R15(PC)	R15(PC)	R15(PC)	R15(PC)	R15(PC)	R15(PC)
CPSR	CPSR	CPSR	CPSR	CPSR	CPSR	CPSR
	SPSr_fq	SPSr_rve	SPSr_abt	SPSr_leq	SPSr_und	SPSr_mon

▲ =私有寄存器

图 11.3　ARM Cortex-A8 处理器的寄存器

Cortex-M3 处理器有 R0~R15 寄存器、程序状态寄存器 xPSR 和特殊寄存器。其中，R0~R12 是通用寄存器；R13 是堆栈指针寄存器 SP，SP 有两个：主堆栈指针（Main Stack Pointer，MSP）、进程堆栈指针（Process Stack Pointer，PSP），但在同一时刻只能有一个 SP 可见；R14 是链接寄存器 LR；R15 是程序计数器寄存器 PC。xPSR 程序状态寄存器由应用状态寄存器（APSR）、中断状态寄存器（IPSR）和执行状态寄存器（EPSR）组成。PRIMASK、FAULTMASK 和 BASEPRI 是中断屏蔽寄存器。CONTROL 是控制寄存器，用来定义特权状态和当前使用哪一个堆栈指针。

在 MDK 开发工具中查看 Cortex-M3 寄存器状态的实例如图 11.4 所示。

3. ARM 指令集概述

1）ARM 指令集

ARM 指令集的所有指令都可以带条件执行，其中一些指令还可以根据执行结果更新 CPSR 寄存器的相关标志位。ARM 指令集中包括五大类指令，分别为数据处理指令、加载和存储指令、分支指令、协处理器指令、杂项指令。

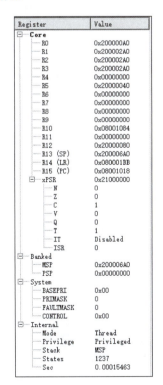

图 11.4　ARM Cortex-M3 处理器的寄存器

2）Thumb 指令集

Thumb 指令集中包括四大类指令，分别为分支指令、数据处理指令、寄存器加载和存储指令、异常产生指令。

3）Thumb-2 指令集

Thumb-2 指令集是 16 位 Thumb 指令集的一个超集，其中 16 位指令与 32 位指令并存。

Cortex-M3 架构使用的是 Thumb 指令集及 Thumb-2 指令集的一部分。Thumb-2 指令集与 Thumb 指令集的关系如图 11.5 所示。

4．STM32 体系结构

STM32 体系构架采用哈佛结构，其数据总线、指令总线是各自独立的。在 STM32 处理器芯片上，由 ARM 公司提供内核 Cortex-M3 及调试系统等，由 ST 公司提供内部总线、时钟复位、存储器以及各个外设控制器等。STM32 结构示意图如图 11.6 所示。STM32 系列芯片及其性能关系如图 11.7 所示。STM32 芯片命名规则示例如图 11.8 所示。

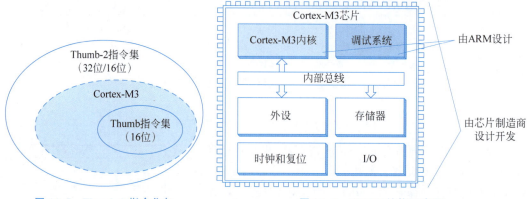

图 11.5 Thumb-2 指令集与 Thumb 指令集的关系

图 11.6 STM32 结构示意图

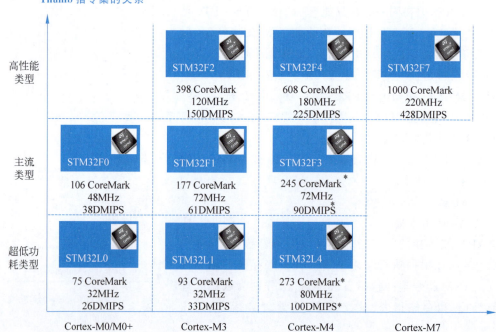

图 11.7 STM32 系列芯片及其性能关系

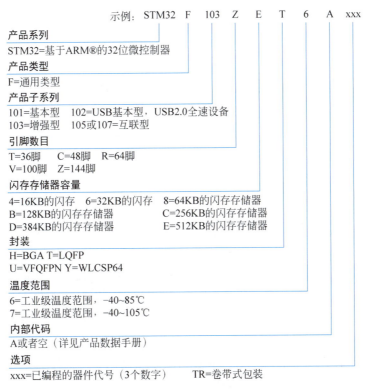

图 11.8　STM32 芯片命名规则示例

11.5　嵌入式操作系统

11.5.1　嵌入式操作系统基本概念

计算机系统由硬件和软件组成,在发展初期没有操作系统这个概念,用户使用监控程序来使用计算机。随着计算机技术的发展,计算机系统的硬件、软件资源也越来越丰富,监控程序已不能适应计算机应用的需求。于是在 20 世纪 60 年代中期,监控程序又进一步发展形成了操作系统(Operating System,OS),进而形成嵌入式操作系统(Embedded Operating System,EOS)。

发展到现在,广泛使用的有 3 种操作系统,即多道批处理操作系统、分时操作系统以及实时操作系统,如图 11.9 所示。

1. 实时操作系统的特点

IEEE 的实时 UNIX 分委会认为实时操作系统应具备以下特点:

- 异步的事件响应;
- 切换时间和中断延迟时间确定;
- 优先级中断和调度;
- 抢占式调度;
- 内存锁定;
- 连续文件;
- 同步。

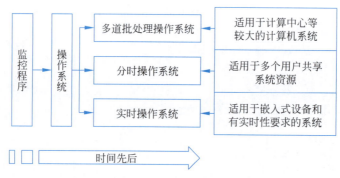

图 11.9　广泛使用的 3 种操作系统

2. 实时操作系统的分类

总的来说,实时操作系统是事件驱动的,能对来自外界的作用和信号在限定的时间范围内作出响应。它强调的是实时性、可靠性和灵活性,在与实时应用软件结合构成的有机整体中起着核心作用。实时操作系统负责管理和协调各项工作,为应用软件提供良好的运行软件环境及开发环境。

从实时操作系统的应用特点来看,实时操作系统可以分为两种:一般实时操作系统和嵌入式实时操作系统。

(1) 一般实时操作系统应用于实时处理系统的上位机和人机界面等实时性较弱的系统,并且提供了开发、调试、运行一致的环境。

(2) 嵌入式实时操作系统应用于实时性要求高的实时控制系统,而且应用程序的开发过程是通过交叉开发来完成的,即开发环境与运行环境是不同的。

嵌入式实时操作系统具有规模小(一般在几千字节到几十千字节)、可固化使用、实时性强(在毫秒或微秒数量级上)的特点。

3. 使用嵌入式实时操作系统的必要性

嵌入式实时操作系统在目前的嵌入式应用中用得越来越广泛,尤其在功能复杂、系统庞大的应用中显得越来越重要。

在嵌入式应用中,只有把 CPU 嵌入系统中,同时又把操作系统嵌入进去,才是真正的计算机嵌入式应用。

而使用嵌入式实时操作系统,提高了系统的可靠性,提高了开发效率,缩短了开发周期,充分发挥了 32 位 CPU 的多任务潜能。

4. 嵌入式实时操作系统的优缺点

1) 优点

- 在嵌入式实时操作系统环境下开发实时应用程序时,程序的设计和扩展变得容易,不需要大的改动就可以增加新的功能。
- 通过将应用程序分割成若干独立的任务模块,使应用程序的设计过程大为简化;而且对实时性要求苛刻的事件都得到了快速、可靠的处理。
- 通过有效的系统服务,嵌入式实时操作系统使得系统资源得到更好的利用。

2) 缺点

嵌入式实时操作系统需要额外的 ROM/RAM 开销,会增加 2%～5% 的 CPU 额外负荷和内核的开销。

11.5.2　嵌入式操作系统内核基础

1. 前后台系统

对基于芯片的开发来说,应用程序一般是一个无限的循环,可称为前后台系统或超循环系统,如图 11.10 所示。很多基于微处理器的产品采用前后台系统设计,例如微波炉、电话机、玩具等。在另外一些基于微处理器应用中,从省电的角度出发,平时微处理器处于停机状态,所有事件处理都靠中断服务来完成。

在后台,循环中会调用相应的函数完成相应的操作,这部分可以看成后台行为,因此,后台也可以叫作任务级。前后台系统的实时性一般。

在前台,中断服务程序处理异步事件,这部分可以看成前台行为,因此,前台也叫中断级。时间相关性很强的关键操作一定是靠中断服务程序来保证的。

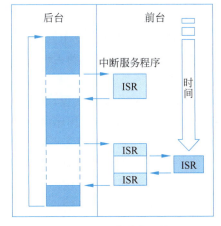

图 11.10　前后台系统

2. 操作系统

操作系统是计算机中最基本的程序。操作系统的工作包括负责计算机系统中全部软硬资源的分配与回收、控制与协调等并发的活动;提供用户接口,使用户获得良好的工作环境;为用户扩展新的系统功能提供软件平台。操作系统与软硬件系统的关系如图 11.11 所示。

图 11.11　操作系统与软硬件系统的关系

3. 实时操作系统(Real Time Operating System,RTOS)

实时操作系统是一段在嵌入式系统启动后首先执行的背景程序,用户的应用程序是运行于 RTOS 之上的各个任务,RTOS 根据各个任务的要求,进行资源(包括存储器、外设等)管理、消息管理、任务调度、异常处理等工作。

在 RTOS 支持的系统中,每个任务均有一个优先级,RTOS 根据各个任务的优先级,动态地切换各个任务,保证对实时性的要求。

4. 代码的临界区

代码的临界区也称为临界区,指处理时不可分割的代码,这些代码运行时不允许被打断。一旦这部分代码开始执行,通常不允许任何中断介入。但这也不是绝对的,当中断不调用任何包含临界区的代码,也不访问任何临界区使用的共享资源时,可以进行中断服务。

为确保临界区代码的执行,在进入临界区之前要关中断,而临界区代码执行完成以后要立即开中断。

5. 资源

程序运行时可使用的软、硬件环境统称为资源。资源可以是输入/输出设备,例如,打印机、键盘、显示器。资源也可以是一个变量、一个结构或一个数组等。

6. 共享资源

可以被一个以上任务使用的资源被称为共享资源。为了防止数据被破坏,每个任务在与共享资源打交道时,必须独占该资源,这种机制被称为互斥。

7. 任务

一个任务也称作一个线程,是一个简单的程序,该程序可以认为CPU完全属于该程序自己。因此,一个实时应用程序的设计过程,应该包括以下内容:

(1) 如何把问题分割成多个任务;

(2) 每个任务都是整个应用的某一部分;

(3) 每个任务被赋予一定的优先级;

(4) 每个任务有它自己的一套CPU寄存器和自己的栈空间。

8. 任务切换

当多任务内核决定运行另外的任务时,它保存正在运行任务的当前状态,即CPU寄存器中的全部内容。这些内容保存在任务的当前状态保存区,也就是任务自己的栈区之中。入栈工作完成以后,就把下一个将要运行的任务的当前状态从任务的栈中重新装入CPU的寄存器,并开始下一个任务的运行。这个过程称为任务切换。

任务切换过程实际上增加了应用程序的额外负荷。CPU的内部寄存器越多,额外负荷就越重。任务切换所需要的时间取决于CPU有多少寄存器要入栈。

9. 内核

多任务系统中,内核负责管理各个任务,或者说为每个任务分配CPU时间,并且负责任务之间的通信。内核提供的基本服务是任务切换。

使用实时内核可以在很大程度上简化应用系统的设计,是因为实时内核允许将应用分成若干任务,由实时内核来管理它们。内核需要消耗一定的系统资源,比如2%~5%的CPU运行时间、RAM和ROM等。

内核提供必不可少的系统服务,如信号量、消息队列、延时等。

10. 调度

调度是内核的主要职责之一。调度的目的是决定执行哪个任务。多数实时内核是基于优先级调度法的。每个任务根据其重要程度被赋予一定的优先级。基于优先级的调度法指CPU总是让处于就绪状态的、优先级最高的任务先运行。

然而,究竟何时让高优先级任务掌握CPU的使用权,有两种不同的情况,具体要看用的是什么类型的内核,是非占先式的还是占先式的内核。

11. 非占先式内核

非占先式内核要求每个任务自动弃CPU的所有权。非占先式调度法也称作合作型多任务,即多个任务彼此合作,共享一个CPU。

对于非占先式内核来说,异步事件还是由中断服务来处理。中断服务可以使一个高优先级的任务由挂起状态变为就绪状态。但中断服务完成后控制权还是回到原来被中断的那个任务,直到该任务主动放弃 CPU 的使用权时,那个高优先级的任务才能获得 CPU 的使用权。

12. 占先式内核

当系统响应速度要求很高时,要使用占先式内核。因此绝大多数商业销售的实时内核都是占先式内核。最高优先级的任务一旦就绪,总能得到 CPU 的控制权。

对于占先式内核,如果一个运行着的任务使一个比它优先级高的任务进入了就绪状态,那么当前任务的 CPU 使用权就被剥夺了,或者说被挂起了,那个高优先级的任务立刻得到了 CPU 的控制权。

13. 任务优先级

任务的优先级是表示任务被调度的优先程度。每个任务都有自己的优先级,任务越重要,则被赋予的优先级越高,越容易被调度而进入运行状态。

14. 中断

中断是一种硬件机制,用于通知 CPU 有一个异步事件发生。

中断一旦被识别,CPU 将保存部分或全部上下文(即部分或全部寄存器的值),跳转到专门的子程序,即中断服务子程序(ISR)。中断服务子程序对事件进行处理,处理完成后,程序返回点在不同内核中是不一样的,不同内核中返回点如下:

(1) 在前后台系统中,返回后台程序;

(2) 对非占先式内核而言,返回被中断了的任务;

(3) 对占先式内核而言,让进入就绪态的、优先级最高的任务开始运行,即不一定返回被中断了的任务。

15. 时钟节拍

时钟节拍是特定的周期性中断。这个中断可以看作系统心脏的脉动。中断之间的时间间隔取决于不同应用,一般为 10~200ms。时钟的节拍式中断使得内核可以将任务延时若干整数时钟节拍;以及当任务等待事件发生时,提供等待超时的依据。时钟节拍率越高,系统的额外开销越大。

11.5.3 常见的嵌入式操作系统

1. Android

Android 一词的本义指"机器人",是 Google 于 2007 年 11 月 5 日宣布的基于 Linux 平台的开源操作系统,主要用于移动设备和手机等。该平台由操作系统、中间件、用户界面和应用软件组成。

2. VxWorks

VxWorks 操作系统是美国风河公司于 1983 年设计开发的一种嵌入式实时操作系统。VxWorks 以其良好的可靠性和卓越的实时性被广泛应用于通信、军事、航空、航天等高精尖技术领域及实时性要求极高的场景,如卫星通信、军事演习、弹道制导、飞机导航等。

VxWorks 的应用实例包括火星探测器(1997 年 4 月、2008 年 5 月、2012 年 8 月登陆火星)、F-16、FA-18 战斗机、B-2 隐身轰炸机、爱国者导弹等,在工业实时控制领域也能见到 VxWorks 的身影。

3. OSE

OSE(Operating System Embedded)主要是由 ENEA Data AB 下属的 ENEA OSE

Systems AB 负责开发和提供技术服务的,一直以来都充当着实时操作系统以及分布式和容错性应用的先锋,并保持良好的发展态势。

OSE 的客户涉及电信、数据、工控、航空等领域,尤其在电信方面,同诸如爱立信、诺基亚、西门子等知名公司确定了良好的关系。

4. Nucleus

Nucleus PLUS 是为实时嵌入式应用设计的一个占先式多任务操作系统内核,其 95% 的代码是用 ANSI C 写成的,因此非常便于移植并能够支持大多数类型的处理器。

Nucleus PLUS 采用了软件组件的方法。每个组件具有单一而明确的目的,通常由几个 C 及汇编语言模块构成,提供清晰的外部接口,对组件的引用则通过这些接口完成。

由于采用了软件组件的方法,因此 Nucleus PLUS 的各个组件非常易于替换和复用。

5. eCos

eCos(embedded Configurable operating system)是 RedHat 公司开发的源代码开放的嵌入式 RTOS 产品,是一个可配置、可移植的嵌入式实时操作系统,设计的运行环境为 RedHat 的 GNUPro 和 GNU 开发环境。

eCos 的所有部分都开放源代码,可以按照需要自由修改和添加。

eCos 的关键技术是操作系统可配置性,允许用户选择能满足需要的实时组件并进行配置,特别允许 eCos 的开发者定制自己的面向应用的操作系统,这使得 eCos 的应用范围更广泛。

6. μC/OS-Ⅱ

μC/OS-Ⅱ 是一个源码公开、可移植、可固化、可裁剪、占先式的实时多任务操作系统。其绝大部分源码是用 ANSI C 写的,因此可以方便地移植并支持大多数类型的处理器。

μC/OS-Ⅱ 通过了联邦航空局(FAA)商用航行器认证。自 1992 年问世以来,μC/OS-Ⅱ 已经被应用到数以百计的产品中。

μC/OS-Ⅱ 只需占用很少的系统资源,特别适用于微处理器和控制器,并且在高校教学使用时不需要申请许可证。

7. TRON

TRON 是指实时操作系统内核(The Real-time Operating system Nucleus),它是在 1984 年由东京大学的坂村健教授提出的,目的是建立一个理想的计算机体系结构。通过工业界和大学院校的合作,TRON 方案正被逐步应用于全新概念的计算机体系结构中。

ITRON 是 TRON 的一个子方案,它具有标准的实时内核,适用于任何小规模的嵌入式系统,日本国内有很多基于该内核的产品,其中消费电器较多。

TRON 明确的设计目标使其比 Linux 更适合于开发嵌入式应用,其内核小、启动速度快、即时性能好,并且很适合汉字系统的开发。

另外,TRON 的成功还来源于如下两个重要的条件:

(1) 它是免费的;

(2) 它已经建立了开放的标准,形成了较完善的软硬件配套开发环境,较好地完成了产业化。

8. Palm OS

Palm OS 是一种 32 位的嵌入式操作系统,主要应用于掌上电脑。最开始是由 3Com 公司的 Palm Computing 部(Palm Computing 已经独立成为一家公司)开发的。Palm OS 与同步软件 HotSync 结合可以使掌上电脑与 PC 的信息实现同步,把 PC 的功能扩展到了手掌上。其他一些公司也获得了生产基于 Palm OS 的 PDA 的许可,如 SONY 公司、Handspring 公司。

习题

1. 选择题

(1) 下列产品中属于嵌入式系统的是( )。
  A. 巨型计算机   B. 智能电饭煲   C. MP4   D. 路由器

(2) 以下哪个不是嵌入式系统设计的主要目标?( )
  A. 低成本   B. 低功耗   C. 实时要求高   D. 超高性能

(3) 属于 RISC 结构的处理器有( )。
  A. ARM、x86、MIPS、PowerPC、SuperH
  B. ARM、MIPS、PowerPC、SuperH
  C. ARM、x86、MIPS、PowerPC
  D. ARM、x86、MIPS

(4) μC/OS-Ⅱ 操作系统不属于( )。
  A. RTOS   B. 占先式实时操作系统
  C. 非占先式实时操作系统   D. 嵌入式实时操作系统

(5) 可用作嵌入式操作系统的有( )。
  A. Linux(VxWorks,μC/OS-Ⅱ)   B. Windows 2000
  C. Windows XP   D. DOS

2. 判断题

(1) 嵌入式系统是一种通用型计算机系统。( )

(2) 嵌入式系统的特点:系统内核小、专用性强、系统精简、高实时性、多任务的操作系统、需要专门的开发工具和环境(自身不具备开发工具和环境)。( )

(3) ARM Cortex 分为 A、R 和 M 三类,A 系列面向尖端应用,R 系列针对实时系统,M 系列针对微控制器应用。( )

(4) 相较于 CISC,RISC 只是简单地减少指令集中指令数量。( )

(5) 嵌入式实时操作系统需要额外的 ROM/RAM 开销,也会增加 CPU 额外负荷和内核的开销。( )

3. 简答题

(1) 简述嵌入式系统的发展历程。
(2) 从技术的角度,嵌入式系统的定义是什么?
(3) 从系统的角度,嵌入式系统的定义是什么?
(4) 请解释嵌入式系统中"ARM"这个名词的含义。
(5) 请列举目前应用比较广泛的 ARM 微处理系列。
(6) ARM Cortex 处理器包括哪几个系列?
(7) 什么是 RISC 结构?
(8) 什么是实时操作系统(RTOS)?

第 12 章　ARM开发工具的使用

CHAPTER 12

在理解嵌入式系统基本概念的基础上，本章将以 ARM 为例，介绍嵌入式系统开发过程、调试方法以及开发工具的使用。

视频讲解

12.1　开发工具概述

1. 嵌入式系统的一般开发过程

嵌入式系统一般的开发过程包括：

(1) 源代码编辑——生成源程序；

(2) 编译或汇编——通过编译器或者汇编器生成目标代码文件；

(3) 链接——通过链接器生成可执行文件。

一般来说，常用的开发工具会使用集成开发环境(IDE，例如 VC、Keil MDK-ARM、Keil C51 等)，其包含以下部分：编辑软件、编译软件、汇编软件、链接软件、调试软件、工程管理及函数库的集成开发环境。

2. 嵌入式系统调试方法

嵌入式调试系统应包含调试主机、仿真器和目标板 3 部分。

嵌入式系统的调试方法一般有如下 4 种：指令集模拟器(软调试)、驻留监控软件、JTAG(Joint Test Action Group，联合测试行动小组)仿真器、在线仿真器(仿真头)。

1) 指令集模拟器(软调试)

指令集模拟器可帮助用户在 PC 上完成一部分简单的软件调试工作，它只是将源代码在 PC 的开发环境中模拟运行，通过集成开发环境提供的寄存器查看、存储器查看、断点执行、单步执行等功能，检测用户开发的软件在语法和功能上是否正确，它无法在电路板上运行。指令集模拟器与真实的硬件环境相差很大，因此即使用户使用指令集模拟器调试通过的程序，也有可能无法在真实的硬件环境下运行，用户最终必须在硬件平台上完成整个应用的开发。

2) 驻留监控软件(Resident Monitors)

驻留监控软件采用交互式硬件调试方式，是一段运行在目标板(用户所开发的硬件电路板)上的程序。集成开发环境中的调试软件通过以太网口、并行接口、串行接口等通信接口与驻留监控软件进行交互，由调试软件发布命令通知驻留监控软件控制程序的执行、读写存储器、读写寄存器、设置断点等。驻留监控软件是一种成本低廉但有效的调试方式，不需要任何其他的硬件调试和仿真设备。

ARM 公司提供的 Angel 调试软件属于该类工具。它占用目标板上的一部分资源,而且不能对程序的全速运行进行完全仿真,所以对一些要求严格的情况不是很适合。

3) JTAG 仿真器

JTAG 仿真器也称为 JTAG 调试器,是通过 ARM 芯片的 JTAG 边界扫描测试(Boundary Scan Testing,BST)口进行调试的设备。

JTAG 仿真器价格便宜,与 PC 的连接比较方便,通过现有的 JTAG 边界扫描测试口与 ARM CPU 内核通信,属于完全非插入式(即不使用片上资源)调试,它无须占用目标板上的存储器资源,也不占用目标系统的任何接口。

另外,由于 JTAG 调试的目标程序是在目标板上执行的,仿真效果更接近目标硬件,因此许多接口问题,如程序的实时性限制等都被最小化了。使用集成开发环境配合 JTAG 仿真器进行开发是目前使用最多的一种调试方式。用户所购买的嵌入式系统开发套件一般都附带有 JTAG 仿真器。

基于并行接口的 JTAG 仿真器如图 12.1 所示。

基于 USB 口的 JTAG 仿真器如图 12.2 所示。

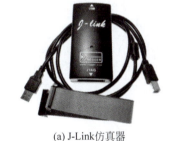

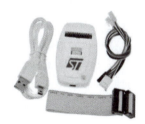

(a) J-Link仿真器 (b) ST-Link仿真器

图 12.1　基于并行接口的 JTAG 仿真器　　图 12.2　基于 USB 口的 JTAG 仿真器

4) 在线仿真器

在线仿真器使用仿真头完全取代目标板上的 CPU,可以完全仿真 ARM 芯片的功能,提供更加深入的调试功能。但这类仿真器为了能够全速仿真时钟频率高于 100MHz 的处理器,通常必须采用极其复杂的设计和工艺,因而其价格比较昂贵。

在线仿真器通常用在 ARM 的硬件开发中,在软件开发中较少使用,在线仿真器价格高昂也是其难以普及的重要原因。

3. 嵌入式集成开发工具简介

1) SDT

SDT 的英文全称是 Software Development Kit,是 ARM 公司为方便用户在 ARM 芯片上进行应用软件开发而推出的一整套集成开发工具。

2) ADS

ADS 的英文全称为 ARM Developer Suite,是 ARM 公司推出的 ARM 集成开发工具,用来取代 ARM 公司以前推出的开发工具 SDT。ADS 起源于 ARM SDT,对一些 SDT 的模块进行了增强,并替换了一些 SDT 的组成部分,用户可以感受到的最强烈的变化是 ADS 使用 CodeWarrior IDE 集成开发环境替代了 SDT 的 APM,使用 AXD 替换了 ADW,现代集成开发环境的一些基本特性如源文件编辑器语法高亮度显示,窗口驻留程序执行等功能在 ADS 中得以体现。

ADS 支持 ARM 系列处理器包括 ARM9E 和 ARM11 等,除了 SDT 支持的运行操作系统外,还可以在 Windows 以及 RedHat Linux 上运行。

3) Multi 2000

Multi 2000 是美国 Green Hills 软件公司开发的集成开发环境,支持 C/C++/Embedded C++/Ada 95/Fortran 编程语言的开发和调试,可运行于 Windows 平台和 UNIX 平台,并支持各类设备的远程调试。

Multi 2000 支持 Green Hills 公司的各类编译器以及其他遵循 EABI 标准的编译器,同时 Multi 2000 支持众多流行的 16 位、32 位和 64 位处理器和 DSP,如 PowerPC、ARM、MIPS、x86、Sparc、TriCore、SH-DSP 等,并支持多处理器调试。Multi 2000 包含完成一个软件工程所需要的所有工具,这些工具可以单独使用,也可集成第三方系统工具。

4) Embest IDE

Embest IDE 的英文全称是 Embest Integrated Development Environment,是深圳市英蓓特信息技术有限公司推出的一套应用于嵌入式软件开发的集成开发环境。Embest IDE 是一个高度集成的图形界面操作环境,包含编辑器、编译器、汇编器、链接器、调试器等工具,其界面与 Microsoft Visual Studio 类似。Embest IDE 支持 ARM、Motorola 等多家公司不同系列的处理器。Embest IDE 运行的主机环境为 Windows 95/98/NT/Me/2000,支持的开发语言包括标准 C、Embedded C 和汇编语言。Embest IDE 的用户可选配 Embest JTAG 仿真器用于系统调试。

5) Hitool for ARM

Hitool for ARM 由 Hitool International Inc 公司推出,是一种 ARM 嵌入式应用软件开发系统,主要包括 hitool/ARM Debugger、GNU Compiler(内建)、JTAG cable、评估板以及嵌入式实时操作系统 ThreadX 等模块。其中编译器模块可以替换成 ARM ADS Compiler 或 ARM SDT Compiler。

视频讲解

12.2 MDK 开发工具

1. MDK 简介

Keil MDK-ARM 是适用于基于 Codex-M、Codex-R4、ARM7 和 ARM9 等处理器的集成软件开发环境。主要特点如下:

- 完美支持 Cortex-M、Cortex-R4、ARM7 和 ARM9 系列器件;
- 行业领先的 ARM C/C++编译工具链;
- 确定的 Keil RTX,小封装实时操作系统(带源码);
- μVision IDE 集成开发环境、调试器和仿真环境;
- TCP/IP 网络套件提供多种协议和各种应用;
- 提供带标准驱动类的 USB 设备和 USB 主机栈;
- 为带图形用户接口的嵌入式系统提供完善的 GUI 库支持;
- ULINKpro 可实时分析运行中的应用程序,且能记录 Cortex-M 指令的每一次执行;

- 关于程序运行的完整代码覆盖率信息；
- 执行分析工具和性能分析器可使程序得到最优化；
- 大量的项目例程帮助你快速熟悉 MDK-ARM 强大的内置特征；
- 符合 CMSIS（Cortex 微控制器软件接口标准）。

2. MDK 开发环境的安装

1）安装 MDK

MDK 开发环境的安装程序及开发环境的图标如图 12.3 所示。用户需要运行安装程序，并安装好 MDK 开发环境 Keil μVision5。

(a) MDK开发环境的安装程序　　(b) MDK开发环境的图标

图 12.3　MDK 开发环境的安装程序及开发环境的图标

2）下载并安装芯片包文件 Keil.STM32F1xx_DFP.2.3.0.pack

下载后的芯片包文件如图 12.4 所示。

图 12.4　下载后的芯片包文件

芯片包下载、安装步骤如下：

首先访问 Keil 官网，并单击 Products，如图 12.5 所示。

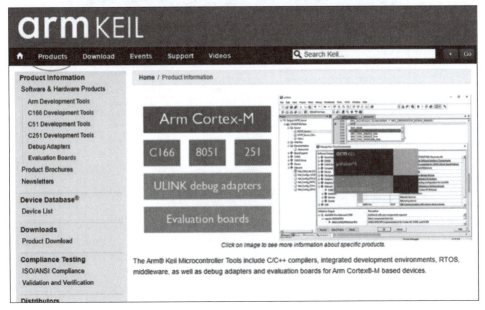

图 12.5　访问 Keil 选择 Products

然后单击 Products 中需要下载的处理器系列 Arm Cortex-M 的芯片包，如图 12.6 所示。

选定处理器系列后进入如图 12.7 所示的界面，在其中单击 Device List。

单击 Device List 后，在列表中逐级单击展开，可以看到本系列的所有子系列及具体的芯片型号，然后选择所需要的芯片型号，如图 12.8 所示。

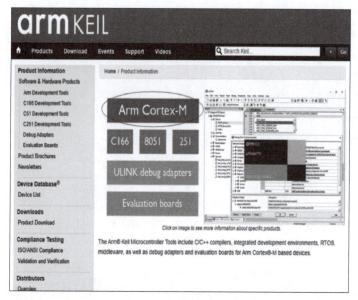

图 12.6　选择需要下载的处理器系列

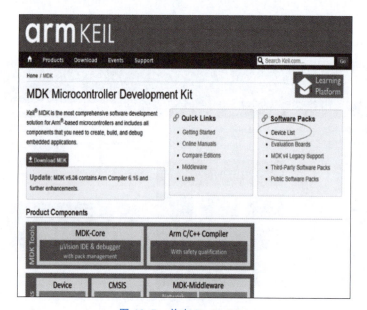

图 12.7　单击 Device List

选择好所需要的芯片型号后,如图 12.9 所示,单击 Download 按钮即可下载所需要的芯片包文件。

下载的芯片包文件(.pack 文件)如图 12.10 所示,双击打开它,即进入如图 12.11 所示的自解压过程。

解压完成后,可以在 Keil 的安装文件夹下看到新生成的芯片包文件夹,如图 12.12 所示。

在芯片包安装完成后,打开 Keil,单击菜单 Project→Options for target 命令,打开目标器件选择对话框,在其中的 Device 选项卡可看到新加入的芯片型号,如图 12.13 所示。

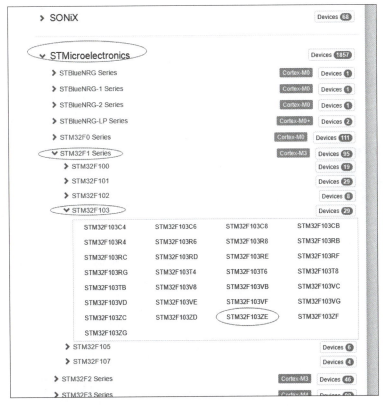

图 12.8　选择所需要的芯片型号

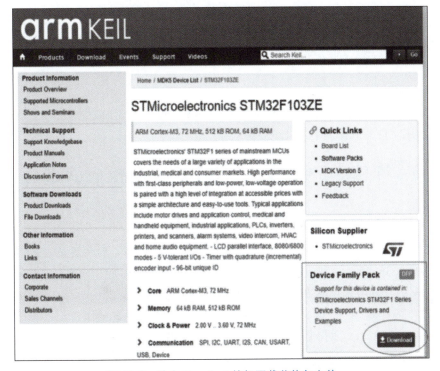

图 12.9　单击 Download 按钮下载芯片包文件

图 12.10　芯片包文件

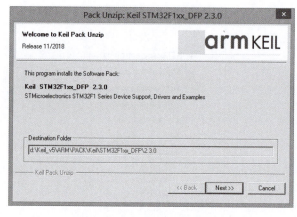

图 12.11　芯片包文件自解压

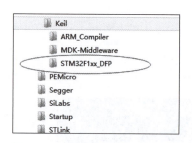

图 12.12　新生成的芯片包文件夹

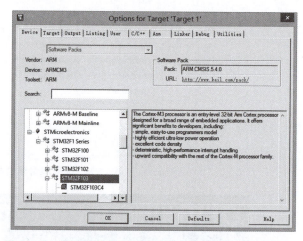

图 12.13　在目标器件选择对话框中查看新加入的芯片型号

3）下载固件库文件

在安装完 Keil 和芯片包文件后，还需要下载固件库文件，才能完成 MDK 开发环境的安装。固件库文件的具体内容在 12.3 节介绍。

12.3　固件库（库函数）及 MDK 工程模板创建

12.3.1　STM32 固件库

ST 公司提供的 STM32F10x 标准外设库是基于 STM32F1 系列微控制器的固件库进行 STM32F103 开发的"一把利器"。可以像在标准 C 语言编程中调用 printf（）一样，在 STM32F10x 的开发中调用标准外设库的库函数，进行应用开发。

STM32 固件库是根据 CMSIS 标准（Cortex Microcontroller Software Interface Standard，ARM Cortex 微控制器软件接口标准）设计的。

CMSIS 标准由 ARM 和芯片生产商共同提出，让不同的芯片公司生产的 Cortex M3 微控制器能在软件上基本兼容。

1. STM32 固件库下载

首先，打开 ST 官方网站，在首页搜索栏输入 stm32f10x，如图 12.14 所示。

图 12.14　ST 官方网站搜索所需要的目标芯片

在 ST 官方网站搜到目标芯片固件库后，单击 Get Software 按钮，在进行登录、著作权确认之后，就可以把目标芯片固件库下载到本地，如图 12.15 所示。

图 12.15　单击 Get Software 把目标芯片固件库下载到本地

2. STM32 固件库目录结构

把目标芯片固件库下载到本地后，打开固件库文件夹（如图 12.16 所示）。在固件库文件夹的 _htmresc 子文件夹下包含 LOGO 图标文件，Libraries 子文件夹下包含库函数与启动文件，Project 子文件夹下包含驱动示例工程模板文件，Utilities 子文件夹下包含 ST 官方开发板例程，Release_Notes.html 文件为更新说明，stm32f10x_stdperiph_lib_um.chm 文件为帮助文件。

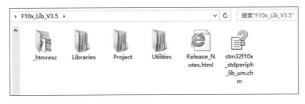

图 12.16　固件库文件夹

1) Libraries 文件夹

Libraries 文件夹存放 STM32F10x 开发要用到的各种库函数和启动文件，其中包括 CMSIS 和 STM32F10x_StdPeriph_Driver 两个子文件夹，如图 12.17 所示。

(1) CMSIS 文件夹。

STM32F10x 的内核库文件夹,其核心是 CM3 子文件夹,在 CM3 子文件夹下有 CoreSupport 和 DeviceSupport 两个文件夹,如图 12.18 所示。

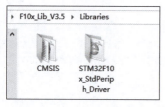

图 12.17　Libraries 文件

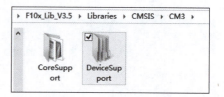

图 12.18　CM3 文件夹

① CorcSupport 文件夹。

Cortex-M3 核内外设函数文件夹,其中包含 Cortcx-M3 内核通用源文件 core_cm3.c 和 Cortcx-M3 内核通用头文 core_cm3.h,如图 12.19 所示。

图 12.19　CorcSupport 文件夹

② DeviccSupport 文件夹。

设备外设支持函数文件夹,其核心是 ST 子文件夹,ST 文件夹下有 STM32F10x 子文件夹,如图 12.20 所示。STM32F10x 子文件夹下有 STM32F10x 头文件 stm32f10x.h 和系统初始化文件 system_stm32f10x.c,以及 startup 子文件夹。

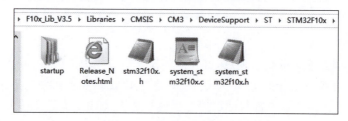

图 12.20　STM32F10x 文件夹

startup 子文件夹如图 12.21 所示,其下有 arm 子文件夹、gcc_ride7 子文件夹、iar 子文件夹、TrueSTUDIO 子文件夹,这些子文件夹下含有启动代码文件。

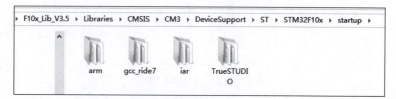

图 12.21　startup 文件夹

在 arm 子文件夹下可以看到相应的用汇编语言编写的启动代码文件,如图 12.22 所示。

图 12.22　arm 文件夹下的启动代码文件

STM32F103ZET6 微控制器属于 STM32F103 的大容量产品,因此,它对应的启动代码文件为 startup_stm32f10x_hd.s。

(2) STM32F10x_StdPeriph_Driver 文件夹。

STM32F10x_StdPeriph_Driver 子文件夹为 STM32Fl0x 标准外设驱动库函数保存位置,包括了所有 STM32F10x 微控制器的外设驱动,如图 12.23 所示。

图 12.23　STM32F10x_StdPeriph_Driver 文件夹

① src 子文件夹:src 是 source 的缩写,该文件夹存放 ST 为 STM32F10x 每个外设而编写的库函数源代码文件,如图 12.24 所示。

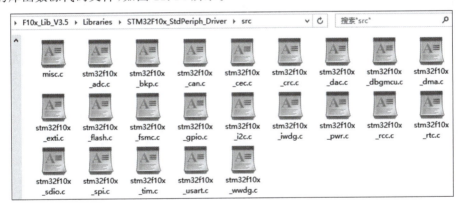

图 12.24　src 子文件夹

② inc 子文件夹:inc 是 include 的缩写,该文件夹存放 STM32F10x 每个外设库函数的头文件,如图 12.25 所示。

2) Project 文件夹

Project 文件夹对应 STM32F10x 标准外设库体系架构中的用户层,用来存放 ST 官方提供的 STM32F10x 工程模板和外设驱动示例,如图 12.26 所示。

(1) STM32F10x_stdPeriph_Template 子文件夹。

TM32F10x_stdPeriph_Template 子文件夹是 ST 提供的 STM32F10x 工程模板存放位置,如图 12.27 所示。

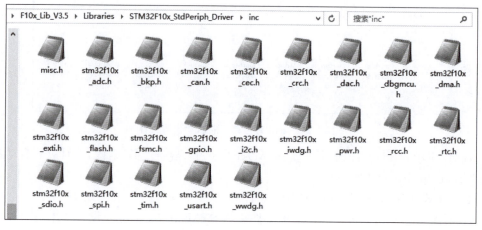

图 12.25　inc 子文件夹

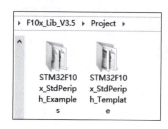

图 12.26　Project 文件夹

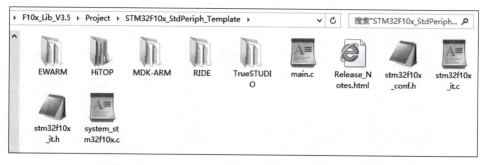

图 12.27　STM32F10x_stdPeriph_Template 子文件夹

(2) STM32F10x_StdPeriph_Examples 子文件夹。

STM32F10x_StdPeriph_Examples 子文件夹，是 ST 提供的 STM32F10x 外设驱动示例存放位置，如图 12.28 所示。

3) Utilities 文件夹

Utilities 文件夹用于存放 ST 官方评估板的 BSP(Board Support Package，板级支持包)和额外的第三方固件，如图 12.29 所示。

12.3.2　工程模板的创建

1. 创建工程模板素材

创建工程模板素材主要是内核固件库，另外还有两个重要的预定义命令。

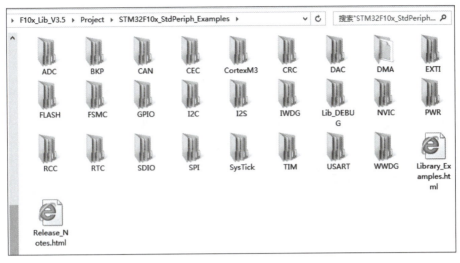

图 12.28　STM32F10x_StdPeriph_Examples 子文件夹

2. 工程模板创建步骤

1) 创建或复制文件夹

（1）在桌面（或其他文件夹）创建"工程模板"（或其他名称）文件夹。

（2）将固件库（文件夹名称：F10x_Lib_V3.5）中的 Libraries 文件夹复制到刚建立的工程模板文件夹中。

图 12.29　Utilities 文件夹

（3）创建 Startup 文件夹，用于存放启动文件，并将 startup_stm32f10x_hd.s 复制到该文件夹中，此文件为大容量芯片的启动文件。文件路径为固件库目录 F10x_Lib_V3.5\Libraries\CMSIS\CM3\DeviceSupport\ST\STM32F10x\startup\arm。

（4）创建 User 文件夹，并将 main.c、stm32f10x_conf.h、stm32f10x_it.c、stm32f10x_it.h 复制到该文件夹中。路径为 F10x_Lib_V3.5\Project\STM32F10x_StdPeriph_Template。

（5）创建 App 文件夹，用来存放用户编写的外设驱动程序。

创建后的工程模板文件夹内容如图 12.30 所示。

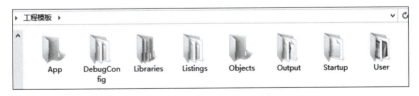

图 12.30　创建后的工程模板文件夹内容

工程模板的 Startup 文件夹内容如图 12.31 所示。

工程模板的 User 文件夹内容如图 12.32 所示。

2) 建工程模板文件，建立文档分组

（1）通过"开始"→"程序"命令或桌面快捷方式启动 Keil μVision 软件。

（2）依次单击 Project→New μVision Project 命令，以建立新工程，如图 12.33 所示。

（3）设置工程文件名，如图 12.34 所示。

图 12.31　工程模板的 Startup 文件夹内容

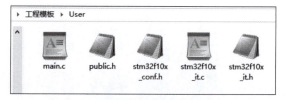
图 12.32　工程模板的 User 文件夹内容

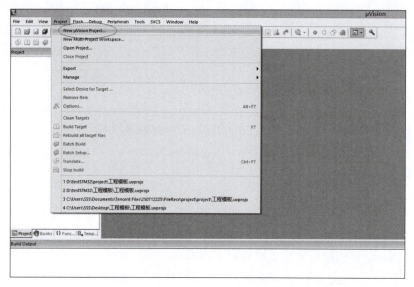
图 12.33　建立新工程

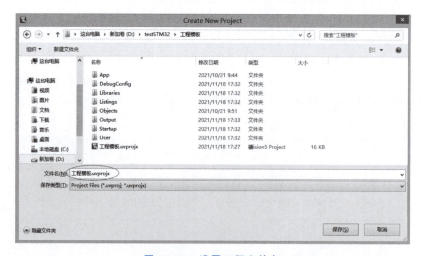
图 12.34　设置工程文件名

（4）单击"保存"按钮后弹出目标器件选择对话框，如果先前安装过芯片包文件 Keil. STM32F1xx_DFP.2.3.0.pack，就会出现 STM32 芯片列表，如图 12.35 所示。

（5）建立分组并添加文件。

依次单击 Project→Manage→Project Items 或直接单击工具栏的 图标（如图 12.36 所示）。打开 Manage Project Items 窗口。

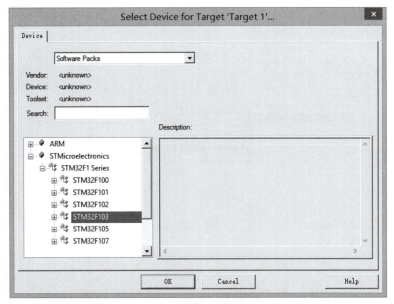

(a) STM32F芯片列表

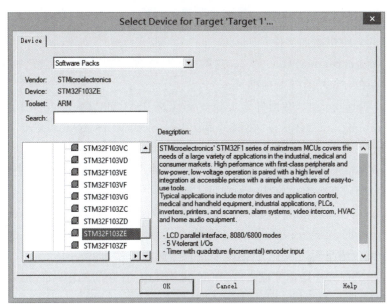

(b) 展开的STM32F103芯片列表

图 12.35　目标器件选择对话框中的芯片列表

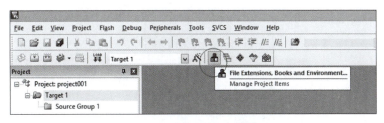

图 12.36　单击工具栏的图标

打开的 Manage Project Items 窗口如图 12.37 所示，需要在其中建立分组 User、Cmsis、Startup、ST_driver、APP。

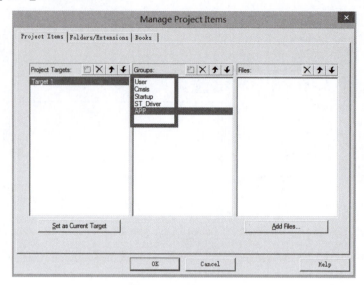

图 12.37　建立分组

在所建立的分组中添加文件。

- User：main.c、stm32f10x_it.c。这两个文件在创建工程模板时就已加入 User 文件夹，所以在分组中直接添加即可。
- Cmsis：core_cm3.c（在固件库 Libraries\CMSIS\CM3\CoreSupport 路径下可以找到），system_stm32f10x.c（在固件库 Libraries\CMSIS\CM3\DeviceSupport\ST\STM32F10x 路径下可以找到）。
- Startup：startup_stm32f10x_hd.s。这个文件在创建工程模板时就已加入 Startup 文件夹，所以在分组中直接添加即可。
- ST_driver：stm32f10x_gpio.c、stm32f10x_rcc.c（在固件库 Libraries\STM32F10x_StdPeriph_Driver\src 路径下可以找到）。
- APP：此分组里暂时没有文件，需要用户后续进行添加。

建立分组和添加文件操作完成之后，在 Keil 软件中，打开的工程界面如图 12.38 所示。

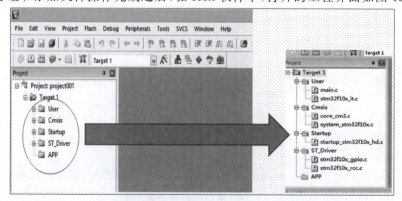

图 12.38　建立分组和添加文件后的工程界面

3) 设置输出文件夹,添加预编译变量,包含头文件路径

(1) 依次单击菜单 Project→Options for Target 命令,或直接单击工具栏中的图标 ,可以打开"Options for Target 'Target1'"对话框,如图 12.39 所示。

图 12.39　打开"Options for Target 'Target1'"对话框

(2) 打开"Options for Target 'Target1'"对话框后,在 Output 选项卡中选中"Create HEX File"复选框,并选择输出文件夹为工程模板目录下的 Output 文件夹,如图 12.40 所示。

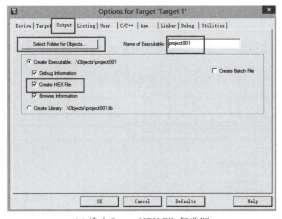

(a) 选中Create HEX File复选框

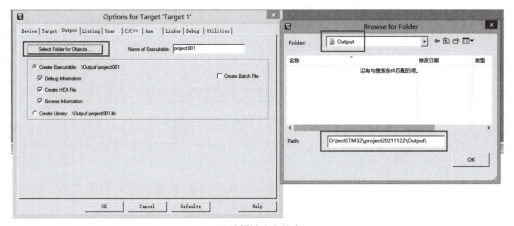

(b) 选择输出文件夹

图 12.40　在 Output 选项卡中选择输出文件夹路径

(3) 在 Listing 选项卡中单击 Select Folder for Listings 按钮,并选择输出文件夹为工程模板目录下的 Output 文件夹,如图 12.41 所示。

(4) 在 C/C++选项卡的 Define 区域添加两个重要的预编译命令:USE_STDPERIPH_DRIVER 和 STM32F10X_HD,如图 12.42 所示。

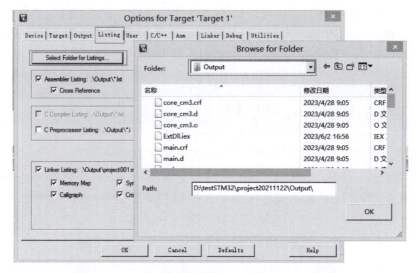

图 12.41　在 Listing 选项卡中选择输出文件夹路径

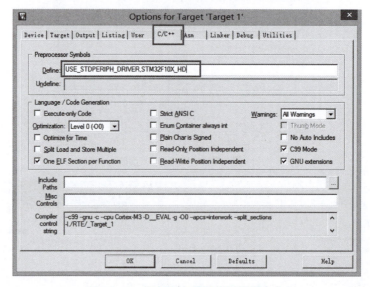

图 12.42　添加两个重要的预编译命令

（5）在 C/C++ 选项卡中，单击 Include Paths 后面的"…"按钮，设置编译器包含路径，如图 12.43 所示。

（6）在 Debug 选项卡中选中 Use Simulator 单选按钮（软件仿真），如图 12.44 所示。

如果要进行硬件仿真，在 Debug 选项卡中选中 Use 单选按钮，然后在下拉列表框选择对应的仿真器类型，如图 12.45 所示。

选择仿真器后，单击 Settings 按钮查看仿真器（以 ST-Link Debugger 为例）状态信息，如图 12.46 所示。

若未连接仿真器，则会显示如图 12.47 所示的状态信息。

4）创建 public.h 文件，重写 main.c 文件，编译调试

（1）如图 12.48 所示，在 Keil μVision 工程文件界面，单击 File→New 命令建立一个新

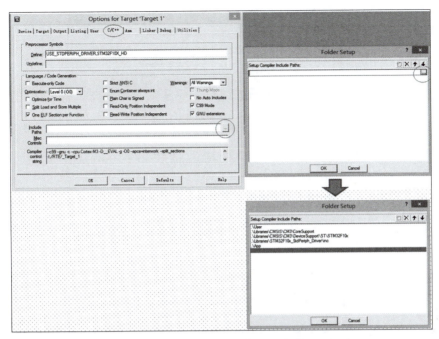

图 12.43　设置编译器包含路径

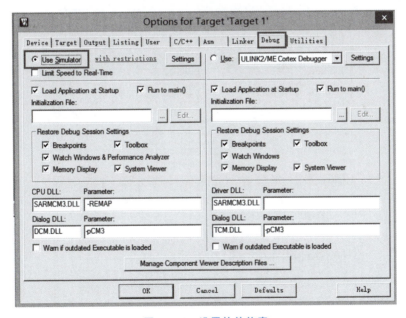

图 12.44　设置软件仿真

空白文件,并将其以文件名 public.h 保存到工程模板的 User 文件夹下,在 public.h 文件中输入以下 4 行语句:

```
#ifndef _public_H
#define _public_H
#include "stm32f10x.h"
#endif
```

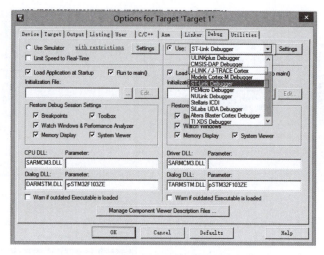

图 12.45　设置硬件仿真并选择仿真器类型

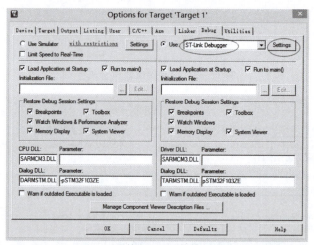

(a) 单击Settings按钮

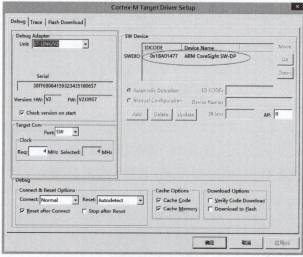

(b) 仿真器状态信息

图 12.46　查看仿真器状态信息

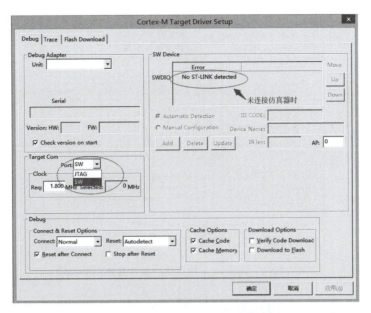

图 12.47　未连接仿真器时状态信息

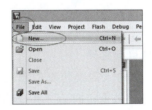

图 12.48　建立一个新头文件

（2）将原 main.c 中的程序删除，写一个 main() 的空函数，如图 12.49 所示。

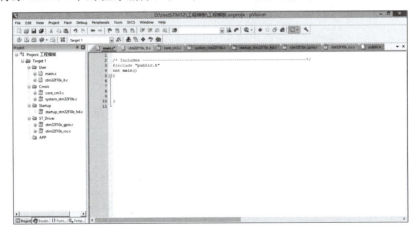

图 12.49　main() 的空函数

（3）对整个工程进行编译。

至此，工程模板创建完毕，接下来可在 main.c 中编写用户的主程序。

例如，在 main.c 中编写用户程序后单击 Build 图标按钮进行工程的编译和链接，并自动生成相关目标文件，如图 12.50 所示。

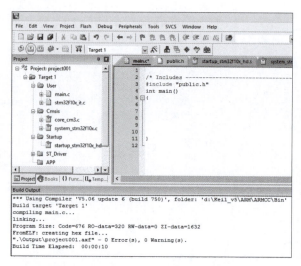

图 12.50 在 main.c 中写用户程序并进行 Build

12.4 软件模拟仿真

软件模拟仿真的步骤如下。

1. 创建项目工程,并编译生成目标文件

在所创建工程的 main.c 文件中输入需要仿真的源程序,例如如图 12.51 所示的源程序,用于将 STM32 的 PC 端口的各位数据定时清 0 和全部置 1。

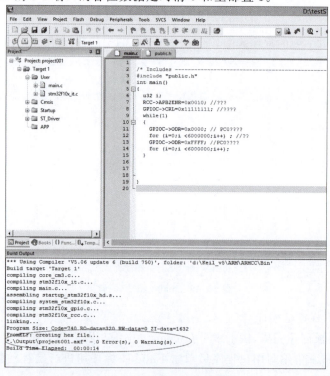

图 12.51 输入需要仿真的源程序

2. 将调试方式设置为软件模拟仿真方式

在"Options for Target 'Target 1'"的 Debug 选项卡中将调试方式设置为软件模拟仿真方式,如图 12.52 所示。

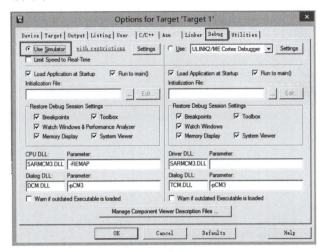

图 12.52 调试方式设置为软件模拟仿真方式

3. 进入软件模拟调试模式

选择菜单 Debug→Start/Stop Debug Session 命令(如图 12.53 所示)或者单击工具栏中的 Debug 按钮,进入软件模拟调试模式。

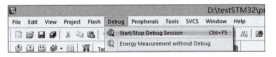

图 12.53 进入软件模拟调试模式

4. 打开相关窗口添加监测变量或信号

选择菜单 View→Analysis Windows→Logic Analyzer 命令或者直接单击工具栏的 Logic Analyzer 按钮,打开逻辑分析仪窗口,如图 12.54 所示。

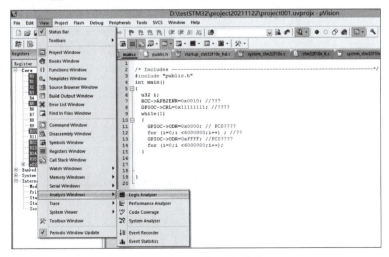

图 12.54 打开逻辑分析仪窗口

打开逻辑分析仪窗口后的界面如图12.55所示。

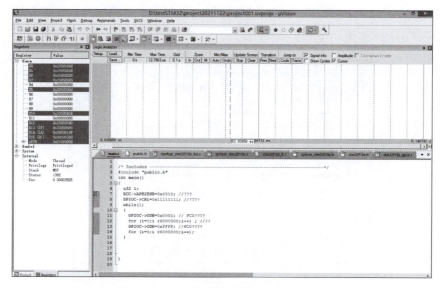

图12.55 打开逻辑分析仪窗口后的界面

单击逻辑分析仪窗口的Setup按钮，打开Setup Logic Analyzer对话框，单击右上角的New按钮，在空白文本框中输入（PORTC&0x00000001）新增一个观测信号，用于观测PORTC.0，如图12.56所示。

5. 软件模拟运行程序，观察仿真结果

选择菜单Debug→Run命令或者单击工具栏中的Run按钮开始仿真，如图12.57所示。

软件模拟运行后打开逻辑分析仪，如图12.58所示。

在打开逻辑分析仪后，可以看到仿真波形，如图12.59所示。如果需要，在进行仿真的信号上右击，可以选择显示的数据类型。

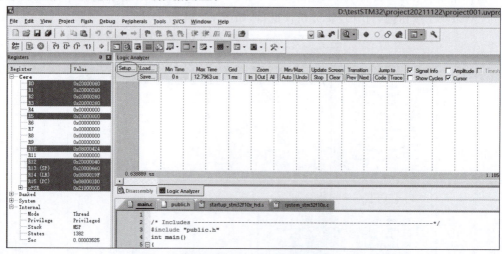

(a) 单击逻辑分析仪窗口的Setup按钮

图12.56 打开Setup Logic Analyzer对话框新增一个观测信号

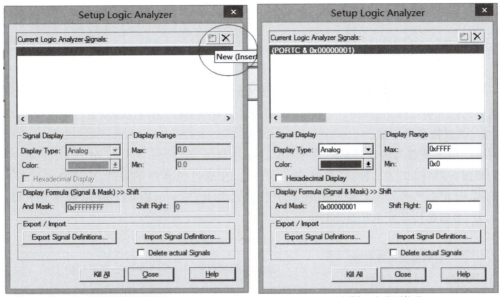

(b) 单击New按钮　　　　　　　　　　(c) 新增一个观测信号

图 12.56 （续）

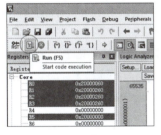

图 12.57 开始仿真

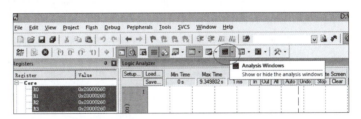

图 12.58 软件模拟运行后打开逻辑分析仪

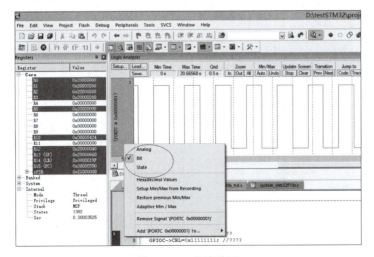

图 12.59 仿真波形

6. 退出模拟仿真调试模式

选择菜单 Debug→Start/Stop Debug Session 命令或者单击工具栏中的 Debug 按钮 ,

即可退出模拟仿真调试模式。

12.5 编程下载

在经过软件模拟仿真验证后,可以将所生成的代码下载到目标芯片中,让其在真实的硬件环境中去调试和运行。下载的方式可以采用通过仿真器下载,也可以采用通过串行接口下载。

1. 通过仿真器下载

可以用于下载的仿真器常用的有 ST-Link、J-Link 等。

根据 STM32 的启动模式,如表 12.1 所示。在通过仿真器下载时,应选择主闪存存储器模式,因此需要将其启动模式选择引脚设置为:BOOT1=0,BOOT0=0,即将 BOOT1 和 BOOT0 引脚都接至低电平(GND)。

表 12.1　STM32 的启动模式

启动模式选择引脚		启动模式	说　明
BOOT1	BOOT0		
X	0	主闪存存储器	主闪存存储器被选为启动区域
0	1	系统存储器	系统存储器被选为启动区域
1	1	内置 SRAM	内置 SRAM 被选为启动区域

依次单击菜单 Project→Options for Target 命令或者直接单击工具栏中的图标 ,可以打开"Options for Target 'Target1'"对话框,如图 12.60 所示。

图 12.60　打开"Options for Target 'Target1'"对话框

在 Debug 选项卡中选中 Use 单选按钮,然后在下拉列表框中选择用于下载程序到目标芯片的仿真器类型,如图 12.61 所示。

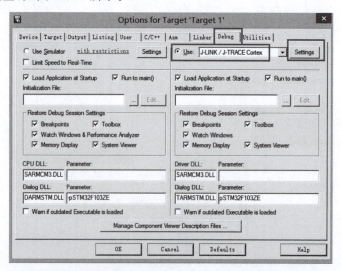

图 12.61　选择用于下载程序到目标芯片的仿真器类型

在图12.61所示界面中单击Settings按钮,可以打开仿真器设置对话框,如图12.62所示。打开仿真器设置对话框后,在Debug选项卡下可以查看连接到目标芯片的仿真器的状态信息。

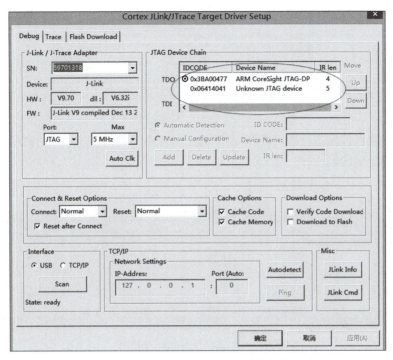

图12.62　仿真器设置对话框及仿真器的状态信息

在仿真器设置对话框的Flash Download选项卡中可以设置下载后芯片启动方式、添加Flash下载算法等,如图12.63所示。

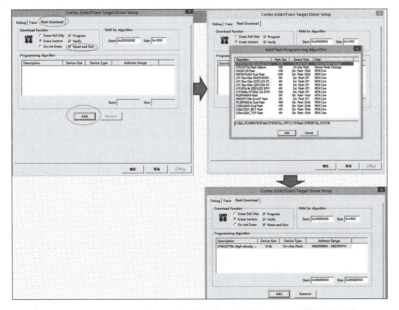

图12.63　在Flash Download选项卡下完成Flash下载相关设置

直接单击工具栏图标中的下载按钮,即可开始通过仿真器下载程序到目标芯片中,如图12.64所示。

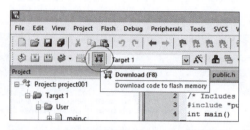

图 12.64　通过仿真器下载程序到目标芯片中

将程序下载到目标芯片后,可以单击工具栏图标中的调试按钮,对运行在目标芯片上的程序进行硬件仿真调试,如图12.65所示。

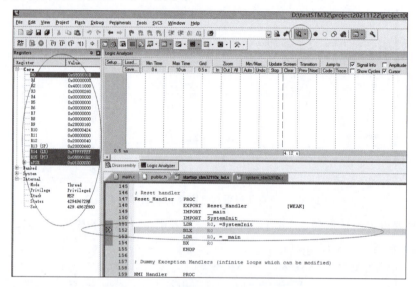

图 12.65　下载后进行硬件仿真调试

2. 通过串行接口下载

根据 STM32 的启动模式,在通过串行接口下载时,应选择系统存储器模式,因此需要将其启动模式选择引脚设置为:BOOT1=0,BOOT0=1。或者在已经上电的情况下,设置 BOOT1=0,BOOT0=1,然后按一下复位键。在该启动模式下,系统 ROM 中有厂家提供的 BootLoader,提供了串行接口下载程序的固件,可以通过这个 BootLoader 将程序下载到系统的 Flash 中。

下载时先打开下载软件(常用的下载软件有:FlyMCU、ST 官方的 Flash Loader Demonstrator 等),然后加载经过编译链接后所生成的 HEX 文件。Keil-MDK 软件中生成 HEX 文件位于工程模板的 Output 文件夹中。在下载软件中将加载的 HEX 文件写到 STM32 的 Flash 中即可。

需要注意的是,在下载完后,目标系统即使经过掉电后重启,所下载的应用程序也是不会直接运行的。如果要上电即运行该应用程序,还需要将 BOOT 设置为主闪存存储器启动模式,即启动模式选择引脚设置为:BOOT1=0,BOOT0=0,然后再掉电重启,应用程序即可正常运行。

12.6 硬件仿真

进行硬件仿真时需要使用仿真器连接目标板。可以使用基于 USB 口的 JTAG/SWD 仿真器，如 J-Link 或 ST-Link。

在所创建的工程中生成目标文件后，将 PC、目标板通过仿真器连接起来。在 MDK 开发环境中，在"Options for Target 'Target 1'"的 Debug 选项卡中将调试方式设置为硬件仿真方式，如图 12.66 所示。

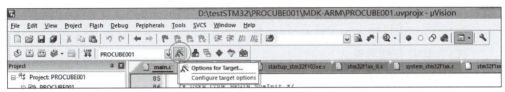

(a) 单击 Options for Target 图标

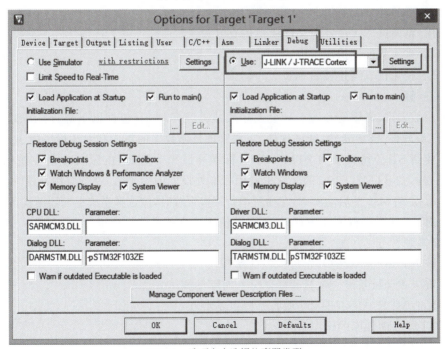

(b) Debug 选项卡中选择仿真器类型

图 12.66　调试方式设置为硬件仿真方式

选择菜单 Debug→Start/Stop Debug Session 命令或者单击工具栏中的 Debug 按钮，进入硬件仿真如图 12.67 所示。其他设置及步骤与软件模拟仿真类似。

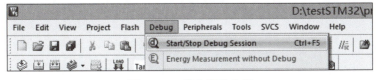

图 12.67　进入硬件仿真

习题

1. 选择题

（1）使用开发工具进行嵌入式系统开发过程一般包括（　　）。
　　　A．源代码编辑　　　B．编译或汇编　　　C．链接　　　D．重构

（2）开发嵌入式系统时，需要构建一个调试主机-目标机的开发环境。若目标机是裸机，那么为了调试和下载软件需要将调试仿真器连接到目标机的（　　）接口。
　　　A．以太网　　　B．JTAG　　　C．SPI　　　D．串行

（3）STM32 在通过仿真器下载时，应选择（　　）。
　　　A．主闪存存储器模式　　　　　　　B．系统存储器模式
　　　C．内置 SRAM 模式　　　　　　　D．外置 SRAM 模式

（4）STM32 在进行软件模拟仿真时，不需要（　　）。
　　　A．编译生成目标文件
　　　B．将调试方式设置为软件模拟仿真方式
　　　C．进入软件模拟调试模式
　　　D．使用仿真器连接目标板

2. 判断题

（1）一般来说，常用的开发工具会使用集成开发环境，其包含以下部分：编辑软件、编译软件、汇编软件、链接软件、调试软件、工程管理及函数库的集成开发环境。（　　）

（2）使用 ST 公司提供的 STM32F10x 标准外设库，可以像在标准 C 语言编程中调用 printf()一样，在 STM32F10x 的开发中调用标准外设库的库函数，进行应用开发。（　　）

（3）根据 STM32 的启动模式，在通过串行接口下载时，应选择系统存储器模式。（　　）

（4）对 STM32 进行硬件仿真时，不需要使用仿真器连接目标板。（　　）

3. 简答题

（1）嵌入式系统一般的开发过程包括哪些？
（2）嵌入式调试系统应包括哪些部分？有哪些调试方法？
（3）Keil MDK-ARM 开发环境有哪些主要特点？
（4）STM32 固件库的作用是什么？
（5）利用 MDK 开发工具创建一个工程模板的主要步骤是什么？
（6）利用 MDK 开发工具进行软件模拟仿真的主要步骤是什么？
（7）STM32 通过串行接口下载程序时应注意哪些问题？

第 13 章 ARM硬件设计
CHAPTER 13

在了解第 12 章对嵌入式系统开发工具的基础上,本章将介绍如何进行嵌入式系统的硬件设计,包括硬件选择、系统结构、STM32 芯片介绍、单元电路设计等内容。

13.1 硬件的选择

视频讲解

13.1.1 CPU 的选择

CPU 的选择往往要考虑其使用的操作系统、处理速度、内部资源等因素。

1. 操作系统

如果希望使用 Windows CE 或 Linux 等操作系统,就需要选择 ARM720T 以上带有 MMU(Memory Management Unit,内存管理单元)功能的 ARM 芯片,如 ARM720T、Strong-ARM、ARM920T、ARM922T、ARM946T 都带有 MMU 功能,而 ARM7TDMI 没有 MMU,不支持 Windows CE 和大部分的 Linux,但 μClinux 等少数几种 Linux 不需要 MMU 的支持。

2. 处理速度

系统时钟决定了 ARM 芯片的处理速度,ARM7 的处理速度为 0.9MIPS(Million Instruction Per Second,每秒百万条指令),常见的 ARM7 芯片系统主时钟为 20~133MHz;ARM9 的处理速度为 1.1MIPS,常见的 ARM9 的系统主时钟为 100~233MHz;ARM10 最高可以达到 700MHz。

3. 内部资源

1) 内置存储器

在不需要大容量存储器时,可以考虑选用有内置存储器的 ARM 芯片。

2) USB 控制器

许多 ARM 芯片内置有 USB 控制器,有些芯片甚至同时有 USB Host 和 USB Slave 控制器。

3) GPIO

对于嵌入式系统,通用 I/O 接口(GPIO)的数量也是需要重点考虑的方面。在某些芯片数据手册中，一般介绍的是最大可能的 GPIO 引脚。但是有许多引脚是和地址线、数据线、控制线等引脚复用的，这样在系统设计时就需要考虑除复用引脚外，实际可以使用的 GPIO 引脚数量。

4) LCD

有些 ARM 芯片内置 LCD 控制器，有的甚至内置 64K 彩色 TFT LCD 控制器。在设计 PDA 和手持式显示记录设备时，选用内置 LCD 控制器的 ARM 芯片（如 S3C2410）较为适宜。

5) IIS

如果设计音频应用产品，IIS 总线接口是必需的。

6) PWM

有些 ARM 芯片有 2~8 路 PWM 输出，可以用于电动机控制或语音输出等场合。

7) ADC/DAC

有些 ARM 芯片内置 2~8 通道 8~12 位通用 ADC，可以用于需要进行模/数转换的场合，如电池检测、触摸屏和温度监测等。Philips 的 SAA7750 更是内置了一个 16 位立体声音频 ADC 和 DAC，并且带耳机驱动。

8) 外部中断控制器

通常情况下，ARM 内核只提供快速中断（FIQ）和标准中断（IRQ）两个中断向量。但各个半导体厂家（如三星、飞利浦、摩托罗拉等）在利用 ARM 公司的内核设计芯片时，加入了自己的中断控制器，以便支持诸如串行接口、外部中断、时钟中断等硬件中断。

外部中断控制是选择芯片必须考虑的重要因素，合理的外部中断设计可以在很大程度上减少任务调度工作量。例如，飞利浦公司的 SAA7750，所有 GPIO 都可以设置成 FIQ 或 IRQ，并且可以选择上升沿、下降沿、高电平、低电平 4 种中断方式。这使得红外线遥控接收和键盘等任务都可以作为后台程序运行。而 Cirrus Logic 公司的 EP7312 芯片只有 4 个外部中断源，并且每个中断源都只能是低电平或高电平中断，这样在用于接收红外线信号的场合时，就必须采用查询方式，这会浪费大量 CPU 时间。所以在选择处理器时需要考虑这些因素。

9) RAM 扩展接口

大部分 ARM 芯片具有外部 SDRAM 和 SRAM 扩展接口，不同的 ARM 芯片可以扩展的芯片数量（即片选线数量）不同，外部数据总线有 8 位、16 位或 32 位。某些特殊应用 ARM 芯片（如德国 Micronas 的 PUC3030A）没有外部扩展功能，这也是微处理器选择时需要考虑的因素。

10) 串行通信

几乎所有的 ARM 芯片都具有 1 个或 2 个 UART 接口，可以用于和 PC 通信或用 Angel 进行调试。一般的 ARM 芯片的数据传输速率设置为 115 200bps，少数专为蓝牙技术应用设计的 ARM 芯片的 UART 的数据传输速率可以达到 920kbps，如 Linkup 公司的 L7205。

13.1.2 外围芯片的选择

1. 电源的选择

在嵌入式系统中,通常需要使用 5V 和 3.3V 的直流稳压电源,其中微处理器及部分外围器件需 3.3V 电源,其他一些器件需 5V 电源。

常见的情况是从外接 220V 的交流电经过变压、整流、稳压后得到直流 5V 电压,再通过 DC-DC 转换芯片可完成 5V 到 3.3V 的转换。

2. Flash 存储器的选择

Flash 存储器是一种可以在系统编程(In System Program,ISP)方式进行电擦写,掉电后信息不丢失的存储器。它具有低功耗、大容量、擦写速度快、可整片或分扇区在系统编程(烧写)或擦除等特点,并且可由内部嵌入的算法完成对芯片的操作,因而在各种嵌入式系统中得到广泛的应用。

作为一种非易失性存储器,Flash 在系统中通常用于存放程序代码、常量表以及一些在系统掉电后需要保存的用户数据等。

常用的 Flash 数据宽度为 8 位或 16 位,编程电压为单 3.3V。主要的生产厂商为 ATMEL、AMD、HYUNDAI 等,这些厂商生产的同型器件一般具有相同的电气特性和封装形式,因此可通用。

3. SDRAM 存储器的选择

与 Flash 存储器相比较,SDRAM 不具有掉电保持数据的特性,但其存取速度大大高于 Flash 存储器,且具有可读/写的属性,因此 SDRAM 在系统中主要用作程序的运行空间、数据及堆栈区。

当系统启动时,CPU 首先从复位地址 0x0 处读取启动代码,在完成系统的初始化后,程序代码一般应调入 SDRAM 中运行,以提高系统的运行速度。同时,系统及用户堆栈、运行数据也都放在 SDRAM 中。

SDRAM 具有单位空间存储容量大和价格便宜的优点,已广泛应用在各种嵌入式系统中。

SDRAM 的存储单元可以理解为一个电容,总是倾向于放电,为避免数据丢失,必须定时刷新(充电)。因此,要在系统中使用 SDRAM,就要求微处理器具有刷新控制逻辑,或在系统中另外加入刷新控制逻辑电路。一些 ARM 芯片在片内具有独立的 SDRAM 刷新控制逻辑,可方便地与 SDRAM 接口。但某些 ARM 芯片没有 SDRAM 刷新控制逻辑,就不能直接与 SDRAM 相连,在进行系统设计时应注意这一点。目前常用的 SDRAM 为 8 位/16 位的数据宽度,工作电压一般为 3.3V。

SDRAM 主要的生产厂商为 HYUNDAI、Winbond 等。这些厂商生产的同型器件一般具有相同的电气特性和封装形式,因此可通用。

4. 网络接口芯片的选择

从硬件的角度看,以太网接口电路由以下两部分构成:MAC(Medium Access Control

和物理层(Physical Layer,PHY)接口。

目前常见的以太网接口芯片,如 RTL8019、RTL8029、RTL8039、CS8900、DM9008 等,其内部结构也主要包含这两部分。

某些 ARM 芯片如三星的 S3C4510B,内嵌一个以太网控制器。因此,S3C4510B 内部实际上已包含了以太网 MAC,但并未提供物理层接口,因此需外接一片带物理层接口的芯片以提供以太网的接入通道。常用的单口 10Mbps/100Mbps 高速以太网物理层接口器件主要有 RTL8201、DM9161 等,均提供 MII 接口和传统的网络接口,可方便地与 S3C4510B 连接。

某些芯片如三星的 S3C44B0,没有网络接口,因此需要外接带 MAC 接口和物理层接口的芯片(如 RTL8029、RTL8039 等)。

13.2 嵌入式硬件系统的结构

嵌入式系统的体系结构包括硬件部分和软件部分,如图 13.1 所示。其中硬件部分的嵌入式微处理器是整个嵌入式系统硬件的核心。嵌入式微处理器外围包括输入/输出接口、外部设备、存储器、总线等部分。

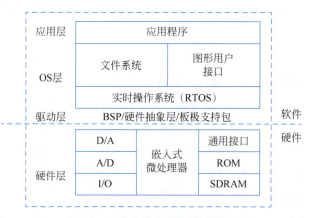

图 13.1　嵌入式系统的体系结构

1. 嵌入式微处理器

嵌入式微处理器可以分为嵌入式微控制器(MCU)、嵌入式 DSP 处理器(DSP)、嵌入式微处理器(MPU)、嵌入式片上系统(SoC)等,这些在前面章节均有介绍。

2. 存储器

嵌入式系统中的存储器类型主要有随机访问存储器(RAM)和只读存储器(ROM)。系统的存储器用于存放系统的程序代码、数据和系统运行的结果。

随机访问存储器分为两类:静态 RAM(SRAM)和动态 RAM(DRAM)。SRAM 比 DRAM 访问速度更快,但成本高很多。SRAM 一般用来作为高速缓冲存储器,可以集成在处理器芯片上或者外置。

只读存储器是非易失性器件,即在系统掉电后,数据仍然可保持。目前嵌入式系统常用的 ROM 有如下几种。

- EEPROM(Electrically Erasable Programmable ROM,电可擦除 EPROM)。
- 闪存存储器(Flash memory):基于 EEPROM,已经成为一种重要的存储技术。固态硬盘(SSD)、U 盘等均属于闪存存储器。
- NOR Flash:NOR Flash 的读取方式和一般的 SDRAM 类似,可以直接运行存放在 NOR Flash 里面的代码,这种方式可以减少 SRAM 的容量、降低成本。
- NAND Flash:NAND Flash 没有采取随机读取方式,其读取方式是一次读取一个数据块,通常是一次读取 512B,块读取方式使得芯片造价较低。但缺点是不能直接运行 NAND Flash 中的代码。为弥补这个缺点,在使用 NAND Flash 作为主要 ROM 时,可以增加一个小的 NOR Flash 来运行启动代码,以提高系统的性价比。

3. 总线

嵌入式系统的总线一般分为片内总线和片外总线。片内总线是指嵌入式微处理器内的 CPU 与片内其他部件连接的总线;片外总线是指总线控制器集成在微处理器内部或外部芯片上的用于连接外部设备的总线。

4. 外部设备

外部设备是嵌入式系统同外界交互的通道,常见的外部设备有 Flash 存储器、键盘、输入笔、触摸屏、液晶显示器等输入/输出设备,在很多嵌入式系统中还有与系统用途紧密相关的各种专用外设。

13.3　STM32 芯片概述

13.3.1　ARM Cortex 内核

STM32 采用 ARM Cortex 内核中的 Cortex-M3 系列,采用了 ARM v7 架构。ARM v7 架构包含三大子系列。

(1) A 系列:ARM Cortex-A 为应用型处理器,应用于需要运行复杂操作系统和复杂应用程序的设备,例如,智能手机、机顶盒、服务器等。ARM Cortex-A 系列具有完全的应用兼容性,支持传统的 ARM、Thumb 指令集和紧凑型 Thumb-2 指令集。

(2) R 系列:ARM Cortex-R 主要应用于需要运行实时操作系统,进行实时控制应用的系统。

(3) M 系列:ARM Cortex-M 主要针对成本和功耗敏感的 MCU 和终端应用,如工业控制、智能仪表、消费电子等领域。

ARM 系列处理器从 ARM v4 到 ARM v7 版本的演化示意如图 13.2 所示。从 ARM v4 到 ARM v7,性能逐步上升。

13.3.2　STM32 芯片结构

Cortex-M3 内核由 ARM 公司设计,并提供内核 IP。ARM 公司所设计的核心部分包括了 Cortex-M3 内核和调试系统,而芯片的其他外设功能由具体的芯片制造厂商设计开

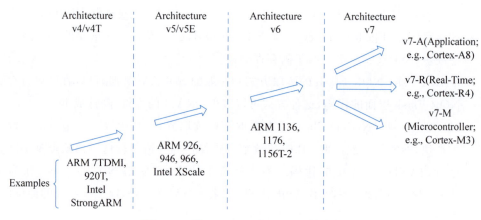

图 13.2　从 ARM v4 到 ARM v7 的演化

发,其内部结构如图 13.3 所示。比如 ST 公司就是根据 Cortex-M3 内核,加上其他外设功能,最终设计并生产出不同子系列的 STM32 芯片。

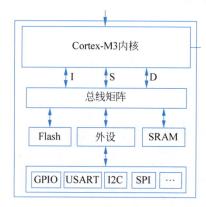

图 13.3　Cortex-M3 芯片结构

下面以 STM32F103ZET6 为例介绍 Cortex-M3 系列芯片的主要特性。

- 集成 32 位的 ARM Cortex-M3 内核,最高工作频率 72MHz,具有单周期乘法指令和硬件除法器;
- 具有 512KB 片内 Flash 存储器和 64KB 片内 SRAM 存储器;
- 内部集成了 8MHz 晶体振荡器,可外接 4～16MHz 时钟源;
- 2.0～3.6V 单一供电电源,具有上电复位功能(POR);
- 具有睡眠、停止、待机 3 种低功耗工作模式;
- 144 引脚 LQFP 封装(薄型四边引线扁平封装);
- 内部集成了 11 个定时器:4 个 16 位的通用定时器,2 个 16 位的可产生 PWM 波控制电动机的定时器,2 个 16 位的可驱动 DAC 的定时器,2 个加窗口的看门狗定时器和 1 个 24 位的系统节拍定时器(24 位减计数);
- 2 个 12 位的 DAC 和 3 个 12 位的 ADC(21 通道);
- 集成了内部温度传感和实时时钟 RTC;
- 具有 112 个高速通用输入/输出口(GPIO),可从其中任选 16 个作为外部中断输入口,几乎全部 GPIO 可承受 5V 输入(PA0～PA7、PB0～PB1、PC0～PC5、PC13～PC15 和 PF6～PF10 除外);
- 集成了 13 个外部通信接口:2 个 I^2C、3 个 SPI(18Mbps,其中复用 2 个 I^2S)、1 个 CAN(2.0B)、5 个 UART、1 个 USB 2.0 设备和 1 个并行 SDIO;
- 具有 12 通道的 DMA 控制器,支持定时器、ADC、DAC、SDIO、I^2S、SPI、I^2C 和 UART 外设;
- 具有 96 位的全球唯一编号;
- 工作温度为-40～85℃。

STM32F103ZET6 芯片内部系统框图如图 13.4 所示。其外部引脚如图 13.5 所示。

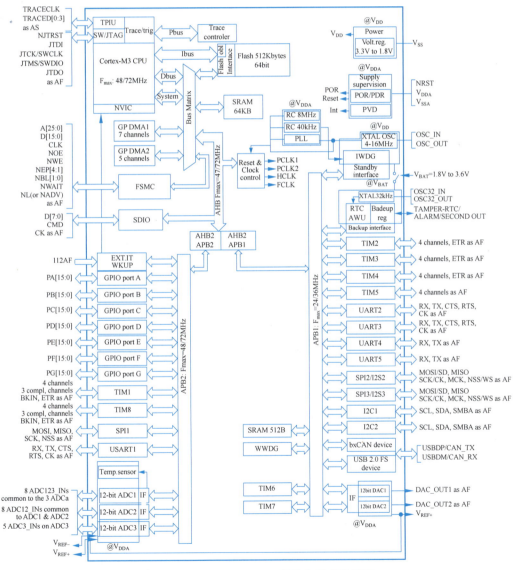

图 13.4　STM32F103ZET6 芯片内部系统框图

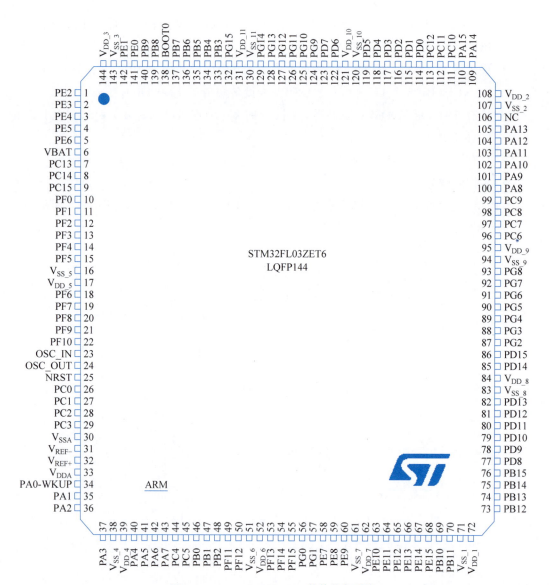

图 13.5　STM32F103ZET6 芯片外部引脚

13.4　单元电路设计

在硬件系统的设计中,应当注意芯片引脚的类型,STM32(也包括其他的微处理器)的引脚主要分为 3 类:输入(I)、输出(O)、输入/输出(I/O)。

某些输入类型引脚的电平信号的设置是微处理器正常工作的前提,在系统设计时必须小心处理。

输出类型的引脚主要用于微处理器对外设的控制或通信,由微处理器主动发出,这些引脚的连接不会对微处理器自身的运行有太大的影响。

输入/输出类型的引脚主要用于微处理器与外设的双向数据传输通道。

13.4.1 电源电路

在系统中,需要使用5V、3.3V和2.5V的直流稳压电源。为了提高供电的稳定性和可靠性,通常采用集成线性稳压电源对CPU和外围电路供电。

CPU内核工作需要供给的2.5V电源,可采用LM1117-2.5产生;CPU的I/O和设工作所需要的3.3V电源是采用LM1117-3.3产生的;其他的外围芯片如串行接口接口电路、PS/2键盘接口电路以及I^2C接口芯片等需要5V的直流电源,5V的直流电源由外部直接提供。电源电路示例如图13.6和图13.7所示,嵌入式系统板供电采用5V直流电压,5V直流电压可以来源于外部的电源适配器,也可以来源于USB口提供的5V直流电压。

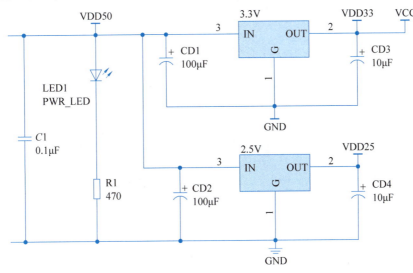

图13.6 电源电路1

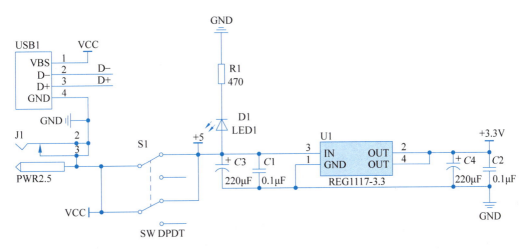

图13.7 电源电路2

ADC模块电源VDDA和AD转换参考电源VREF+均取自系统3.3V主电源,VREF-及VSSA接地,如图13.8所示。

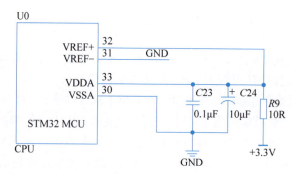

图 13.8　ADC 模块电源

13.4.2　晶振电路

晶振电路示例如图 13.9 所示，其中石英晶振 X1 为 RTC 时钟晶振，X2 是 CPU 主时钟晶振。

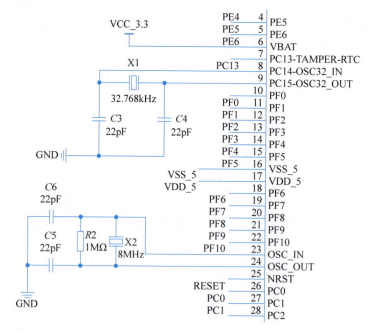

图 13.9　晶振电路

13.4.3　看门狗与复位电路

1. 看门狗电路

程序监视定时器(Watchdog Timer，WDT)也称为看门狗，它利用一个定时器来监控主程序的运行。也就是说，在主程序的运行过程中，CPU 要在定时时间到来之前对定时器的计数值进行复位(俗称"喂狗")。如果出现死循环，或者 PC 指针不能回来，那么定时时间到达且 CPU 没有产生喂狗信号给 WDT，WDT 就会输出信号使 CPU 复位。

嵌入式系统中有两类看门狗。

1) CPU 内部自带的看门狗

将一个芯片中的定时器作为看门狗，通过程序进行 WDT 初始化，写入初值、设定溢出时间，并启动定时器。程序按时对定时器赋初值(或复位)，以免其溢出。内部自带的看门狗的优点是可以通过程序改变溢出时间,也可以随时禁用。其缺点是需要初始化,如果程序在初始化、启动完成前跑飞或在禁用后跑飞,那么看门狗就无法复位系统,这样看门狗就失去其监控作用,降低了对系统的恢复能力。

2) 独立的看门狗

独立的看门狗由单独的芯片构成,芯片上主要有一个用于喂狗的引脚(一般与 CPU 的 GPIO 相连)和一个复位引脚(与系统的 RESET 引脚相连),如果没有在一定时间内改变喂狗引脚的电平,复位引脚就会改变状态,去复位 CPU。此类看门狗一上电就开始工作,无法禁用。独立的看门狗的优点是无须配置,上电即用,系统恢复能力强;缺点是无法灵活配置溢出时间,无法禁用,灵活性降低。

采用独立的看门狗芯片设计的看门狗电路实例如图 13.10 所示。

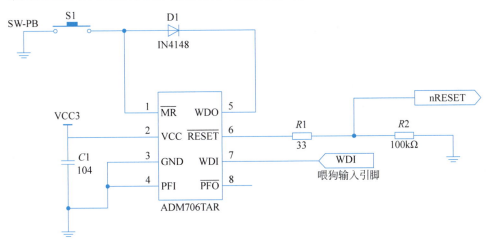

图 13.10　采用独立的看门狗芯片设计的看门狗电路

在图 13.10 中,按键 S1 是手动复位按键。ADM706TAR 芯片的第 7 脚周期性地按设定的时间间隔检查该引脚的输入信号,如果 CPU 在规定的时间内没有输入高电平(又称为喂狗),则说明程序跑飞了,ADM706TAR 的第 6 脚便输出一个复位信号,使 CPU 复位。

2. 复位电路

以 STM32 为例,其采用低电平复位,设计如图 13.11 所示复位电路。此电路可以实现上电复位和按键复位。

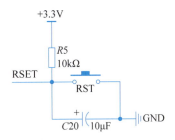

图 13.11　复位电路

13.4.4　启动设置电路

以 STM32 为例,STM32 的启动模式如表 13.1 所示。根据要求,设计启动设置电路如图 13.12 所示,可以通过跳线帽来设置 BOOT0 引脚和 BOOT1 引脚的电平状态。

表 13.1　STM32 的启动模式

启动模式选择引脚		启 动 模 式	说　　明
BOOT1	BOOT0		
X	0	从用户闪存启动	这是正常的工作模式
0	1	从系统存储器启动	启动的程序功能由厂家设置
1	1	从内置 SRAM 启动	这种模式可以用于调试

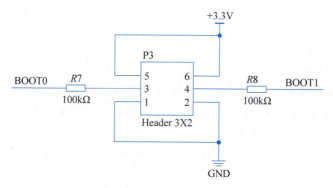

图 13.12 STM32 启动设置电路

13.4.5 USB 转串行接口电路

为了方便地与个人计算机连接和下载程序，往往需要用到嵌入式系统的串行接口。目前大部分个人计算机外置串行接口比较少，但 USB 接口比较普遍，根据实际需要可以考虑采用 USB 转串行接口电路的方式来使用嵌入式系统的串行接口，用于串行通信或者应用程序下载。USB 转串行接口电路示例如图 13.13 所示。

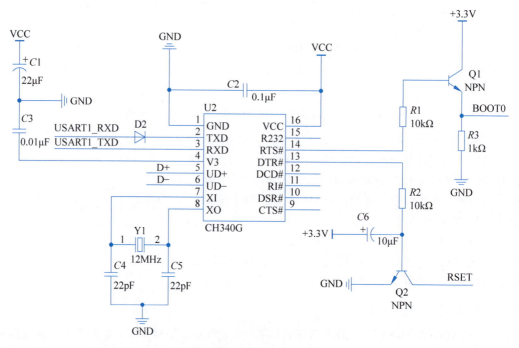

图 13.13 USB 转串行接口电路

13.4.6 JTAG 接口电路

JTAG 接口可以用来对目标系统下载程序、仿真调试、测试，只需要将目标板的 CPU 的 JTAG 相关引脚接至 JTAG 插座，并连接上拉电阻和下拉电阻，其电路实例如图 13.14 所示，一般 JTAG 插座有 10 针、14 针、16 针、20 针几种标准，图 13.14 中采用 20 针标准。

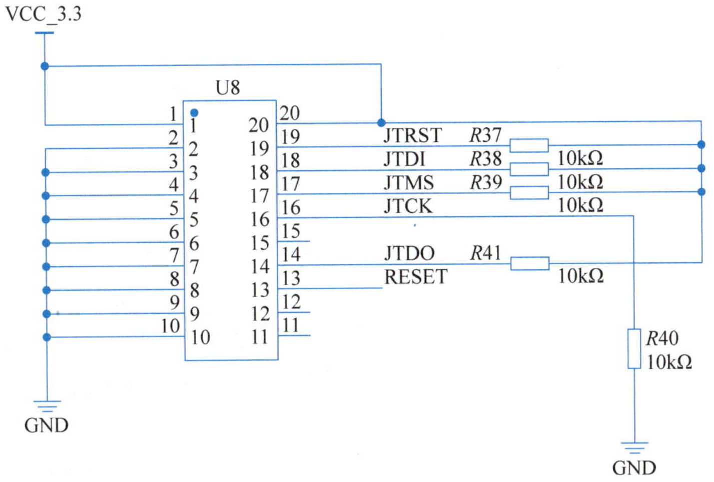

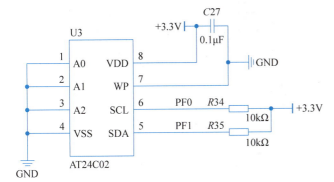

图 13.14　JTAG 接口电路

13.4.7　I²C 接口电路

通过 I²C 接口可以很方便地扩展存储和接口芯片。如图 13.15 所示，通过 CPU 的 I²C 接口可以外扩 EEPROM，用于持续保留重要数据和保存系统配置信息。图 13.15 中使用的 AT24C02 引脚功能如表 13.2 所示。

图 13.15　I²C 接口外扩 EEPROM

表 13.2　AT24C02 引脚功能

引脚	名称	描述
6	SCL	串行时钟
5	SDA	串行数据
7	WP	数据保护，通常接地
1、2、3	A0、A1、A2	地址位，并行寻址，串行通信时接地

13.4.8　网络接口电路

从硬件的角度看，以太网接口电路包括两大部分，即 MAC(Medium Access Control)、物理层(Physical Layer,PHY)接口，设计网络接口结构实例如图 13.16 所示。使用 W5500 芯片设计的网络接口电路如图 13.17 所示。

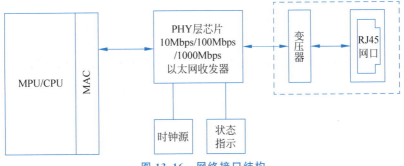

图 13.16　网络接口结构

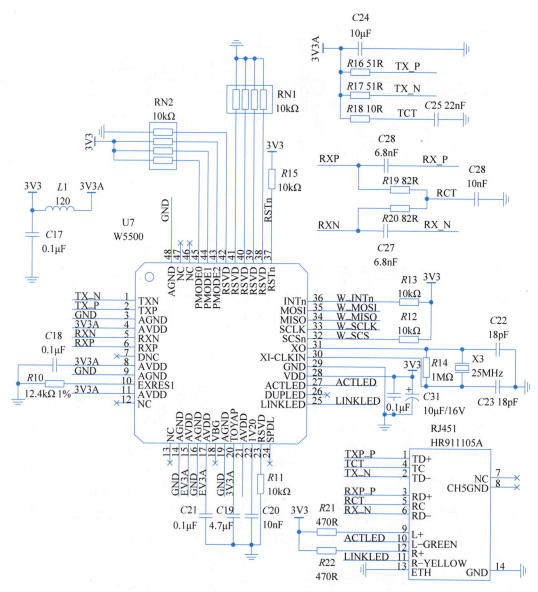

图 13.17　使用 W5500 芯片设计的网络接口电路

13.5　STM32 最小系统

1. STM32 最小系统构成

STM32＋电源电路＋晶振电路＋复位电路＋JTAG/SWD 接口电路可构成真正意义上的最小系统，如图 13.18 所示。程序可运行于 STM32 内部的 Flash ROM 中，也可运行于

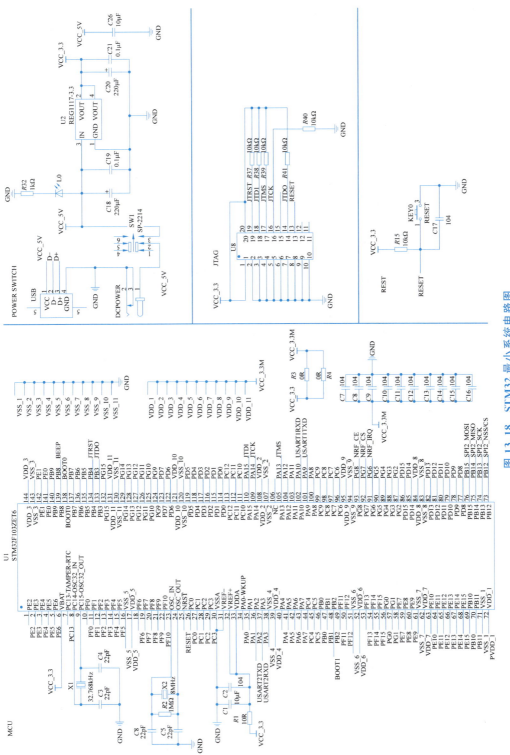

图13.18 STM32最小系统电路图

RAM 中。在最小系统中,程序运行于内部 Flash ROM 或内部 RAM 中时,因为存储器容量有限,所以程序大小受限,只能通过 JTAG/SWD 接口调试程序。

2. STM32 扩展系统

STM32 最小系统+必要的接口电路可构成一个完全的嵌入式系统,进而构成具体的 STM32 应用系统,应用系统实例电路如图 13.19 所示,实物如图 13.20 所示。

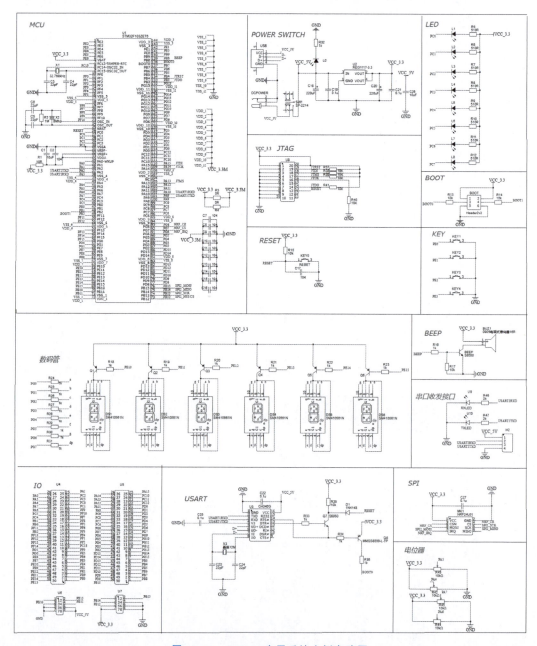

图 13.19　STM32 应用系统实例电路图

图 13.20　STM32 应用系统实物

13.6　硬件电路板设计注意事项

视频讲解

STM32 的片内工作频率可达到 72MHz，因此，在印制电路板的设计过程中，应该遵循一些高频电路的设计基本原则，否则会使系统工作不稳定，甚至不能正常工作。

印制电路板的设计人员应该特别关注信号线和电源线的布置等方面的问题。

在各种微处理器的输入/输出信号中，总有相当一部分是相同类型的，例如，数据线、地址线。对这些相同类型的信号线应该成组、平行分布，同时应注意它们之间的长短差异不要太大。采用这种布线方式，不但可以减少干扰，增加系统的稳定性，还可以使布线变得简单，外观更整齐。

电源部分需要重点考虑如下滤波和分配问题。

1）电源滤波

（1）低通滤波：为提高系统的电源质量，消除低频噪声对系统的影响，一般应在电源进入印制电路板的位置和靠近各器件的电源引脚处加上滤波器，以消除电源的噪声，常用的方法是在这些位置加上几十到几百微法的电容。

（2）退耦：在系统中除了要注意低频噪声的影响，还要注意元器件及电源线工作时产生的高频噪声，一般的方法是在元器件（芯片）的电源和地之间加上 $0.1\mu F$ 左右的电容，可以很好地消除高频噪声的影响。注意，在使用退耦电容时，应该使其尽可能靠近元器件（芯片）的电源引脚放置，才能达到好的退耦效果。

2）电源分配

实际的工程应用和理论都证实，电源的分配对系统的稳定性有很大的影响。因此，在设计印制电路板时，要注意电源的分配问题。

在印制电路板上，电源的供给一般采用电源总线（双面板）或电源层（多层板）的方式。电源总线由两条或多条较宽的线组成，由于受到电路板面积的限制，一般不可能布得过宽，因此存在较大的直流电阻。但在双面板设计中也只好采用这种方式，只是在布线的过程中，应尽量注意这个问题。

在多层板的设计中，一般使用电源层的方式给系统供电。该方式专门拿出一层作为电源层，而不再在其上布置信号线。由于电源层遍及电路板的全面积，其直流电阻非常小，因此采用这种方式可有效地降低噪声，提高系统的稳定性。

13.7 硬件电路的调试

在硬件电路的调试过程中,应尽可能地从简单到复杂,逐个单元地焊接调试,以便在调试遇到困难时缩小故障范围。在调试过程中,应先确定电路没有短路,才能通电调试。

先从最小系统调试,例如先从 STM32＋电源电路＋晶振电路＋复位电路＋JTAG/SWD 接口开始,然后加上其他接口电路。

芯片在工作时有一定的发热是正常的,但如果有芯片特别烫,则一定存在故障,必须断电检查,确认无误后方可继续通电调试。

调试电源电路之前,应该尽量少接元器件,通电之前检查有无短路现象。用示波器观测晶振的输出频率是否正常。调试 JTAG/SWD 接口电路之前,应该保证晶振已经起振。检测 JTAG/SWD 接口的信号线是否已与处理器芯片的对应引脚相连。连接仿真器,看是否能够连接上,如果连接不上,应检查各信号是否正常。正常工作时,TRST 应该为高电平,如果连接不上调试器,需要检查该信号。

系统复位电路的 nRESET(低电平有效)端在未按下按钮时输出应为高电平(3.3V),按下按钮后变为低电平,松开按钮后应恢复到高电平。

习题

1. 选择题

(1) 下面是有关嵌入式系统的最小系统组成的叙述:
Ⅰ. 嵌入式最小系统包括嵌入式处理器;
Ⅱ. 嵌入式最小系统包括电源电路;
Ⅲ. 嵌入式最小系统包括时钟电路;
Ⅳ. 嵌入式最小系统包括复位电路。
上述叙述中,正确的是(　　)。
  A. 仅Ⅰ和Ⅲ　　　B. 仅Ⅰ和Ⅱ　　　C. 仅Ⅱ、Ⅲ和Ⅳ　　　D. 全部

(2) Cortex-M3 处理器采用(　　)。
  A. ARM v7-M 架构　　　　B. ARM v4-M 架构
  C. ARM v6-M 架构　　　　D. ARM v8-M 架构

(3) ARM v7 架构不包含的子系列是(　　)。
  A. X 系列　　　B. A 系列　　　C. R 系列　　　D. M 系列

2. 判断题

(1) 在不需要大容量存储器时,可以考虑选用有内置存储器的 ARM 芯片。(　　)

(2) 在系统设计时,实际可以使用的 GPIO 引脚数量和手册上标明的最大可用 GPIO 引脚数量是一致的。(　　)

(3) 从硬件的角度看,以太网接口电路由 MAC 和物理层接口构成。(　　)

(4) 嵌入式系统的硬件电路板设计时,若已经设置了电源的滤波电容器,则不再需要设置芯片的退耦电容器。(　　)

3. 简答题

(1) 嵌入系统中 CPU 的选择主要考虑哪些因素？

(2) 嵌入式系统的体系结构中硬件系统主要包括哪些部分？

(3) ARM v7 架构包含了哪三大子系列？

(4) 什么是看门狗电路？

(5) 在嵌入式目标板上，JTAG 接口电路的作用是什么？

(6) 常见的以太网接口芯片主要包括哪两大部分？

(7) 什么是 STM32 最小系统？

(8) 在嵌入式系统的印制电路板的设计过程中，设计人员要注意哪些关键问题？

第 14 章 ARM应用开发

基于第 13 章所介绍的嵌入式硬件平台,本章将主要以项目实例的方式介绍如何进行嵌入式系统的软件设计,并完成系统应用开发。

14.1 GPIO 应用

14.1.1 GPIO 概述及引脚命名

GPIO 是 General Purpose Input/Output 的缩写,即通用输入/输出。GPIO 是单片机及嵌入式系统数字输入/输出的基本模块,可以实现嵌入式系统与外部环境的数字信息交互。GPIO 通常是学习开发嵌入式应用的第一步。嵌入式系统可以通过 GPIO 对外部设备(如 LED 和按键等)进行最简单、最直观的输出和监控。除此之外,当处理器没有足够的 I/O 引脚或片内存储器时,GPIO 还可用于串行和并行通信、存储器扩展等。

以 STM32F103ZET6 处理器为例,其最多可以提供 112 个多功能双向 I/O 引脚。这些 I/O 引脚依次分布在不同的接口中。

接口号:接口号通常以大写字母命名,从 A 开始,以此类推。例如,GPIOA、GPIOB、GPIOC 等。

引脚号:每个接口有 16 个 I/O 引脚,分别命名为 0~15。例如,STM32F103ZET6 处理器的 GPIOA 接口有 16 个引脚,分别为 PA0~PA15。

14.1.2 GPIO 内部结构

STM32F103 处理器 GPIO 内部结构如图 14.1 所示。

14.1.3 GPIO 工作模式

STM32F103 处理器 GPIO 工作模式包括输入和输出模式。

(1) 输入模式。

- 输入浮空(GPIO_Mode_IN_FLOATING)。
- 输入上拉(GPIO_Mode_IPU)。
- 输入下拉(GPIO_Mode_IPD)。
- 模拟输入(GPIO_Mode_AIN)。

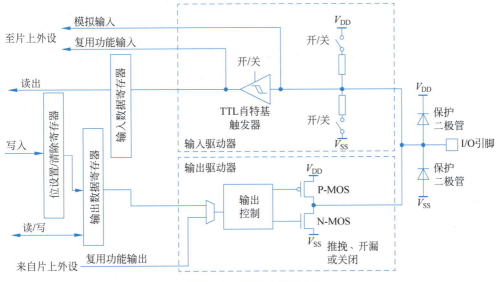

图 14.1　GPIO 内部结构

(2) 输出模式。
- 开漏输出(GPIO_Mode_Out_OD)。
- 开漏复用功能(GPIO_Mode_AF_OD)。
- 推挽输出(GPIO_Mode_Out_PP)。
- 推挽复用功能(GPIO_Mode_AF_PP)。

14.1.4　GPIO 输出速度

STM32 处理器 I/O 引脚内部有多个响应速度(2MHz、10MHz、50MHz)不同的驱动电路,用户可以根据自己的需要选择合适的驱动电路。一般推荐 GPIO 引脚的输出速度是其输出信号速度的 5～10 倍。GPIO 引脚速度选择实例如下:
- 对于连接 LED、数码管和蜂鸣器等外部设备,一般设置为 2MHz;
- 对于串行接口来说,只需要用 2MHz 的 GPIO 的引脚速度即可;
- 对于 I^2C 接口,可以选用 10MHz 的 GPIO 引脚速度;
- 对于 SPI 接口,需要选择 50MHz 的 GPIO 引脚速度;
- 对于用作 FSMC 复用功能连接存储器的输出引脚,一般设置为 50MHz 的 GPIO 引脚速度。

14.1.5　复用功能重映射

STM32F103 处理器 GPIO 引脚可以进行复用功能重映射,即把有些外设的"复用功能"从其默认引脚重新定位到其他引脚上,其实例如图 14.2 所示。

14.1.6　GPIO 控制寄存器

STM32F103 处理器有如下 GPIO 控制寄存器:
(1) 端口配置低寄存器(GPIOx_CRL)。
(2) 端口配置高寄存器(GPIOx_CRH)。

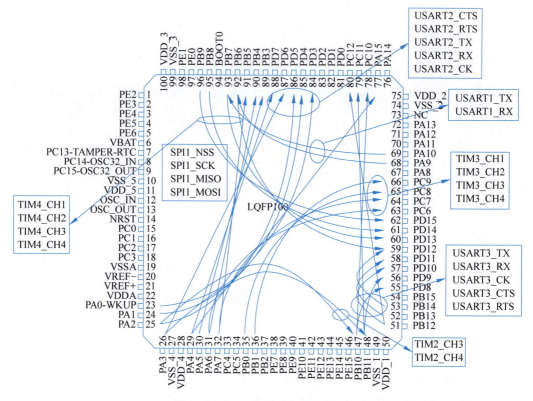

图 14.2　GPIO 复用功能重映射实例

(3) 端口输入数据寄存器(GPIOx_IDR)。

(4) 端口输出数据寄存器(GPIOx_ODR)。

(5) 端口位设置/清除寄存器(GPIOx_BSRR)。

(6) 端口位清除寄存器(GPIOx_BRR)。

(7) 端口配置锁定寄存器(GPIOx_LCKR)。

(8) APB2 外设时钟使能寄存器(RCC_APB2ENR)。

14.1.7　GPIO 输出库函数

1. 函数 RCC_APB2PeriphClockCmd

库函数 RCC_APB2PeriphClockCmd 描述如表 14.1 所示。

表 14.1　函数 RCC_APB2PeriphClockCmd

函数名	RCC_APB2PeriphClockCmd()
函数原型	void RCC_APB2PeriphClockCmd(u32 RCC_APB2Periph，FunctionalState NewState)
功能描述	使能或失能 APB2 外设时钟
输入参数 1	RCC_APB2Periph：门控 APB2 外设时钟
输入参数 2	New State：外设时钟的新状态(ENABLE 或者 DISABLE)
输出参数	无
返回值	无
先决条件	无
被调用函数	无

参数 RCC_APB2Periph 为门控的 APB 2 外设时钟,可以取表 14.2 的一个或者多个取值的组合作为该参数的值。

表 14.2 RCC_APB2Periph 值

RCC_APB2Periph	描　　述	RCC_APB2Periph	描　　述
RCC_APB2Periph_AFIO	功能复用 I/O 时钟	RCC_APB2Periph_ADC1	ADC1 时钟
RCC_APB2Periph_GPIOA	GPIOA 时钟	RCC_APB2Periph_ADC2	ADC2 时钟
RCC_APB2Periph_GPIOB	GPIOB 时钟	RCC_APB2Periph_TIM1	TIM1 时钟
RCC_APB2Periph_GPIOC	GPIOC 时钟	RCC_APB2Periph_SPI1	SPI1 时钟
RCC_APB2Periph_GPIOD	GPIOD 时钟	RCC_APB2Periph_USART1	USART1 时钟
RCC_APB2Periph_GPIOE	GPIOE 时钟	RCC_APB2Periph_ALL	全部 APB2 外设时钟

此函数用于打开挂接在 APB2 总线上的外设时钟,要打开哪一个设备,只要将其名称作为参数填入到函数中即可,如果要打开多个设备的时钟,那么多个设备名称可以用"|"号连接。

例如,对于 LED 流水灯控制来说,因为 LED 的阴极由 STM32 的 GPIOC 口驱动,所以需要调用该函数打开 GPIO 时钟,其语句为:

```
RCC_APB2PeriphClockCmd(RCC_APB2Periph_GPIOC,ENABLE);
```

2. 函数 GPIO_Init

表 14.3 描述了函数 GPIO_Init。

表 14.3 函数 GPIO_Init

函数名	GPIO_Init
函数原型	Void GPIO_Init(GPIO_TypeDef * GPIOx, GPIO_InitTypeDef * GPIO_InitStruct)
功能描述	根据 GPIO_InitStruct 中指定的参数初始化外设 GPIOx 寄存器
输入参数 1	GPIOx:x 可以是 A,B,C,D 或者 E,用来选择 GPIO 外设
输入参数 2	GPIO_InitStruct:指向结构 GPIO_InitTypeDef 的指针,包含了外设 GPIO 的配置信息
输出参数	无
返回值	无
先决条件	无
被调用函数	无

其中,GPIO_InitTypeDef 结构定义于文件 stm32f10x_gpio.h 中,其定义为:

```
typedef struct
{
  uint16_t GPIO_Pin;
  GPIOSpeed_TypeDef GPIO_Speed;
  GPIOMode_TypeDef GPIO_Mode;
}GPIO_InitTypeDef;
```

(1) 结构中的成员 GPIO_Pin。

该参数用于选择待设置的 GPIO 引脚,使用操作符"|"可以一次选中多个引脚。可以使用表 14.4 中的任意组合。

表 14.4 GPIO_Pin 值

GPIO_Pin	描 述	GPIO_Pin	描 述
GPIO_Pin_None	无引脚被选中	GPIO_Pin_8	选中引脚 8
GPIO_Pin_0	选中引脚 0	GPIO_Pin_9	选中引脚 9
GPIO_Pin_1	选中引脚 1	GPIO_Pin_10	选中引脚 10
GPIO_Pin_2	选中引脚 2	GPIO_Pin_11	选中引脚 11
GPIO_Pin_3	选中引脚 3	GPIO_Pin_12	选中引脚 12
GPIO_Pin_4	选中引脚 4	GPIO_Pin_13	选中引脚 13
GPIO_Pin_5	选中引脚 5	GPIO_Pin_14	选中引脚 14
GPIO_Pin_6	选中引脚 6	GPIO_Pin_15	选中引脚 15
GPIO_Pin_7	选中引脚 7	GPIO_Pin_All	选中全部引脚

(2) 结构中的成员 GPIO_Speed。

GPIO_Speed 用于设置选中引脚的速率。表 14.5 给出了该参数可取的值。

表 14.5 GPIO_Speed 值

GPIO_Speed	描 述	GPIO_Speed	描 述
GPIO_Speed_10MHz	最高输出速率 10MHz	GPIO_Speed_50MHz	最高输出速率 50MHz
GPIO_Speed_2MHz	最高输出速率 2MHz		

(3) 结构中的成员 GPIO_Mode。

GPIO_Mode 用于设置选中引脚的工作状态。表 14.6 给出了该参数可取的值。

表 14.6 GPIO_Mode 值

GPIO_Speed	描 述	GPIO_Speed	描 述
GPIO_Mode_AIN	模拟输入	GPIO_Mode_Out_OD	开漏输出
GPIO_Mode_IN_FLOATING	浮空输入	GPIO_Mode_Out_PP	推挽输出
GPIO_Mode_IPD	下拉输入	GPIO_Mode_AF_OD	开漏复用输出
GPIO_Mode_IPU	上拉输入	GPIO_Mode_AF_PP	推挽复用输出

对于 LED 流水灯控制,因为既需要输出高电平,又需要输出低电平,所以需要将 GPIOC 配置为推挽输出模式;而对输出速度并没有特殊要求,配置成 2MHz 即可。引脚可以选全部,也可选 GPIO_Pin_0～GPIO_Pin_7。所以其参数初始化程序如下:

```
GPIO_InitTypeDef GPIO_InitStructure;
GPIO_InitStructure.GPIO_Pin = GPIO_Pin_All;              //配置端口为 GPIOC 的所有引脚
GPIO_InitStructure.GPIO_Speed = GPIO_Speed_10MHz;        //配置 GPIO 速率
GPIO_InitStructure.GPIO_Mode = GPIO_Mode_Out_PP;         //配置端口模式为推挽模式
GPIO_Init(GPIOC,&GPIO_InitStructure);                    //GPIOC 初始化
```

3. 函数 GPIO_Write

表 14.7 描述了库函数 GPIO_Write。

表 14.7 函数 GPIO_Write

函数名	GPIO_Write
函数原型	void GPIO_Write(GPIO_TypeDef * GPIOx, u16PortVal)
功能描述	向指定 GPIO 数据端口写入数据
输入参数 1	GPIOx:x 可以是 A、B、C、D 或者 E,用来选择 GPIO 外设

续表

输入参数 2	PortVal：待写入端口数据寄存器的值
输出参数	无
返回值	无
先决条件	无
被调用函数	无

函数 GPIO_Write 使用实例为：

```
GPIO_Write(GPIOA,0x1101);
```

4. 函数 GPIO_SetBits 和 GPIO_ResetBits

表 14.8 描述了库函数 GPIO_SetBits。

表 14.8　函数 GPIO_SetBits

函数名	GPIO_SetBits
函数原型	Void GPIO_SetBits(GPIO_TypeDef * GPIOx，u16 GPIO_Pin)
功能描述	设置指定的数据端口位
输入参数 1	GPIOx：x 可以是 A、B、C、D 或者 E,用来选择 GPIO 外设
输入参数 2	GPIO_Pin：待设置的端口位
输出参数	无
返回值	无
先决条件	无
被调用函数	无

表 14.9 描述了库函数 GPIO_ResetBits。

表 14.9　函数 GPIO_ResetBits

函数名	GPIO_ResetBits
函数原型	Void_GPIO_ResetBits(GPIO_TypeDef * GPIOx,u16 GPIO_Pin)
功能描述	清除指定的数据端口位
输入参数 1	GPIOx：x 可以是 A、B、C、D 或者 E,用来选择 GPIO 外设
输入参数 2	GPIO_Pin：待清除的端口位该参数可以取 GPIO_Pin_x(x 可以是 0～15)的任意组合
输出参数	无
返回值	无
先决条件	无
被调用函数	无

5. 函数 GPIO_WriteBit

表 14.10 描述了函数 GPIO_WriteBit。

表 14.10　函数 GPIO_WriteBit

函数名	GPIO_WriteBit
函数原型	void GPIO_WriteBit(GPIO_TypeDef * GPIOx, u16 GPIO_Pin, BitAction BitVal)
功能描述	置位或者清除指定的数据端口位
输入参数 1	GPIOx：x 可以是 A、B、C、D 或者 E,用来选择 GPIO 外设
输入参数 2	GPIO_Pin：待置位或者清除指定的端口位
输入参数 3	BitVal：该参数指定了待写入的值,该参数必须枚举 BitAction 的其中一个值,Bit_RESET：清除数据端口位,Bit_SET：置位数据端口位

续表

输出参数	无
返回值	无
先决条件	无
被调用函数	无

函数 GPIO_WriteBit 使用实例为：

GPIO_WriteBit(GPIOA, GPIO_Pin_15_, Bit_SET);

14.1.8 项目实例

设计目标板 LED 流水灯电路原理图如图 14.3 所示。

由图 14.3 可知，如需实现 LED 流水灯控制只需要依次点亮 L1～L8，即需依次设置 PC0～PC7 为低电平即可，对应 GPIOC 端口写入数据分别为 0xFE、0xFD、0xFB、0xF7、0xEF、0xDF、0xBF 和 0x7F。本实验中，通过控制 GPIO 端口，仅实现 L1 和 L2 灯的交替闪烁。

实验操作步骤如下：

第一步，复制已创建的工程模板文件夹到桌面，并将文件夹改名为 LED。

第二步，编译该工程模板，直到没有错误和警告为止。单击 File→New 命令新建两个文件，将其改名为 LED.C 和 LED.H 并保存到工程模板下的 APP 文件中。将 LED.C 文件添加到 APP 项目组下，并再次编译。

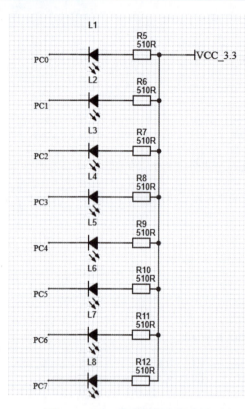

图 14.3 LED 流水灯电路原理图

第三步，在 LED.C 文件中输入如下源程序，在程序中首先包含 LED.H 头文件，然后创建 3 个函数，分别是延时函数 void delay(u32 i)、LED 流水灯初始化函数 void LEDInit()以及流水灯显示函数 void LEDdisplay()。

```
#include "LED.h"
void LEDInit()
{
    GPIO_InitTypeDef GPIO_InitStructure;
    SystemInit();
    RCC_APB2PeriphClockCmd(RCC_APB2Periph_GPIOC, ENABLE);

    GPIO_InitStructure.GPIO_Pin = GPIO_Pin_All;
    GPIO_InitStructure.GPIO_Speed = GPIO_Speed_10MHz;
    GPIO_InitStructure.GPIO_Mode = GPIO_Mode_Out_PP ;
    GPIO_Init(GPIOC, &GPIO_InitStructure);
}

void LEDdisplay()
```

```
{
    u32 i;
  GPIO_SetBits(GPIOC, GPIO_Pin_All);
    while(1)
    {
    GPIO_Write(GPIOC, 0xfe);
    for(i = 0;i < 6000000;i++) ;
    GPIO_Write(GPIOC, 0xfd);
    for(i = 0;i < 6000000;i++) ;
    }
}
```

第四步,在 LED.H 文件中输入如下源程序,其中条件编译和包含 STM32 头文件的内容可以参考创建工程模板时 public.h 的编写方法。

```
#ifndef _LED_H
#define _LED_H
#include "stm32f10x.h"
void LEDInit(void);
void LEDdisplay(void);
#endif
```

第五步,在 public.h 文件的中间部分添加"#include "LED.H""语句,即包含 LED.H 头文件。

```
#ifndef _public_H
#define _public_H
#include "stm32f10x.h"
#include "LED.h"
#endif
```

第六步,在 main.c 文件中输入如下源程序,其中 main()函数包含两条语句,一条语句调用 LEDInit()函数对 GPIO 引脚进行初始化,另一条语句调用 LEDdisplay()函数进行流水灯显示。

```
#include "public.h"
int main()
{
LEDInit();
LEDdisplay();
}
```

第七步,编译工程,如没有错误,则在 output 文件夹中生成"工程模板.hex"文件,如有错误则修改源程序,直至没有错误为止。

第八步,将生成的目标文件下载到目标板处理器的 Flash 存储器中,复位运行,检查实验效果。

14.2　定时器与 PWM 应用

视频讲解

14.2.1　STM32F103 定时器概述

STM32F103 定时器相比于传统的 51 单片机要完善和复杂得多,它专为工业控制应用量身定制,具有延时、频率测量、PWM输出、电动机控制及编码接口等功能。

STM32F103 处理器内部集成了多个可编程定时器,可分为基本定时器(TIM6 和 TIM7)、通用定时器(TIM2~TIM5)和高级定时器(TIM1、TIM8)3 种类型。从功能上看,基本定时器是通用定时器的子集,而通用定时器又是高级定时器的一个子集,各类定时器功能描述见表 14.11。

表 14.11 STM32F103 定时器的功能

主要特点	基本定时器	通用定时器	高级定时器
内部时钟 CK_INT 来源	APB1 分频器	APB1 分频器	APB2 分频器
预分频器的位数(分频范围)	16 位(1~65 536)	16 位(1~65 536)	16 位(1~65 536)
计数器的位数(计数范围)	16 位(1~65 536)	16 位(1~65 536)	16 位(1~65 536)
更新中断和 DMA	√	√	√
计数方向	↑	↑、↓、↑↓	↑、↓、↑↓
外部事件计数	×	√	√
定时器触发或级联	×	√	√
4 个独立捕获/比较通道	×	√	√
单脉冲输出方式	×	√	√
正交编码器输入	×	√	√
霍尔传感器输入	×	√	√
刹车信号输入	×	×	√
带死区的 PWM 互补输出	×	×	√

14.2.2 基本定时器

STM32F103 基本定时器 TIM6 和 TIM7 各包含一个 16 位自动装载计数器,由各自的可编程预分频器驱动。这 2 个定时器是互相独立的,不共享任何资源。STM32F103 基本定时器的结构如图 14.4 所示。

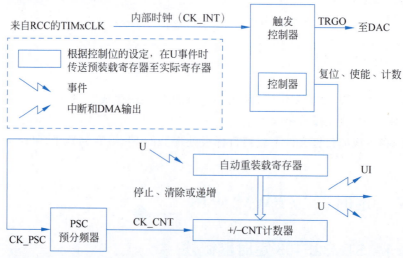

图 14.4 STM32F103 基本定时器的结构

1. 基本定时器的主要特性

TIM6 和 TIM7 定时器的主要特性包括：
- 16 位自动重装载累加计数器。
- 16 位可编程(可实时修改)预分频器。
- 触发 DAC 的同步电路。
- 在更新事件(计数器溢出)时产生中断/DMA 请求。

2. 基本定时器的功能

1) 时基单元

可编程定时器的主要部分是一个带有自动重装载功能的 16 位累加计数器，计数器的时钟通过一个预分频器得到。软件可以读写计数器(TIMx_CNT)、自动重装载寄存器(TIMx_ARR)和预分频寄存器(TIMx_PSC)，即使计数器运行时也可以操作。

2) 时钟源

从 STM32F103 基本定时器的内部结构可以看出，基本定时器 TIM6 和 TIM7 只有一个时钟源，即内部时钟 CK_INT。基本定时器 TIM6 和 TIM7 的 TIMxCLK 来源于 APB1 预分频器的输出，系统默认情况下，APB1 的时钟频率为 72MHz。

3) 预分频器

预分频可以以系数为 1~65 536 的任意数值对计数器时钟分频。它是通过一个 16 位寄存器(TIMx_PSC)的计数实现分频。

4) 计数模式

STM32F103 基本定时器只有向上计数工作模式，其工作过程如图 14.5 所示，其中，↑表示产生溢出事件。

基本定时器工作时，脉冲计数器 TIMx_CNT 从 0 累加计数到自动重装载数值(TIMx_ARR 寄存器)，然后重新从 0 开始计数并产生一个计数器溢出事件。由此可见，如果使用基本定时器进行延时，则延时时间可以由以下公式计算：

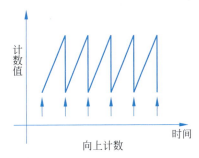

图 14.5　基本定时器工作过程

$$延时时间 = (TIMx\_ARR + 1) \times (TIMx\_PSC + 1) / TIMxCLK$$

3. 基本定时器寄存器

STM32F103 基本定时器相关寄存器名称为：
- TIM6 和 TIM7 控制寄存器 1(TIMx_CR1)。
- TIM6 和 TIM7 控制寄存器 2(TIMx_CR2)。
- TIM6 和 TIM7 DMA/中断使能寄存器(TIMx_DIER)。
- TIM6 和 TIM7 状态寄存器(TIMx_SR)。
- TIM6 和 TIM7 事件产生寄存器(TIMx_EGR)。
- TIM6 和 TIM7 计数器(TIMx_CNT)。
- TIM6 和 TIM7 预分频器(TIMx_PSC)。
- TIM6 和 TIM7 自动重装载寄存器(TIMx_ARR)。

可以用半字(16 位)或字(32 位)的方式操作这些外设寄存器，若采用库函数方式编程，则不必过多关注其内部结构。

14.2.3 通用定时器

通用定时器(TIM2、TIM3、TIM4 和 TIM5)由一个通过可编程预分频器驱动的 16 位自动装载计数器构成。它适用于多种场合,包括测量输入信号的脉冲长度(输入捕获)或者产生输出波形(输出比较和 PWM)。使用定时器预分频器和 RCC 时钟控制器预分频器,脉冲长度和波形周期可以在几微秒到几毫秒间调整。每个定时器都是完全独立的,没有共享任何资源。它们可以一起同步操作。

1. 通用定时器的主要功能

通用 TIMx (TIM2、TIM3、TIM4、TIM5)定时器的主要功能包括:
- 16 位向上、向下、向上/向下自动装载计数器。
- 16 位可编程(可以实时修改)预分频器。
- 4 个独立通道,用于输入捕获、输出比较、PWM 生成、单脉冲模式输出。
- 使用外部信号控制定时器和定时器互连的同步电路。
- 如下事件发生时产生中断/DMA:更新、触发事件、输入捕获、输出比较。
- 支持针对定位的增量(正交)编码器和霍尔传感器电路。
- 触发输入作为外部时钟或者按周期的电流管理。

通用定时器内部结构如图 14.6 所示,相较于基本定时器,其内部结构要复杂得多,其中最显著的地方就是增加了 4 个捕获/比较寄存器 TIMx_CCR,这也是通用定时器拥有更强大功能的原因。

1) 时基单元

可编程通用定时器的主要部分是一个 16 位计数器和与其相关的自动装载寄存器。这个计数器可以向上计数、向下计数或者向上/向下计数。时基单元包含:计数器寄存器(TIMx_CNT)、预分频器寄存器(TIMx_PSC)和自动装载寄存器(TIMx_ARR)。

2) 计数模式

(1) 向上计数模式。

工作在向上计数模式下的通用定时器,当自动装载寄存器 TIMx_ARR 的值为 0x36,内部预分频系数为 4(预分频寄存器 TIMx_PSC 的值为 3)的计数器时序图 14.7 所示。

(2) 向下计数模式。

当工作在向下计数模式下,通用定时器的工作过程如图 14.8 所示。当自动装载寄存器 TIMx_ARR 的值为 0x36,内部预分频系数为 2 的计数器时序图如图 14.9 所示。

(3) 向上/向下计数模式。

向上/向下计数模式又称为中央对齐模式或双向计数模式,其工作过程如图 14.10 所示,计数器从 0 开始计数到自动加载的值(TIMx_ARR 寄存器的值)−1,产生一个计数器溢出事件,然后向下计数到 1 并且产生一个计数器下溢事件;然后再从 0 开始重新计数。

工作在向上/向下计数模式下的通用定时器,当自动装载寄存器 TIMx_ARR 的值为 0x06,内部预分频系数为 1(预分频寄存器 TIMx_PSC 的值为 0)的计数器时序如图 14.11 所示。

3) 时钟选择

相比于基本定时器单一的内部时钟源,STM32F103 通用定时器的 16 位计数器的时钟源有多种选择,可由以下时钟源提供。

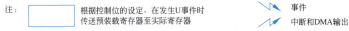

图 14.6　通用定时器内部结构

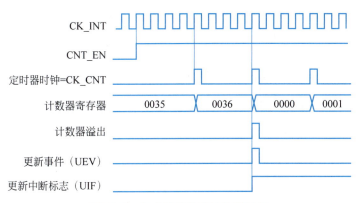

图 14.7　向上计数模式计数器时序

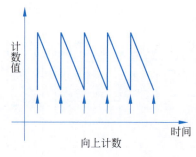

图 14.8　向下计数模式工作过程

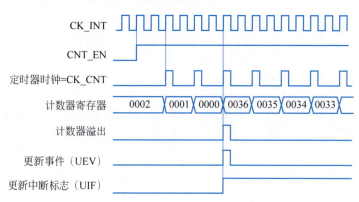

图 14.9　向下计数模式计数器时序

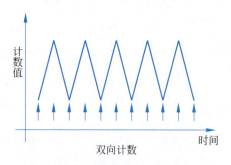

图 14.10　向上/向下计数模式工作过程

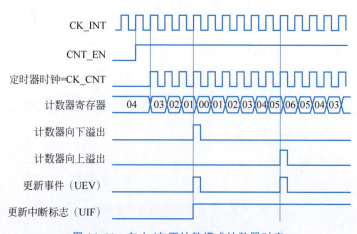

图 14.11　向上/向下计数模式计数器时序

- 内部时钟(CK_INT)。
- 外部时钟模式 1：外部输入捕获引脚(TIx)。
- 外部时钟模式 2：外部触发输入(ETR)。
- 内部触发输入(ITRx)：使用一个定时器作为另一个定时器的预分频器。

4) 捕获/比较通道

每一个捕获/比较通道都关联一个捕获/比较寄存器(包含影子寄存器)，包括捕获的输入部分(数字滤波、多路复用和预分频器)和输出部分(比较器和输出控制)。输入部分对相应的 TIx 输入信号采样，并产生一个滤波后的信号 TIxF。然后，一个带极性选择的边缘检测器产生一个信号(TIxFPx)，它可以作为从模式控制器的输入触发或者作为捕获控制。该信号通过预分频进入捕获寄存器(ICxPS)。输出部分产生一个中间波形 OCxRef(高有效)作为基准，链的末端决定最终输出信号的极性。

2. 通用定时器工作模式

(1) 输入捕获模式。

(2) PWM 输入模式。

(3) 强置输出模式。

(4) 输出比较模式。

(5) PWM 模式。

1) PWM 简介

PWM 是 Pulse Width Modulation 的缩写，即脉冲宽度调制，简称脉宽调制。它是利用微处理器的数字输出来对模拟电路进行控制的一种非常有效的技术，其因控制简单、灵活和动态响应好等优点而成为电力电子技术中应用最广泛的控制方式，其应用领域包括测量、通信、功率控制与变换、电动机控制、伺服控制、调光、开关电源，甚至某些音频放大器，因此研究基于 PWM 技术的正负脉宽数控调制信号发生器具有十分重要的现实意义。

2) PWM 实现

实现 PWM 的方法主要有传统的数字电路、处理器普通 I/O 模拟和处理器的 PWM 直接输出等。

- 传统的数字电路方式：用传统的数字电路实现 PWM(如 555 定时器)。
- 处理器普通 I/O 模拟方式：对于处理器中无 PWM 输出功能情况(如 51 单片机)，可以通过 CPU 操控普通 I/O 接口来实现 PWM 输出。
- 处理器的 PWM 直接输出方式：对于具有 PWM 输出功能的处理器，在进行简单的配置后即可在处理器的指定引脚上输出 PWM 脉冲。

3) PWM 输出模式的工作过程

STM32F103 处理器脉冲宽度调制模式可以产生一个由 TIMx_ARR 寄存器确定频率、由 TIMx_CCRx 寄存器确定占空比的信号，其产生原理如图 14.12 所示。

通用定时器 PWM 输出模式的工作过程如下：

(1) 若配置脉冲计数器 TIMx_CNT 为向上计数模式，自动重装载寄存器 TIMx_ARR 的预设为 N，则脉冲计数器 TIMx_CNT 的当前计数值 X 在时钟 CK_CNT(通常由 TIMxCLK 经 TIMx_PSC 分频而得)的驱动下从 0 开始不断累加计数。

(2) 在脉冲计数器 TIMx_CNT 随着时钟 CK_CNT 触发进行累加计数的同时，脉冲计

图 14.12　PWM 产生原理

数器 TIMx_CNT 的当前计数值 X 与捕获/比较寄存器 TIMx_CCR 的预设值 A 进行比较；如果 $X<A$，则输出高电平(或低电平)；如果 $X \geqslant A$，则输出低电平(或高电平)。

(3) 当脉冲计数器 TIMx_CNT 的计数值 X 大于自动重装载寄存器 TIMx_ARR 的预设值 N 时，脉冲计数器 TIMx_CNT 的计数值清零并重新开始计数。

向上计数模式 PWM 输出时序图如图 14.13 所示。

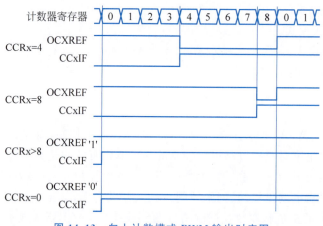

图 14.13　向上计数模式 PWM 输出时序图

14.2.4　高级定时器

高级定时器(TIM1 和 TIM8)由一个 16 位的自动装载计数器组成，它由一个可编程的预分频器驱动。它适合多种用途，包含测量输入信号的脉冲宽度(输入捕获)，或者产生输出波形(输出比较、PWM、嵌入死区时间的互补 PWM 等)。使用定时器预分频器和 RCC 时钟控制预分频器，可以实现脉冲宽度和波形周期从几微秒到几毫秒的调节。高级定时器(TIM1 和 TIM8)和通用定时器(TIMx)是完全独立的，它们不共享任何资源，并且可以同步操作。

1. 高级定时器的主要特性

TIM1 和 TIM8 定时器的主要特性包括：

- 16 位向上、向下、向上/下自动装载计数器。
- 16 位可编程(可以实时修改)预分频器。
- 多达 4 个独立通道。
- 死区时间可编程的互补输出。
- 使用外部信号控制定时器和定时器互连的同步电路。

- 允许在指定数目的计数器周期之后更新定时器寄存器的重复计数器。
- 刹车输入信号可以将定时器输出信号置于复位状态或者一个已知状态。
- 以下事件发生时产生中断/DMA：更新、触发事件、输入捕获、输出比较、刹车信号输入。
- 支持针对定位的增量（正交）编码器和霍尔传感器电路。
- 触发输入作为外部时钟或者按周期的电流管理。

2. 高级定时器的结构

STM32F103 高级定时器的内部结构要比通用定时器复杂一些，但其核心仍然与基本定时器、通用定时器相同，是一个由可编程的预分频器驱动的具有自动重装载功能的 16 位计数器。与通用定时器相比，STM32F103 高级定时器主要多了 BRK 和 DTG 两个结构，因而具有了死区时间的控制功能。

高级定时器的特殊功能在普通应用中一般较少使用，如需详细了解可以查阅 STM32 中文参考手册。

14.2.5 定时器相关库函数

1. 函数 TIM_DeInit

表 14.12 描述了函数 TIM_DeInit。

表 14.12 函数 TIM_DeInit

函数名	TIM_DeInit
函数原型	void TIM_DeInit(TIM_TypeDef * TIMx)
功能描述	将外设 TIMx 寄存器重设为默认值
输入参数	TIMx：x 可以是 1～8，用于选择 TIM 外设
输出参数	无
返回值	无
先决条件	无
被调用函数	RCC_APB1PeriphClockCmd()

2. 函数 TIM_TimeBaseInit

表 14.13 描述了函数 TIM_TimeBaseInit。

表 14.13 函数 TIM_TimeBaseInit

函数名	TIM_TimeBaseInit
函数原型	void TIM_TimeBaseInit(TIM_TypeDef * TIMx, TIM_TimeBaseInitTypeDef * TIM_TimeBaseInitStruct)
功能描述	根据 TIM_TimeBaseInitStruct 中指定的参数初始化 TIMx 的时间基数单位
输入参数 1	TIMx：x 可以是 1～8，用于选择 TIM 外设
输入参数 2	TIMTimeBase_InitStruct：指向结构 TIM_TimeBaseInitTypeDef 的指针，包含了 TIMx 时间基数单位的配置信息
输出参数	无
返回值	无
先决条件	无
被调用函数	无

3. 函数 TIM_OC1Init

表 14.14 描述了函数 TIM_OC1Init。

表 14.14 函数 TIM_OC1Init

函数名	TIM_OC1Init
函数原型	void TIM_OC1Init(TIM_TypeDef * TIMx, TIM_OCInitTypeDef * TIM_OCInitStruct)
功能描述	根据 TIM_OCInitStruct 中指定的参数初始化 TIMx 通道 1
输入参数 1	TIMx：x 可以是 1、2、3、4、5 或 8，用于选择 TIM 外设
输入参数 2	TIM_OCInitStruct：指向结构 TIM_OCInitTypeDef 的指针，包含了 TIMx 时间基数单位的配置信息
输出参数	无
返回值	无
先决条件	无
被调用函数	无

4. 函数 TIM_OC2Init

表 14.15 描述了函数 TIM_OC2Init。

表 14.15 函数 TIM_OC2Init

函数名	TIM_OC2Init
函数原型	void TIM_OC2Init(TIM_TypeDef * TIMx, TIM_OCInitTypeDef * TIM_OCInitStruct)
功能描述	根据 TIM_OCInitStruct 中指定的参数初始化 TIMx 通道 1
输入参数 1	TIMx：x 可以是 1、2、3、4、5 或 8，用于选择 TIM 外设
输入参数 2	TIM_OCInitStruct：指向结构 TIM_OCInitTypeDef 的指针，包含了 TIMx 时间基数单位的配置信息
输出参数	无
返回值	无
先决条件	无
被调用函数	无

5. 函数 TIM_Cmd

表 14.16 描述了函数 TIM_Cmd。

表 14.16 函数 TIM_Cmd

函数名	TIM_Cmd
函数原型	void TIM_Cmd(TIM_TypeDef * TIMx, FunctionalState NewState)
功能描述	使能或者失能 TIMx 外设
输入参数 1	TIMx：x 可以是 1～8，用于选择 TIM 外设
输入参数 2	NewState：外设 TIMx 的新状态这个参数可以取 ENABLE 或者 DISABLE
输出参数	无
返回值	无
先决条件	无
被调用函数	无

6. 函数 TIM _ITConfig

表 14.17 描述了函数 TIM _ITConfig。

表 14.17　函数 TIM_ITConfig

函数名	TIM_ITConfig
函数原型	void TIM_ITConfig(TIM_TypeDef * TIMx, u16 TIM_IT, FunctionalState NewState)
功能描述	使能或者失能指定的 TIM 中断
输入参数 1	TIMx：x 可以是 1～8,用于选择 TIM 外设
输入参数 2	TIM_IT：待使能或者失能的 TIM 中断源
输入参数 3	NewState：TIMx 中断的新状态 这个参数可以取 ENABLE 或者 DISABLE
输出参数	无
返回值	无
先决条件	无
被调用函数	无

7. 函数 TIM_OC1PreloadConfig

表 14.18 描述了函数 TIM_OC1PreloadConfig。

表 14.18　函数 TIM_OC1PreloadConfig

函数名	TIM_OC1PreloadConfig
函数原型	void TIM_OC1PreloadConfig(TIM_TypeDef * TIMx, u16 TIM_OCPreload)
功能描述	使能或者失能 TIMx 在 CCR1 上的预装载寄存器
输入参数 1	TIMx：x 可以是 1、2、3、4、5 或 8,用于选择 TIM 外设
输入参数 2	TIM_OCPreload：输出比较预装载状态
输出参数	无
返回值	无
先决条件	无
被调用函数	无

8. 函数 TIM_ClearFlag

表 14.19 描述了函数 TIM_ClearFlag。

表 14.19　函数 TIM_ClearFlag

函数名	TIM_ClearFlag
函数原型	void TIM_ClearFlag(TIM_TypeDef * TIMx, uint16_t TIM_FLAG)
功能描述	清除 TIMx 的待处理标志位
输入参数 1	TIMx：x 可以是 1～8,用于选择 TIM 外设
输入参数 2	TIM_FLAG：待清除的 TIM 标志位
输出参数	无
返回值	无
先决条件	无
被调用函数	无

9. 函数 TIM_SetCompare1

表 14.20 描述了函数 TIM_SetCompare1。

表 14.20　函数 TIM_SetCompare1

函数名	TIM_SetCompare1
函数原型	void TIM_SetCompare1(TIM_TypeDef* TIMx，u16 Compare1)
功能描述	设置 TIMx 捕获比较 1 寄存器值
输入参数 1	TIMx：x 可以是 1、2、3、4、5 或 8，用于选择 TIM 外设
输入参数 2	Compare1：捕获比较 1 寄存器新值
输出参数	无
返回值	无
先决条件	无
被调用函数	无

14.2.6　项目实例

1. 定时器项目

核心功能是实现精确的一秒定时，使 8 个 LED 依次点亮，流水灯点亮间隔为 1 秒。

实验操作步骤如下：

第一步，将先前已创建的工程模板文件夹复制到桌面，将文件夹改名为 LEDWater，并将编译该工程模板，直到没有错误和警告为止。

第二步，为工程模板的 ST_Driver 项目组添加定时器源文件 stm32f10x_tim.c 和两个外部中断需要用的源文件，分别为 stm32f10x_exti.c 和 misc.c，文件位于"..\Libraries\STM32F10x_StdPeriph_Driver\src"目录下。

第三步，单击 File→New 命令新建两个文件，将其改名为 time.c 和 time.h 并保存到工程模板下的 APP 文件夹中。并将 time.c 文件添加到 APP 项目组下。

第四步，在 time.c 文件中输入如下源程序，在程序中首先包含 time.h 头文件，然后创建 TIM6Init()定时器初始化程序，其中包括定时器初始化、中断设置、启动定时器和开中断等操作。

```c
#include "time.h"

void TIM6Init()
{
    TIM_TimeBaseInitTypeDef TIM_TimeBaseStructure;
    NVIC_InitTypeDef NVIC_InitStructure;
    //打开 TIM6 的 APB1 时钟
    RCC_APB1PeriphClockCmd(RCC_APB1Periph_TIM6, ENABLE);
    //设置自动重装载寄存器周期的值,寄存器的值为周期值-1
    TIM_TimeBaseStructure.TIM_Period = 36000-1;
    //设置预分频系数,预分频寄存器的值为分频系数-1
    TIM_TimeBaseStructure.TIM_Prescaler = 2000-1;
    //设置时钟分割:TDTS = Tck_tim
    TIM_TimeBaseStructure.TIM_ClockDivision = 0;
    //TIM 向上计数模式
    TIM_TimeBaseStructure.TIM_CounterMode = TIM_CounterMode_Up;
    //初始化 TIM6 定时器
    TIM_TimeBaseInit(TIM6, &TIM_TimeBaseStructure);
    //清除 TIMx 的中断待处理位:TIMx 中断源
    TIM_ClearFlag(TIM6,TIM_FLAG_Update);
    /* 设置中断参数,并打开中断 */
    TIM_ITConfig(TIM6,TIM_IT_Update,ENABLE);
```

```
        //使能或者失能 TIMx 外设
        TIM_Cmd(TIM6,ENABLE);
        /* 设置 NVIC 参数,设优先级,开中断 */
        NVIC_InitStructure.NVIC_IRQChannel = TIM6_IRQn;                 //指定中断通道
        NVIC_InitStructure.NVIC_IRQChannelPreemptionPriority = 1;       //配置抢占式优先级
        NVIC_InitStructure.NVIC_IRQChannelSubPriority = 1;              //配置响应式优先级
        NVIC_InitStructure.NVIC_IRQChannelCmd = ENABLE;                 //中断使能
        NVIC_Init(&NVIC_InitStructure);
    }
```

第五步,在 time.h 文件中输入如下源程序,其中条件编译格式不变,只要更改一下预定义变量名称,并将刚定义函数的声明加到头文件中。

```
#ifndef _TIMER_H
#define _TIMER_H
#include "stm32f10x.h"
void TIM6Init(void);
#endif
```

第六步,在 public.h 文件的中间部分添加"#include "time.h""语句,即包含 time.h 头文件,任何时候程序中需要使用某一源文件中的函数,都必须先包含其头文件,否则不能通过编译。public.h 文件的源代码如下所示。

```
#ifndef _public_H
#define _public_H
#include "stm32f10x.h"
#include "LED.h"
#include "time.h"
#endif
```

第七步,在 main.c 文件中输入如下源程序:

```
#include "public.h"
int main()
{
    LEDInit();
    //LEDdisplay();
    TIM6Init();
    GPIO_SetBits(GPIOC,GPIO_Pin_All);
    while(1)
    {
    }
}
```

第八步,在 Keil-MDK 软件操作界面打开 User 项目组下面的 stm32f10x_it.c 文件,并在 stm32f10x_it.c 文件的最下面编写中断服务程序。

```
void TIM6_IRQHandler(void)
{
    static uint16_t temp = 0;
    if(TIM_GetITStatus(TIM6,TIM_IT_Update) != RESET)
    {
            switch (temp % 8)
            {
                case 0 :
                    GPIO_Write(GPIOC, 0xfe);
                    break;
                case 1 :
                    GPIO_Write(GPIOC, 0xfd);
```

```
                    break;
                case 2 :
                    GPIO_Write(GPIOC, 0xfb);
                    break;
                case 3 :
                    GPIO_Write(GPIOC, 0xf7);
                    break;
                case 4 :
                    GPIO_Write(GPIOC, 0xef);
                    break;
                case 5 :
                    GPIO_Write(GPIOC, 0xdf);
                    break;
                case 6 :
                    GPIO_Write(GPIOC, 0xbf);
                    break;
                case 7 :
                    GPIO_Write(GPIOC, 0x7f);
                    break;
            }
            temp++;
        }
        TIM_ClearITPendingBit(TIM6,TIM_IT_Update);
    }
```

第九步，编译工程，如没有错误，则会在 output 文件夹中生成"工程模板.hex"文件，如有错误则修改源程序，直至没有错误。

第十步，将生成的目标文件通过 ISP 软件下载到目标板处理器的 Flash 存储器中，复位运行，检查实验效果。

2. PWM 项目

第一步，复制 LEDWater 工程文件夹到桌面，并将文件夹改名为 PWM，编译该工程模板，直到没有错误和警告为止。

第二步，单击 File→New 命令新建 4 个文件，将其改名为 PWM.c、systick.c、PWM.h 和 systick.h 并保存到工程模板下的 APP 文件夹中。并将 PWM.c 和 systick.c 文件添加到 APP 项目组下。

第三步，在 PWM.C 文件中输入如下源程序，在程序中首先包含 PWM.h 头文件，然后创建 TIM3_PWMInit()初始化程序，其中包括打开外设时钟、GPIO 初始化、定时器初始化、PWM 初始化、引脚重映射、使能预装值寄存器、启动定时器等程序。

```
/***************************************************************
                        Source file of PWM.C
***************************************************************/
#include "PWM.h"
/***************************************************************
* Function Name    : TIM3_PWMInit
* Description      : TIM3 PWM Initialization
* Input            : None
* Output           : None
* Return           : None
***************************************************************/

void TIM3_PWMInit()
{
```

```c
    GPIO_InitTypeDef GPIO_InitStructure;            //声明一个结构体变量,用来初始化 GPIO

    TIM_TimeBaseInitTypeDef TIM_TimeBaseInitStructure;
    //声明一个结构体变量,用来初始化定时器

TIM_OCInitTypeDef TIM_OCInitStructure;
//根据 TIM_OCInitStruct 中指定的参数初始化外设 TIMx

    /* 开启时钟 */
    RCC_APB2PeriphClockCmd(RCC_APB2Periph_GPIOC,ENABLE);
    RCC_APB1PeriphClockCmd(RCC_APB1Periph_TIM3,ENABLE);
    RCC_APB2PeriphClockCmd(RCC_APB2Periph_AFIO,ENABLE);

    /* 配置 GPIO 的模式和 I/O 接口 */
    GPIO_InitStructure.GPIO_Pin = GPIO_Pin_6|GPIO_Pin_7;
    GPIO_InitStructure.GPIO_Speed = GPIO_Speed_50MHz;
    GPIO_InitStructure.GPIO_Mode = GPIO_Mode_AF_PP;       //复用推挽输出
    GPIO_Init(GPIOC,&GPIO_InitStructure);

    //TIM3 定时器初始化
    TIM_TimeBaseInitStructure.TIM_Period = 900 - 1;
    //不分频,PWM 频率 = 72000/900 = 8kHz              //设置自动重装载寄存器周期的值
    TIM_TimeBaseInitStructure.TIM_Prescaler = 1 - 1;
    //设置用来作为 TIMx 时钟频率预分频值,此处分频系数为 1, 即不分频
    TIM_TimeBaseInitStructure.TIM_ClockDivision = 0;
    //设置时钟分割:TDTS = Tck_tim
    TIM_TimeBaseInitStructure.TIM_CounterMode = TIM_CounterMode_Up;
    //TIM 向上计数模式
    TIM_TimeBaseInit(TIM3, & TIM_TimeBaseInitStructure);

    GPIO_PinRemapConfig(GPIO_FullRemap_TIM3,ENABLE);    //改变指定引脚的映射

    //根据 TIM_OCInitStruct 中指定的参数初始化外设 TIMx
    TIM_OCInitStructure.TIM_OCMode = TIM_OCMode_PWM1;
    TIM_OCInitStructure.TIM_OutputState = TIM_OutputState_Enable;     //PWM 输出使能
    TIM_OCInitStructure.TIM_OCPolarity = TIM_OCPolarity_Low;
    TIM_OC1Init(TIM3,&TIM_OCInitStructure);
    TIM_OC2Init(TIM3,&TIM_OCInitStructure);
    //注意,此处初始化时 TIM_OC2Init 而不是 TIM_OCInit,否则会出错。因为固件库的版本不一样
        TIM_OC1PreloadConfig(TIM3, TIM_OCPreload_Enable);
    //使能或者失能 TIMx 在 CCR1 上的预装载寄存器
    TIM_OC2PreloadConfig(TIM3, TIM_OCPreload_Enable);
    //使能或者失能 TIMx 在 CCR2 上的预装载寄存器
    TIM_Cmd(TIM3,ENABLE);                        //使能或者失能 TIMx 外设
}
```

第四步,在 PWM.H 文件中输入如下源程序,其中条件编译格式不变,只要更改一下预定义变量名称,并将刚定义函数的声明加到头文件中。

```c
/*****************************************************************
                        Source file of PWM.H
*****************************************************************/
#ifndef _PWM_H
#define _PWM_H
#include "stm32f10x.h"
void TIM3_PWMInit(void);

#endif
```

第五步,在 systick.c 文件中输入如下源程序,在程序中首先包含 systick.h 头文件,然

后创建两个延时函数,一个是微秒延时函数 delay_us(u32 i),另一个是毫秒延时函数 delay_ms(u32 i)。

```c
#include "systick.h"
void delay_us(u32 i)
{
    u32 temp;
    SysTick->LOAD = 9 * i;
    SysTick->CTRL = 0X01;
    SysTick->VAL = 0;
    do
    {
        temp = SysTick->CTRL;
    }
    while((temp&0x01)&&(!(temp&(1<<16))));
    SysTick->CTRL = 0;
    SysTick->VAL = 0;
}

void delay_ms(u32 i)
{
    u32 temp;
    SysTick->LOAD = 9000 * i;
    SysTick->CTRL = 0X01;
    SysTick->VAL = 0;
    do
    {
        temp = SysTick->CTRL;
    }
    while((temp&0x01)&&(!(temp&(1<<16))));
    SysTick->CTRL = 0;
    SysTick->VAL = 0;
}
```

第六步,在 systick.h 文件中输入如下源程序,其中条件编译格式不变,只要更改一下预定义变量名称,并将刚定义的两个延时函数的声明加到头文件中。

```c
#ifndef _SYSTICK_H
#define _SYSTICK_H
#include "stm32f10x.h"
void delay_us(u32 i);
void delay_ms(u32 i);

#endif
```

第七步,在 public.h 文件的中间部分添加"#include "PWM.h""和"include"systick.h""语句,即包含 PWM.H 和 systick.h 头文件。public.h 文件的源代码如下所示。

```c
#ifndef _public_H
#define _public_H
#include "stm32f10x.h"
#include "LED.h"
#include "time.h"
#include "PWM.h"
#include "systick.h"

#endif
```

第八步,在 main.c 文件中输入如下源程序,在 main() 函数中,首先定义两个变量:一个是方向变量 dir,另一个是占空比变量 Duty。在无限程序中先让占空比增加,当增加到 300 时,再让占空比减少,并将占空比数值实时更新到 TIM3 的捕获比较寄存器 1 和 2 中,以实现 L7 和 L8 的 PWM 呼吸灯效果。

```
/****************************************************************
                      Source file of main.c
****************************************************************/
#include "public.h"
u8 hour,minute,second;
/****************************************************************
* Function Name   : main
* Description     : Main program.
* Input           : None
* Output          : None
****************************************************************/
int main()
{
    u8 dir = 1;                    //方向
    u32 Duty = 0;
    TIM3_PWMInit();                //PWM 初始化
    while(1)
    {
        delay_ms(10);
        if(dir == 1)
        {
            Duty++;
            if(Duty > 300)   dir = 0;
        }
        else
        {
            Duty--;
            if(Duty == 0)   dir = 1;
        }
        TIM_SetCompare1(TIM3, Duty);         //设置 TIMx 捕获比较 1 寄存器值
        TIM_SetCompare2(TIM3, Duty);         //设置 TIMx 捕获比较 2 寄存器值
    }
}
```

第九步,编译工程,如没有错误,则会在 output 文件夹中生成"工程模板.hex"文件,如有错误则修改源程序,直至没有错误。

第十步,将生成的目标文件通过 ISP 软件下载到目标板处理器的 Flash 存储器中,复位运行,检查实验效果。

14.3 按键与蜂鸣器

14.3.1 GPIO 输入库函数

1. 函数 GPIO_ReadInputDataBit

表 14.21 描述了函数 GPIO_ReadInputDataBit。

表 14.21　函数 GPIO_ReadInputDataBit

函数名	GPIO_ReadInputDataBit
函数原型	U8 GPIO_ReadInputDataBit(GPIO_TypeDef * GPIOx, u16 GPIO_Pin)
功能描述	读取指定端口引脚的输入
输入参数 1	GPIOx：x 可以是 A、B、C、D 或者 E，用于选择 GPIO 外设
输入参数 2	GPIO_Pin：待读取的端口位
输出参数	无
返回值	输入端口引脚值
先决条件	无
被调用函数	无

2. 函数 GPIO_ReadInputData

表 14.22 描述了函数 GPIO_ReadInputData。

表 14.22　函数 GPIO_ReadInputData

函数名	GPIO_ReadInputData
函数原型	u16 GPIO_ReadInputData(GPIO_TypeDef *　GPIOx)
功能描述	读取指定的 GPIO 端口输入
输入参数	GPIOx：x 可以是 A、B、C、D 或者 E，用于选择 GPIO 外设
输出参数	无
返回值	GPIO 输入数据端口值
先决条件	无
被调用函数	无

3. 函数 GPIO_ReadOutputData

表 14.23 描述了函数 GPIO_ReadOutputData。

表 14.23　函数 GPIO_ReadOutputData

函数名	GPIO_ReadOutputData
函数原型	u16 GPIO_ReadOutputData(GPIO_Type Def *　GPIOx)
功能描述	读取指定的 GPIO 端口输出
输入参数	GPIOx：x 可以是 A、B、C、D 或者 E，用于选择 GPIO 外设
输出参数	无
返回值	GPIO 输出数据端口值
先决条件	无
被调用函数	无

14.3.2　项目实例

设计如图 14.14 所示按键及蜂鸣器电路，并连接至 STM32。

按键电路共设置 4 个按键，用于向系统输入简单控制信息。

蜂鸣器控制电路，蜂鸣器是单片机及嵌入式系统常用的声音输出器件，常用于报警信号输出。

实验操作步骤如下：

第一步，将先前已创建的工程模板文件夹复制到桌面，并将文件夹改名为 BeepKey。

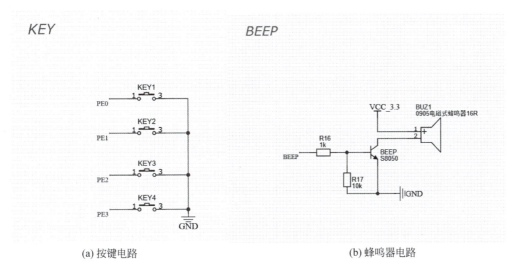

(a) 按键电路　　　　　　　　　　　　(b) 蜂鸣器电路

图 14.14　按键及蜂鸣器电路

第二步，单击 File→New 命令新建两个文件，将其改名为 BeepKey.c 和 BeepKey.h 并保存到工程模板下的 APP 文件中。并将 BeepKey.c 文件添加到 APP 项目组下。

第三步，在 BeepKey.c 文件中输入如下源程序，在程序中首先包含 BeepKey.h 头文件，然后创建 6 个函数，void delay(u32 i) 函数为简单延时函数，void BeepInit() 为蜂鸣器初始化函数，void KeyInit() 为按键初始化函数，sound() 为蜂鸣器发声程序。

```
#include "BeepKey.h"

/****************************************************************
* 函 数 名    : delay
* 函数功能    : 简单延时函数
* 输    入    : 无
* 输    出    : 无
****************************************************************/
void delay(u32 i)
{
    while(i--);
}

/****************************************************************
* 函 数 名    : BeepInit
* 函数功能    : 蜂鸣器端口初始化函数    通过改变频率控制声音变化
* 输    入    : 无
* 输    出    : 无
****************************************************************/
void BeepInit()   //端口初始化
{
    GPIO_InitTypeDef GPIO_InitStructure;            //声明一个结构体变量,用来初始化 GPIO
    RCC_APB2PeriphClockCmd(RCC_APB2Periph_GPIOB,ENABLE);  /* 开启 GPIO 时钟 */

    /* 配置 GPIO 的模式和 I/O 接口 */
    GPIO_InitStructure.GPIO_Pin = GPIO_Pin_8;           //选择你要设置的 I/O 接口
    GPIO_InitStructure.GPIO_Mode = GPIO_Mode_Out_PP;    //设置推挽输出模式
    GPIO_InitStructure.GPIO_Speed = GPIO_Speed_50MHz;   //设置传输速率
```

```c
    GPIO_Init(GPIOB,&GPIO_InitStructure);                    /* 初始化 GPIO */
}

/******************************************************************
 * 函 数 名       : KeyInit
 * 函数功能       : 按键端口初始化函数    通过改变频率控制声音变化
 * 输   入        : 无
 * 输   出        : 无
******************************************************************/
void KeyInit()
{
    GPIO_InitTypeDef GPIO_InitStructure;      //声明一个结构体变量,用来初始化 GPIO
    RCC_APB2PeriphClockCmd(RCC_APB2Periph_GPIOE,ENABLE);    /* 开启 GPIO 时钟 */
    GPIO_InitStructure.GPIO_Pin = GPIO_Pin_0|GPIO_Pin_1|GPIO_Pin_2|GPIO_Pin_3;
    GPIO_InitStructure.GPIO_Speed = GPIO_Speed_50MHz;
    GPIO_InitStructure.GPIO_Mode = GPIO_Mode_IPU;           //设置上拉输入模式
    GPIO_Init(GPIOE, &GPIO_InitStructure);
}

/******************************************************************
 * 函 数 名       : sound1
 * 函数功能       : 蜂鸣器报警函数
 * 输   入        : 无
 * 输   出        : 无
******************************************************************/
void sound()          //救护车报警
{
    u32 i = 5000;
    while(i--)    //产生一段时间的 PWM 波,使蜂鸣器发声
    {
        GPIO_SetBits(GPIOB,GPIO_Pin_8);           //I/O 接口输出高电平
        delay(i);
        GPIO_ResetBits(GPIOB,GPIO_Pin_8);         //I/O 接口输出低电平
        delay(i--);
    }
}

/******************************************************************
 * 函 数 名       : BeepKey
 * 函数功能       : 检测按键 控制蜂鸣器发不同报警声
 * 输   入        : 无
 * 输   出        : 无
******************************************************************/
void BeepKey()
{
    while(1)
    {
        if(GPIO_ReadInputDataBit(GPIOE,GPIO_Pin_0) == 0)    //判断按键 PE0 是否按下
        {
            delay_ms(10);                                    //消抖处理
            if(GPIO_ReadInputDataBit(GPIOE,GPIO_Pin_0) == 0) //再次判断按键 PE0 是否按下
            {
                sound() ;
            }
```

```
            while(GPIO_ReadInputDataBit(GPIOE,GPIO_Pin_0) == 0);    //等待按键松开
        }
    }
}
```

第四步,在 BeepKey.h 文件中输入如下源程序,其中条件编译格式不变,只需要更改一下预定义变量名称。

```
#ifndef _BEEPKEY_H
#define _BEEPKEY_H
#include "stm32f10x.h"
#include "systick.h"
void delay(u32 i);
void BeepInit(void);
void KeyInit(void);
void sound(void) ;
void BeepKey(void);

#endif
```

第五步,在 public.h 文件的中间部分添加"#include "BeepKey.h""语句,即包含 BeepKey.h 头文件。

```
#ifndef _public_H
#define _public_H
#include "stm32f10x.h"
#include "LED.h"
#include "time.h"
#include "PWM.h"
#include "systick.h"
#include "BeepKey.h"

#endif
```

第六步,在 main.c 文件中输入如下源程序,其中 main()函数包括 3 条语句,分别是调用 BeepInit()函数对蜂鸣器引脚进行初始化,调用 KeyInit()函数对按键引脚进行初始化,调用 BeepKey 函数进行按键控制不同报警声音产生。

```
#include "public.h"

int main()
{

    BeepInit();
    KeyInit();
    BeepKey();

}
```

第七步,编译工程,如没有错误,则会在 output 文件夹中生成"工程模板.hex"文件,如有错误则修改源程序,直至没有错误。

第八步,将生成的目标文件下载到目标板处理器的 Flash 存储器中,复位运行,检查实验效果。

14.4 数码管显示

14.4.1 数码管工作原理

LED 数码管是由发光二极管作为显示字段的数码型显示器。图 14.15 为 LED 数码管的外形和引脚图,其中 7 只发光二极管分别对应 a~g,构成"日"字形,另一只发光二极管 dp 作为小数点。一个数码字形由 8 个 LED 构成,所以把这种 LED 显示器称为八段数码管。

LED 数码管按电路中的连接方式可以分为共阴极型和共阳极型两大类:共阴极型是将各段发光二极管的负极连在一起,作为公共端 COM 接地,a~g、dp 各笔段接控制端,某笔段接高电平时发光,低电平时不发光,控制某几笔段发光,就能显示出某个数码或字符。共阳极型是将各段发光二极管的正极连在一起,作为公共端 COM,某笔段接低电平时发光,高电平时不发光。

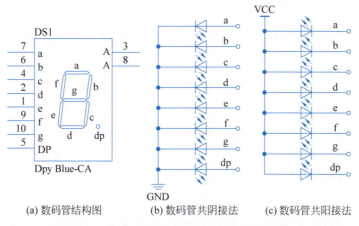

(a) 数码管结构图　　(b) 数码管共阴接法　　(c) 数码管共阳接法

图 14.15　LED 数码管的外形和引脚图

LED 数码管按其外形尺寸分为多种形式;按显示颜色分也有多种,主要有红色、绿、蓝、白色等;按亮度强弱可分为超亮、高亮和普亮。LED 数码管的使用与发光二极管相同,根据其材料不同,正向压降一般为 1.5~2V,额定电流为 10mA,最大电流为 40mA。静态显示时取 10mA 为宜,动态扫描显示,可加大脉冲电流,但一般不超过 40mA。

14.4.2 数码管编码方式

当 LED 数码管与处理器相连时,一般将 LED 数码管的各笔段引脚 a、b、……、g、dp 按某一顺序接到 STM32 某一个并行 I/O 接口 D0、D1、……、D7,当该 I/O 接口输出某一特定数据时,就能使 LED 数码管显示出某个字符。例如,要使共阳极 LED 数码管显示 0,则 a、b、c、d、e、f 各笔段引脚为低电平,g 和 dp 为高电平,如表 14.24 所示。所以 0xC0 被称为共阳 LED 数码管显示 0 的字段码。

表 14.24　LED 数码管显示 0 时各笔段电平

D7	D6	D5	D4	D3	D2	D1	D0	字段码	显示数字
dp	g	f	e	d	c	b	a		
1	1	0	0	0	0	0	0	0xC0	0

LED 数码管的编码方式有多种,按小数点计否可分为七段码和八段码;按公共端连接方式可分为共阴字段码和共阳字段码,计小数点的共阴字段码与共阳字段码互为反码;按 a、b、……、g、dp 编码顺序是高位在前,还是低位在前,又可分为顺序字段码和逆字段码。甚至在某些特殊情况下可将 a、b、……、g、dp 顺序打乱编码。表 14.25 为共阳 LED 数码管八段编码表。

表 14.25 共阳 LED 数码管八段编码表

显示数字	dp	g	f	e	d	c	b	a	共阳
0	0	0	1	1	1	1	1	1	0xC0
1	0	0	0	0	0	1	1	0	0xF9
2	0	1	0	1	1	0	1	1	0xA4
3	0	1	0	0	1	1	1	1	0xB0
4	0	1	1	0	0	1	1	0	0x99
5	0	1	1	0	1	1	0	1	0x92
6	0	1	1	1	1	1	0	1	0x82
7	0	0	0	0	0	1	1	1	0xF8
8	0	1	1	1	1	1	1	1	0x80
9	0	1	1	0	1	1	1	1	0x90

14.4.3 项目实例

本项目要完成的目标是利用目标板上的 6 个 LED 数码管实现时间显示,实验操作步骤如下:

第一步,复制先前已创建工程模板文件夹到桌面,并将文件夹改名为 DsgShow。

第二步,单击 File→New 命令新建两个文件,将其改名为 dsgshow.c 和 dsgshow.h 并保存到工程模板下的 APP 文件夹中。并将 dsgshow.c 文件添加到 APP 项目组下。

第三步,在 dsgshow.c 文件中输入如下源程序,在程序中首先包含 dsgshow.h 头文件,然后创建两个函数,分别为 DsgShowInit()函数和 DsgShowNum()函数。

```
/***************************************************************
                    Source file of dsgshow.c
***************************************************************/
#include "dsgshow.h"
//declare three extern variable
extern u8 hour,minute,second;
u8 smgduan[11] = {0xc0,0xf9,0xa4,0xb0,0x99,0x92,0x82,0xf8,0x80,0x90};
u16 smgwei[6] = {0xfbff,0xf7ff,0xefff,0xdfff,0xbfff,0x7fff};
/***************************************************************
 * 函 数 名      :DsgShowInit
 * 函数功能      :数码管显示初始化
 * 输    入      :无
 * 输    出      :无
***************************************************************/
void DsgShowInit()
{
    GPIO_InitTypeDef GPIO_InitStructure;
    //打开 GPIOE 和 GPIOG 时钟
    RCC_APB2PeriphClockCmd(RCC_APB2Periph_GPIOE|RCC_APB2Periph_GPIOG, ENABLE);
    //配置 GPIOE 为输出推挽模式,为避免后续中断产生误动作,只初始化高 8 位
```

```c
        GPIO_InitStructure.GPIO_Pin = GPIO_Pin_15|GPIO_Pin_14|GPIO_Pin_13|
        GPIO_Pin_12|GPIO_Pin_11|GPIO_Pin_10|GPIO_Pin_9|GPIO_Pin_8;
        GPIO_InitStructure.GPIO_Speed = GPIO_Speed_10MHz;
        GPIO_InitStructure.GPIO_Mode = GPIO_Mode_Out_PP ;
        GPIO_Init(GPIOE, &GPIO_InitStructure);
        //配置 GPIOG 为输出推挽模式
        GPIO_InitStructure.GPIO_Pin = GPIO_Pin_All;
        GPIO_InitStructure.GPIO_Speed = GPIO_Speed_10MHz;
        GPIO_InitStructure.GPIO_Mode = GPIO_Mode_Out_PP ;
        GPIO_Init(GPIOG, &GPIO_InitStructure);
}
/******************************************************************
*   函 数 名         : DsgShowNum
*   函数功能         : 数码管显示六位序号
*   输    入         : 无
*   输    出         : 无
******************************************************************/
void DsgShowNum()
{
    u16 i;
    while(1)
    {
        GPIO_Write(GPIOE,0x7FFF);              //选中第一个数码管
        GPIO_Write(GPIOG,0xc0);                //送第一数字的段码
        for(i = 0;i < 400;i++) ;               //延时比较短的时间
        GPIO_Write(GPIOE,0xBFFF);
        GPIO_Write(GPIOG,0xf9);
        for(i = 0;i < 400;i++) ;
        GPIO_Write(GPIOE,0xDFFF);
        GPIO_Write(GPIOG,0xa4);
        for(i = 0;i < 400;i++) ;
        GPIO_Write(GPIOE,0xEFFF);
        GPIO_Write(GPIOG,0xb0);
        for(i = 0;i < 400;i++) ;
        GPIO_Write(GPIOE,0xF7FF);
        GPIO_Write(GPIOG,0x99);
        for(i = 0;i < 400;i++) ;
        GPIO_Write(GPIOE,0xFBFF);
        GPIO_Write(GPIOG,0x92);
        for(i = 0;i < 400;i++) ;
    }
}
/******************************************************************
*   函 数 名         : DsgShowNum
*   函数功能         : 数码管显示时间
*   输    入         : 无
*   输    出         : 无
******************************************************************/
void DsgShowTime()
{
    u16 j;
    while(1)
    {
        GPIO_Write(GPIOE,smgwei[0]);
        GPIO_Write(GPIOG,smgduan[hour/10]);
        for(j = 0;j < 400;j++);
        GPIO_Write(GPIOE,smgwei[1]);
        GPIO_Write(GPIOG,(smgduan[hour % 10])&0xff7f);
        for(j = 0;j < 400;j++);
```

```
            GPIO_Write(GPIOE,smgwei[2]);
            GPIO_Write(GPIOG,smgduan[minute/10]);
            for(j = 0;j < 400;j++);
            GPIO_Write(GPIOE,smgwei[3]);
            GPIO_Write(GPIOG,(smgduan[minute % 10])&0xff7f);
            for(j = 0;j < 400;j++);

            GPIO_Write(GPIOE,smgwei[4]);
            GPIO_Write(GPIOG,smgduan[second/10]);
            for(j = 0;j < 400;j++);
            GPIO_Write(GPIOE,smgwei[5]);
            GPIO_Write(GPIOG,smgduan[second % 10]);
            for(j = 0;j < 400;j++);
        }
    }
```

第四步,在 dsgshow.h 文件中输入如下源程序,需要将刚定义函数的声明加到头文件中。

```
/***********************************************************************
                        文件"dsgshow.h"源程序
***********************************************************************/
#ifndef _DSGSHOW_H
#define _DSGSHOW_H
#include "stm32f10x.h"
void DsgShowInit(void);
void DsgShowNum(void);
void DsgShowTime(void);
#endif
```

第五步,在 public.h 文件的中间部分添加"#include "dsgshow.h""语句,即包含 dsgshow.h 头文件。

```
#ifndef _public_H
#define _public_H
#include "stm32f10x.h"
#include "LED.h"
#include "time.h"
#include "PWM.h"
#include "systick.h"
#include "DsgShow.h"

#endif
```

第六步,在 main.c 文件中输入如下源程序,其中 main()函数包括两条语句,分别是调用 DsgShowInit()对 GPIOE 和 GPIOG 进行初始化,调用 DsgShowNum()函数进行动态扫描。

```
/***********************************************************************
                        Source file of main.c
***********************************************************************/
#include "public.h"

//define three extern variable
u8 hour,minute,second;

/***********************************************************************
 * Function Name    : main
```

```
*  Description      : Main program.
*  Input            : None
*  Output           : None
*  Return           : None
*******************************************************************/
int main()
{
    hour = 9;
    minute = 30;
    second = 15;
    DsgShowInit();

    while(1)
    {
        DsgShowTime();
        //DsgShowNum();
    }

}
```

第七步,编译工程,如没有错误,则会在 output 文件夹中生成"工程模板.hex"文件,如有错误则修改源程序,直至没有错误。

第八步,将生成的目标文件下载到目标板处理器的 Flash 存储器中,复位运行,检查实验效果。

14.5 中断系统应用

14.5.1 STM32F103 中断系统

1. 嵌套向量中断控制器 NVIC

NVIC 集成在 ARM Cortex-M3 内核中,与中央处理单元核心 CM3Core 紧密耦合,从而实现低延迟的中断处理和高效地处理晚到的较高优先级的中断。

其支持 84 个异常,包括 16 个内部异常和 68 个非内核异常中断;使用 4 位优先级设置,具有 16 级可编程异常优先级;中断响应时处理器状态的自动保存,无须使用额外指令;中断返回时处理器状态的自动恢复,无须使用额外指令;支持嵌套和向量中断;支持中断尾链技术。

2. STM32F103 中断优先级

1) 抢占式优先级(Preempting Priority)

高抢占式优先级的中断事件会打断当前的主程序/中断程序运行,俗称中断嵌套。

2) 响应式优先级(subpriority)

在抢占式优先级相同的情况下,高响应优先级的中断优先被响应。

3) 判断中断是否会被响应的依据

首先是抢占式优先级,其次是响应优先级;抢占式优先级决定是否会有中断嵌套。

4) 优先级冲突的处理

具有高抢占式优先级的中断可以在具有低抢占式优先级的中断处理过程中被响应,即中断的嵌套,或者说高抢占式优先级的中断可以嵌套低抢占式优先级的中断。

5) STM32 中对中断优先级的定义

STM32 中对中断优先级的定义如图 14.16 所示。

优先级组别	抢占式优先级 位数	抢占式优先级 级数	响应式优先级 位数	响应式优先级 级数
4组	4	16	0	0
3组	3	8	1	2
2组	2	4	2	4
1组	1	2	3	8
0组	0	0	4	16

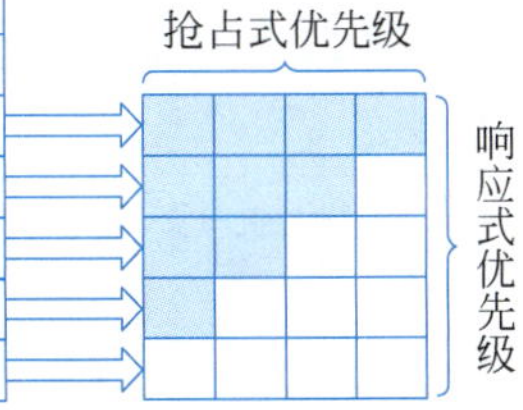

图 14.16　STM32 中对中断优先级的定义

3. STM32F103 中断向量表

STM32F103 各个中断对应的中断服务程序的入口地址统一存放在 STM32F103 的中断向量表中。STM32F103 的中断向量表，一般位于其存储器的 0 地址处，如表 14.26 所示。

表 14.26　STM32F103 的中断向量表

位置	优先级	优先级类型	名　称	说　明	地　址
—	—	—	—	保留	0x0000_0000
	−3	固定	Reset	复位	0x0000_0004
	−2	固定	NMI	不可屏蔽中断 RCC 时钟安全系统（CSS）连接到 NMI 向量	0x0000_0008
	−1	固定	硬件失效	所有类型的失效	0x0000_000C
	0	可设置	存储管理	存储器管理	0x0000_0010
	1	可设置	总线错误	预取指失败，存储器访问失败	0x0000_0014
	2	可设置	错误应用	未定义的指令或非法状态	0x0000_0018
	—	—	—	保留	0x0000_001C
	—	—	—	保留	0x0000_0020
	—	—	—	保留	0x0000_0024
	—	—	—	保留	0x0000_0028
	3	可设置	SVCall	通过 SWI 指令的系统服务调用	0x0000_002C
	4	可设置	调试监控器（DebugMonitor）	调试监控器	0x0000_0030
	—	—	—	保留	0x0000_0034
	5	可设置	PendSV	可挂起的系统服务	0x0000_0038
	6	可设置	SysTick	系统滴答定时器	0x0000_003C
0	7	可设置	WWDG	窗口定时器中断	0x0000_0040
1	8	可设置	PVD	连到 EXTI 的电源电压检测（PVD）中断	0x0000_0044
2	9	可设置	TAMPER	侵入检测中断	0x0000_0048
3	10	可设置	RTC	实时时钟（RTC）全局中断	0x0000_004C
4	11	可设置	FLASH	Flash 全局中断	0x0000_0050
5	12	可设置	RCC	复位和时钟控制（RCC）中断	0x0000_0054

4. STM32F103 中断服务函数

STM32 所有的中断服务函数，在该处理器所属产品系列的启动代码文件中都有预先定义。

用户开发自己的 STM32F103 应用时可在文件 stm32f10x_it.c 中使用 C 语言编写函数重新定义。

STM32 定义的中断服务函数，在启动文件和 stm32f10x_it.c 中通常以 PPP_IRQHanlder 命名。

14.5.2　STM32F103 外部中断/事件控制器 EXTI

1. EXTI 内部结构

EXTI 内部结构如图 14.17 所示,其主要包括外部中断事件输入、APB 外设接口、边沿检测器等。

1) 外部中断、事件输入

在图 14.17 中,STM32F103 外部中断/事件控制器 EXT1 内部信号线上画有一条斜线,旁边标有 19,表示这样的线路共有 19 套。

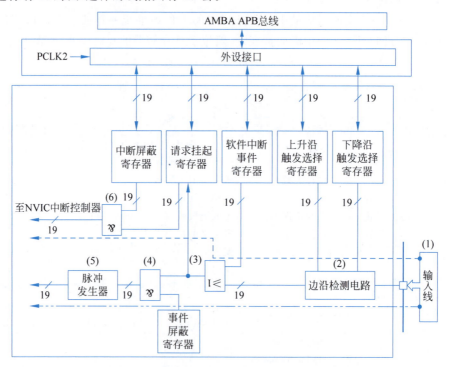

图 14.17　外部中断/事件控制器 EXTI 内部结构

如果将 STM32F103 的 I/O 引脚映射为 EXTI 的外部中断/事件输入线,必须将该引脚设置为输入模式,例如,如果将 PA1 用作外部中断/事件输入线,则需要将 PA1 引脚设置为输入模式。

2) APB 外设接口

APB 外设接口是 STM32F103 处理器每个功能模块都包括的部分,CPU 通过这样的接口访问各个功能模块。

尤其需要注意的是,如果使用 STM32F103 引脚的外部中断/事件映射功能,必须打开 APB2 总线上该引脚对应端口的时钟以及 AFIO 功能时钟。

3) 边沿检测器

EXTI 中的边沿检测器共有 19 个,用来连接 19 个外部中断/事件输入线,是 EXTI 的主体部分。每个边沿检测器由边沿检测电路、控制寄存器、门电路和脉冲发生器等部分组成。

2. EXTI 工作原理

1) 外部中断/事件请求的产生和传输

外部信号从编号为 1 的 STM32F103 处理器引脚进入。经过边沿检测电路,这个边沿检测电路受上升沿触发选择寄存器和下降沿触发选择寄存器控制,用户可以配置这两个寄存器选择在哪一个边沿产生中断/事件。经过编号为3的或门,这个或门的另一个输入是中断/事件寄存器。外部请求信号进入编号为4的与门,这个与门的另一个输入是事件屏蔽寄存器。外部请求信号进入挂起请求寄存器,挂起请求寄存器记录了外部信号的电平变化。外部请求信号经过挂起请求寄存器后,最后进入编号为6的与门。

2) 事件与中断

一路信号(中断)会被送至 NVIC 以便向 CPU 发生中断请求,至于 CPU 如何响应,由用户编写或系统默认的对应的中断服务程序决定。

另一路信号(事件)会向其他功能模块(如定时器、USART、DMA 等)发送脉冲触发信号,至于其他功能模块会如何响应这个脉冲触发信号,则由对应的模块自己决定。

3. EXTI 主要特性

STM32F103 处理器的外部中断/事件控制器 EXTI,具有以下主要特性:

- 每个外部中断/事件输入线都可以独立地配置它的触发事件(上升沿、下降沿或双边沿),并能够单独地被屏蔽。
- 每个外部中断都有专用的标志位(请求挂起寄存器),用来保持其对应的中断请求状态。
- 可以将多达 112 个通用 I/O 引脚映射到 16 个外部中断/事件输入线上。
- 可以检测脉冲宽度低于 APB2 时钟宽度的外部信号。

14.5.3　STM32 中断相关库函数

1. STM32F10x 的 NVIC 相关库函数

1) 函数 NVIC_DeInit

表 14.27 描述了函数 NVIC_DeInit。

2) 函数 NVIC_Init

表 14.28 描述了函数 NVIC_Init。

表 14.27　函数 NVIC_DeInit

函数名	NVIC_DeInit
函数原型	void NVIC_DeInit(void)
功能描述	将外设 NVIC 寄存器重设为默认值
输入参数	无
输出参数	无
返回值	无
先决条件	无
被调用函数	无

表 14.28　函数 NVIC_Init

函数名	NVIC_Init
函数原型	void NVIC_Init(NVIC_InitTypeDef * NVIC_InitStruct)
功能描述	根据 NVIC_InitStruct 中指定的参数初始化外设 NVIC 寄存器
输入参数	NVIC_InitStruct:指向结构 NVIC_InitTypeDef 的指针,包含了外设 GPIO 的配置信息
输出参数	无
返回值	无
先决条件	无
被调用函数	无

3) 函数 NVIC_PriorityGroupConfig

表 14.29 描述了函数 NVIC_PriorityGroupConfig。

表 14.29　函数 NVIC_PriorityGroupConfig

函数名	NVIC_PriorityGroupConfig
函数原型	void NVIC_PriorityGroupConfig(u32 NVIC_PriorityGroup)
功能描述	设置优先级分组：抢占式优先级和响应式优先级
输入参数	NVIC_PriorityGroup：优先级分组位长度
输出参数	无
返回值	无
先决条件	优先级分组只能设置一次
被调用函数	无

其中，参数 NVIC_PriorityGroup 用于设置优先级分组位的长度，其取值如表 14.30 所示。

表 14.30　参数 NVIC_PriorityGroup 取值

NVIC_PriorityGroup	描　　述
NVIC_PriorityGroup_0	0 位用于抢占式优先级，4 位用于响应式优先级
NVIC_PriorityGroup_1	1 位用于抢占式优先级，3 位用于响应式优先级
NVIC_PriorityGroup_2	2 位用于抢占式优先级，2 位用于响应式优先级
NVIC_PriorityGroup_3	3 位用于抢占式优先级，1 位用于响应式优先级
NVIC_PriorityGroup_4	4 位用于抢占式优先级，0 位用于响应式优先级

2. STM32F10x 的 EXTI 相关库函数

1）函数 EXTI_DeInit

表 14.31 描述了函数 EXTI_DeInit。

2）函数 EXTI_Init

表 14.32 描述了函数 EXTI_Init。

表 14.31　函数 EXTI_DeInit

函数名	EXTI_DeInit
函数原型	EXTI_DeInit(void)
功能描述	将外设 EXTI 寄存器重设为默认值
输入参数	无
输出参数	无
返回值	无
先决条件	无
被调用函数	无

表 14.32　函数 EXTI_Init

函数名	EXTI_Init
函数原型	void EXTI_Init(EXTI_InitTypeDef * EXTI_InitStruct)
功能描述	根据 EXTI_InitStruct 中指定的参数初始化外设 EXTI 寄存器
输入参数	EXTI_InitStruct：指向结构 EXTI_InitTypeDef 的指针，包含了外设 EXTI 的配置信息
输出参数	无
返回值	无
先决条件	无
被调用函数	无

3）函数 EXTI_GetITStatus

表 14.33 描述了函数 EXTI_GetITStatus。

4）函数 EXTI_GetFlagStatus

表 14.34 描述了函数 EXTI_GetFlagStatus。

表 14.33 函数 EXTI_GetITStatus

函数名	EXTI_GetITStatus
函数原型	ITStatus EXTI_GetITStatus（u32 EXTI_Line）
功能描述	检查指定的 EXTI 线路触发请求发生与否
输入参数	EXTI_Line：待检查 EXTI 线路的挂起位
输出参数	无
返回值	EXTI_Line 的新状态（SET 或者 RESET）
先决条件	无
被调用函数	无

表 14.34 函数 EXTI_GetFlagStatus

函数名	EXTI_GetFlagStatus
函数原型	FlagStatus EXTI_GetFlagStatus（u32 EXTI_Line）
功能描述	检查指定的 EXTI 线路标志位置位与否
输入参数	EXTI_Line：待检查的 EXTI 线路标志位
输出参数	无
返回值	EXTI_Line 的新状态（SET 或者 RESET）
先决条件	无
被调用函数	无

5）函数 EXTI_ClearFlag

表 14.35 描述了函数 EXTI_ClearFlag。

6）函数 EXTI_ClearITPendingBit

表 14.36 描述了函数 EXTI_ClearITPendingBit。

表 14.35 函数 EXTI_ClearFlag

函数名	EXTI_ClearFlag
函数原型	void EXTI_ClearFlag（u32 EXTI_Line）
功能描述	清除 EXTI 线路挂起标志位
输入参数	EXTI_Line：待清除的 EXTI 线路标志位
输出参数	无
返回值	无
先决条件	无
被调用函数	无

表 14.36 函数 EXTI_ClearITPendingBit

函数名	EXTI_ClearITPendingBit
函数原型	void EXTI_ClearITPendingBit（u32 EXTI_Line）
功能描述	清除 EXTI 线路挂起位
输入参数	EXTI_Line：待清除 EXTI 线路的挂起位
输出参数	无
返回值	无
先决条件	无
被调用函数	无

3. EXTI 中断线 GPIO 引脚映射库函数

表 14.37 描述了函数 GPIO_EXTILineConfig。

表 14.37 函数 GPIO_EXTILineConfig

函数名	GPIO_EXTILineConfig
函数原型	void GPIO_EXTILineConfig（u8 GPIO_PortSource，u8 GPIO_PinSource）
功能描述	选择 GPIO 引脚用作外部中断线路
输入参数 1	GPIO_PortSource：选择用作外部中断线源的 GPIO 端口
输入参数 2	GPIO_PinSource：待设置的外部中断线路 该参数可以取 GPIO_PinSourcex（x 可以是 0～15）
输出参数	无
返回值	无
先决条件	无
被调用函数	无

14.5.4 项目实例

在本项目中,我们需要利用外部中断进行时、分、秒的调节。时钟会有一个初始的时间,时钟运行时肯定还需要对时间进行调整。调整时间一般用按键来实现,对按键的处理有两种方法:一种是查询法,另一种是中断法。查询法耗用大量的 CPU 运行时间,还要与动态扫描程序进行融合,效率低,编程复杂。中断法很好地克服了上述缺点,所以本例采用外部中断进行按键处理,完成时间调节。KEY1 按键定义为小时调节,KEY2 按键定义为分钟调节,KEY3 按键定义为秒调节。

实验操作步骤如下:

第一步,将先前已创建的工程模板文件夹复制到桌面,并将文件夹改名为 EXTI,编译该工程模板,直到没有错误和警告为止。

第二步,单击 File→New 命令新建两个文件,将其改名为 EXTI.C 和 EXTI.H 并保存到工程模板下的 APP 文件夹中,并将 EXTI.C 文件添加到 APP 项目组下。

第三步,在 EXTI.C 文件中输入如下源程序,在程序中首先包含 EXTI.H 头文件,然后创建 EXTIInti()中断初始化程序,其中包括打开 GPIOE 及 AFIO 时钟、GPIO 引脚初始化、给外部引脚映射中断线、外部中断初始化、优先级分组、NVIC 初始化等程序。

```
/******************************************************************
                        Source file of EXTI.C
******************************************************************/
#include "EXTI.H"
/******************************************************************
* Function Name    : EXTIInti
* Description      : EXTI Initialization
* Input            : None
* Output           : None
* Return           : None
******************************************************************/
void EXTIInti()
{
    GPIO_InitTypeDef GPIO_InitStructure;
    EXTI_InitTypeDef EXTI_InitStructure;
    NVIC_InitTypeDef NVIC_InitStructure;

    RCC_APB2PeriphClockCmd(RCC_APB2Periph_GPIOE|RCC_APB2Periph_AFIO, ENABLE);
    /*  GPIO 引脚初始化 上拉输入模式 */
    GPIO_InitStructure.GPIO_Pin = GPIO_Pin_0|GPIO_Pin_1|GPIO_Pin_2;
    GPIO_InitStructure.GPIO_Speed = GPIO_Speed_50MHz;
    GPIO_InitStructure.GPIO_Mode = GPIO_Mode_IPU;
    GPIO_Init(GPIOE, &GPIO_InitStructure);
    //选择 GPIO 引脚用作外部中断线路,此处一定要记住给端口引脚加上中断外部线路
    GPIO_EXTILineConfig(GPIO_PortSourceGPIOE, GPIO_PinSource0);    //PE0:hour+
    GPIO_EXTILineConfig(GPIO_PortSourceGPIOE, GPIO_PinSource1);    //PE1:minute+
    GPIO_EXTILineConfig(GPIO_PortSourceGPIOE, GPIO_PinSource2);    //PE2:second+
    /* 设置外部中断的模式 PE0 PE1 PE2 中断初始化 */
    EXTI_InitStructure.EXTI_Line = EXTI_Line0|EXTI_Line1|EXTI_Line2;
    EXTI_InitStructure.EXTI_Mode = EXTI_Mode_Interrupt;
    EXTI_InitStructure.EXTI_Trigger = EXTI_Trigger_Falling;
    EXTI_InitStructure.EXTI_LineCmd = ENABLE;
    EXTI_Init(&EXTI_InitStructure);
```

```
        //NVIC 优先级分组,抢占式优先级 2 位共 4 级,响应式优先级 2 位共 4 级
        NVIC_PriorityGroupConfig(NVIC_PriorityGroup_2);
        /* 设置 NVIC 参数 */
        NVIC_InitStructure.NVIC_IRQChannel = EXTI0_IRQn;              //指定中断通道
        NVIC_InitStructure.NVIC_IRQChannelPreemptionPriority = 1;     //配置抢占式优先级
        NVIC_InitStructure.NVIC_IRQChannelSubPriority = 0;            //配置响应式优先级
        NVIC_InitStructure.NVIC_IRQChannelCmd = ENABLE;               //中断使能
        NVIC_Init(&NVIC_InitStructure);
        /* 设置 NVIC 参数 */
        NVIC_InitStructure.NVIC_IRQChannel = EXTI1_IRQn;              //指定中断通道
        NVIC_InitStructure.NVIC_IRQChannelPreemptionPriority = 2;     //配置抢占式优先级
        NVIC_InitStructure.NVIC_IRQChannelSubPriority = 0;            //配置响应式优先级
        NVIC_InitStructure.NVIC_IRQChannelCmd = ENABLE;               //中断使能
        NVIC_Init(&NVIC_InitStructure);
        /* 设置 NVIC 参数 */
        NVIC_InitStructure.NVIC_IRQChannel = EXTI2_IRQn;              //指定中断通道
        NVIC_InitStructure.NVIC_IRQChannelPreemptionPriority = 2;     //配置抢占式优先级
        NVIC_InitStructure.NVIC_IRQChannelSubPriority = 1;            //配置响应式优先级
        NVIC_InitStructure.NVIC_IRQChannelCmd = ENABLE;               //中断使能
        NVIC_Init(&NVIC_InitStructure);
}
```

第四步,在 EXTI.H 文件中输入如下源程序,其中条件编译格式不变,只要更改一下预定义变量名称,并将刚定义函数的声明加到头文件中。

```
/******************************************************************
                        Source file of EXTI.H
****************************************************************** /
#ifndef _EXTI_H
#define _EXTI_H
#include "stm32f10x.h"
void EXTIInti(void);

#endif
```

第五步,在 public.h 文件的中间部分添加"#include "EXTI.h""语句,即包含 EXTI.h 头文件,任何时候程序中需要使用某一源文件中函数,必须先包含其头文件,否则编译是不能通过的。

```
#ifndef _public_H
#define _public_H
#include "stm32f10x.h"
#include "LED.h"
#include "time.h"
#include "PWM.h"
#include "systick.h"
#include "DsgShow.h"
#include "EXTI.h"

#endif
```

第六步,在 main.c 文件中输入如下源程序,在 main() 函数中,首先对时间变量赋初值,然后分别对数码管引脚和外部中断进行初始化,最后应用无限循环结构显示时间,并等待中断发生。

```
/******************************************************************
                        Source file of main.c
****************************************************************** /
#include "public.h"
```

```c
//define three extern variable
u8 hour,minute,second;
/******************************************************************
 * Function Name   : main
 * Description     : Main program.
 * Input           : None
 * Output          : None
******************************************************************/
int main()
{
hour = 9;minute = 6;second = 18;
DsgShowInit();
EXTIInti();
while(1)
{
    DsgShowTime();
}
}
```

第七步，在 Keil-MDK 软件操作界面中打开 User 项目组下面的 stm32f10x_it.c 文件，并在 stm32f10x_it.c 文件的开头加入包含 systick.h 头文件，定义 hour、minute、second 3 个外部变量，即加入如下两行语句：

```c
#include "systick.h"
extern u8 hour,minute,second;
```

然后在 stm32f10x_it.c 文件的最下面编写如下 3 个中断服务程序：

```c
void EXTI0_IRQHandler(void)
{
if(EXTI_GetITStatus(EXTI_Line0) == SET)
{
    EXTI_ClearFlag(EXTI_Line0);
    delay_ms(10);
    if(GPIO_ReadInputDataBit(GPIOE,GPIO_Pin_0) == Bit_RESET)
    {
        delay_ms(10);
        if(++hour == 24) hour = 0;
    }
  }
}
/******************************************************************
 * Function Name   : EXTI1_IRQHandler
 * Description     : EXTI1 Interrupt program Minute plus 1
 * Input           : None
 * Output          : None
******************************************************************/
void EXTI1_IRQHandler(void)
{
if(EXTI_GetITStatus(EXTI_Line1) == SET)
{
    EXTI_ClearFlag(EXTI_Line1);
    delay_ms(10);
    if(GPIO_ReadInputDataBit(GPIOE,GPIO_Pin_1) == Bit_RESET)
    {
        delay_ms(10);
        if(++minute == 60) minute = 0;
    }
  }
```

```
}
/****************************************************************
* Function Name   : EXTI2_IRQHandler
* Description     : EXTI2 Interrupt program Second plus 1
* Input           : None
* Output          : None
****************************************************************/
void EXTI2_IRQHandler(void)
{
if(EXTI_GetITStatus(EXTI_Line2) == SET)
{
    EXTI_ClearFlag(EXTI_Line2);
    delay_ms(10);
    if(GPIO_ReadInputDataBit(GPIOE,GPIO_Pin_2) == Bit_RESET)
    {
        delay_ms(10);
        if(++second == 60) second = 0;
    }
}
}
```

第九步，编译工程，如没有错误，则会在 output 文件夹中生成"工程模板.hex"文件，如有错误则修改源程序，直至没有错误。

第十步，将生成的目标文件通过 ISP 软件下载到目标板处理器的 Flash 存储器中，复位运行，检查实验效果。

14.6　串行通信

14.6.1　STM32F103 的 USART 工作原理

通用同步/异步收发器（Universal Synchronous/Asynchronous Receiver/Transmitter，USART）提供了一种灵活的方法与使用工业标准 NRZ 异步串行数据格式的外部设备之间进行全双工数据交换。USART 利用分数波特率发生器提供宽范围的波特率选择。它支持同步单向通信和半双工单线通信，也支持 LIN（局部互联网）、智能卡协议和 IrDA（红外数据组织）SIR ENDEC 规范以及调制解调器（CTS/RTS）操作。它还允许多处理器通信，使用多缓冲器配置的 DMA 方式，可以实现高速数据通信。

1. USART 的主要特性

- 双工，异步通信。
- NRZ 标准格式。
- 分数波特率发生器：发送和接收共用的可编程波特率，最高达 4.5Mbps。
- 可编程数据字长度（8 位或 9 位）。
- 可配置的停止位：支持 1 或 2 个停止位。
- LIN 主发送同步断开符的能力以及 LIN 从检测断开符的能力：当 USART 硬件配置成 LIN 时，生成 13 位断开符；检测 10/11 位断开符。
- 发送方为同步传输提供时钟。
- IRDA SIR 编码器解码器：在正常模式下支持 3 位/16 位的持续时间。
- 智能卡模拟功能：智能卡接口支持 ISO7816-3 标准中定义的异步智能卡协议；智能

卡用到的 0.5 个和 1.5 个停止位。
- 单线半双工通信。
- 可配置的使用 DMA 的多缓冲器通信：在 SRAM 里利用集中式 DMA 缓冲接收/发送字节。
- 单独的发送器和接收器使能位。
- 检测标志：接收缓冲器满、发送缓冲器空、传输结束标志。
- 校验控制：发送校验位，对接收数据进行校验。
- 四个错误检测标志：溢出错误、噪声错误、帧错误、校验错误。
- 10 个带标志的中断源：CTS 改变、LIN 断开符检测、发送数据寄存器空、发送完成、接收数据寄存器满、检测到总线为空闲、溢出错误、帧错误、噪声错误、校验错误。
- 多处理器通信：如果地址不匹配，则进入静默模式。
- 从静默模式中唤醒（通过空闲总线检测或地址标志检测）。
- 两种唤醒接收器的方式：地址位（MSB，第 9 位），总线空闲。

2. USART 功能概述

SM32F103 的 USART 的结构如图 14.18 所示。

使用 SM32F103 的 USART 时应注意：

- 总线在发送或接收前应处于空闲状态。
- 一个起始位。
- 一个数据字(8 位或 9 位)，最低有效位在前。
- 0.5 个、1.5 个、2 个的停止位，由此表明数据帧的结束。
- 使用分数波特率发生器：12 位整数和 4 位小数的表示方法。
- 一个状态寄存器(USART_SR)。
- 数据寄存器(USART_DR)。
- 一个波特率寄存器(USART_BRR)，12 位整数和 4 位小数的表示方法。
- 一个智能卡模式下的保护时间寄存器(USART_GTPR)。

在同步模式中需要引脚 CK(发送器时钟输出)。

- 在 IrDA 模式里需要两个引脚。

    IrDA_RDI：IrDA 模式下的数据输入；

    IrDA_TDO：IrDA 模式下的数据输出。

- 在硬件流控模式中需要两个引脚。

    nCTS：清除发送，若是高电平，则在当前数据传输结束时阻断下一次数据发送；

    nRTS：发送请求，若是低电平，则表明 USART 准备好接收数据。

3. USART 通信时序

USART 通信时序如图 14.19 所示。

4. USART 中断

发送期间：发送完成(TC)、清除发送(CTS)、发送数据寄存器空(TXE)；

接收期间：空闲总线检测(IDLE)、溢出错误(ORE)、接收数据寄存器非空(RXNE)、校验错误(PE)、LIN 断开检测(LBD)、噪声错误(NE,仅在多缓冲器通信)和帧错误(FE,仅在多缓冲器通信)。

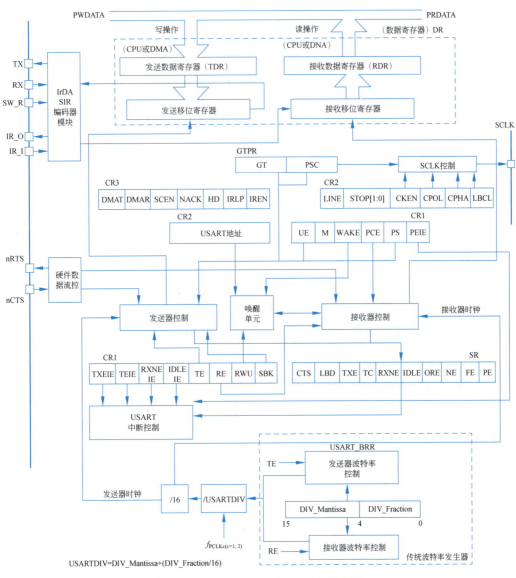

图 14.18　STM32F103 的 USART 的结构

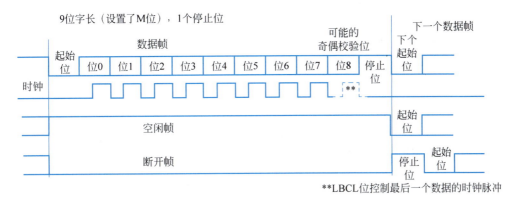

图 14.19　USART 通信时序

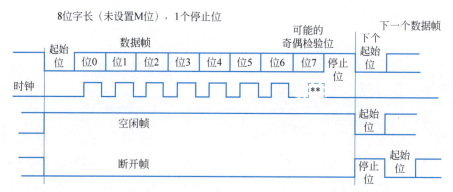

图 14.19 （续）

USART 中断事件及其标志如表 14.38 所示。

在 STM32F103 系列处理器中，USART 将上述各种不同的中断事件都连接到了同一个中断向量，如图 14.20 所示。

5. USART 相关寄存器

STM32F103 的 USART 相关寄存器如下：

- 状态寄存器（USART_SR）。
- 数据寄存器（USART_DR）。
- 波特比率寄存器（USART_BRR）。
- 控制寄存器 1（USART_CR1）。

表 14.38　USART 中断事件及其标志

中 断 事 件	事件标志	使能位
发送数据寄存器空	TXE	TXEIE
CTS 标志	CTS	CTSIE
发送完成	TC	TCIE
接收数据就绪可读	RXNE	RXNEIE
检测到数据溢出	ORE	RXNEIE
检测到空闲线路	IDLE	IDLEIE
奇偶校验错	PE	PEIE
断开标志	LBD	LBDIE
噪声标志、溢出错误和帧错误	NE 或 ORT 或 FE	EIE

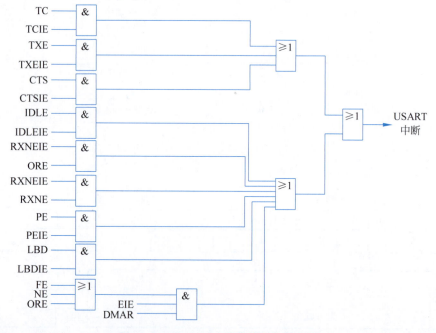

图 14.20　USART 中断事件与中断向量

- 控制寄存器 2（USART_CR2）。
- 控制寄存器 3（USART_CR3）。

- 保护时间和预分频寄存器(USART_GTPR)。

14.6.2　USART 相关库函数

1. 函数 USART_DeInit
表 14.39 描述了函数 USART_DeInit。

表 14.39　函数 USART_DeInit

函数名	USART_DeInit
函数原型	void USART_DeInit(USART_TypeDef * USARTx)
功能描述	将外设 USARTx 寄存器重设为默认值
输入参数	USARTx：x 可以是 1、2 或者 3，用于选择 USART 外设
输出参数	无
返回值	无
先决条件	无
被调用函数	RCC_APB2PeriphResetCmd() RCC_APB1PeriphResetCmd()

2. 函数 USART_Init
表 14.40 描述了函数 USART_Init。

表 14.40　函数 USART_Init

函数名	USART_Init
函数原型	void USART_Init(USART_TypeDef * USARTx, USART_InitTypeDef * USART_InitStruct)
功能描述	根据 USART_InitStruct 中指定的参数初始化外设 USARTx 寄存器
输入参数 1	USARTx：x 可以是 1、2 或者 3，用于选择 USART 外设
输入参数 2	USART_InitStruct：指向结构 USART_InitTypeDef 的指针，包含了外设 USART 的配置信息
输出参数	无
返回值	无
先决条件	无
被调用函数	无

3. 函数 USART_Cmd
表 14.41 描述了函数 USART_Cmd。

表 14.41　函数 USART_Cmd

函数名	USART_ Cmd
函数原型	void USART_Cmd(USART_TypeDef * USARTx, FunctionalState NewState)
功能描述	使能或者失能 USART 外设
输入参数 1	USARTx：x 可以是 1、2 或者 3，用于选择 USART 外设
输入参数 2	NewState：外设 USARTx 的新状态 这个参数可以取 ENABLE 或者 DISABLE
输出参数	无
返回值	无
先决条件	无
被调用函数	无

4. 函数 USART_SendData

表 14.42 描述了函数 USART_SendData。

表 14.42　函数 USART_SendData

函数名	USART_SendData
函数原型	void USART_SendData(USART_TypeDef * USARTx, uint16_t Data);
功能描述	通过外设 USARTx 发送单个数据
输入参数 1	USARTx：x 可以是 1、2 或者 3，用于选择 USART 外设
输入参数 2	Data：待发送的数据
输出参数	无
返回值	无
先决条件	无
被调用函数	无

5. 函数 USART_ReceiveData

表 14.43 描述了函数 USART_ReceiveData。

表 14.43　函数 USART_ReceiveData

函数名	USART_ReceiveData
函数原型	u8 USART_ReceiveData(USART_TypeDef * USARTx)
功能描述	返回 USARTx 最近接收到的数据
输入参数	USARTx：x 可以是 1、2 或者 3，用于选择 USART 外设
输出参数	无
返回值	接收到的字
先决条件	无
被调用函数	无

6. 函数 USART_GetFlagStatus

表 14.44 描述了函数 USART_GetFlagStatus。

表 14.44　函数 USART_GetFlagStatus

函数名	USART_GetFlagStatus
函数原型	FlagStatus USART_GetFlagStatus(USART_TypeDef * USARTx, uint16_t USART_FLAG)
功能描述	检查指定的 USART 标志位置位与否
输入参数 1	USARTx：x 可以是 1、2 或者 3，用于选择 USART 外设
输入参数 2	USART_FLAG：待检查的 USART 标志位
输出参数	无
返回值	USART_FLAG 的新状态(SET 或者 RESET)
先决条件	无
被调用函数	无

7. 函数 USART_ClearFlag

表 14.45 描述了函数 USART_ClearFlag。

表 14.45　函数 USART_ClearFlag

函数名	USART_ ClearFlag
函数原型	void USART_ClearFlag(USART_TypeDef * USARTx, uint16_t USART_FLAG)
功能描述	清除 USARTx 的待处理标志位
输入参数 1	USARTx：x 可以是 1、2 或者 3，用于选择 USART 外设
输入参数 2	USART_FLAG：待清除的 USART 标志位
输出参数	无
返回值	无
先决条件	无
被调用函数	无

8. 函数 USART_ITConfig

表 14.46 描述了函数 USART_ITConfig。

表 14.46　函数 USART_ITConfig

函数名	USART_ITConfig
函数原型	void USART_ITConfig（USART_TypeDef * USARTx, uint16_t USART_IT, FunctionalState NewState）
功能描述	使能或者失能指定的 USART 中断
输入参数 1	USARTx：x 可以是 1、2 或者 3，用于选择 USART 外设
输入参数 2	USART_IT：待使能或者失能的 USART 中断源
输入参数 3	NewState：USARTx 中断的新状态 这个参数可以取 ENABLE 或者 DISABLE
输出参数	无
返回值	无
先决条件	无
被调用函数	无

9. 函数 USART_GetITStatus

表 14.47 描述了函数 USART_GetITStatus。

表 14.47　函数 USART_GetITStatus

函数名	USART_ GetITStatus
函数原型	ITStatus USART_GetITStatus(USART_TypeDef * USARTx，uint16_t USART_IT)
功能描述	检查指定的 USART 中断发生与否
输入参数 1	USARTx：x 可以是 1、2 或者 3，用于选择 USART 外设
输入参数 2	USART_IT：待检查的 USART 中断源
输出参数	无
返回值	USART_IT 的新状态
先决条件	无
被调用函数	无

14.6.3　项目实例

本项目是一个实现双机通信的实例，连接两块实验板的串行接口信号端子（RX 端子连接另一块板的 TX 端子，TX 端子连接另一块板的 RX 端子），并连接两块板的地线（GND 连接另一块板的 GND）。将串行接口通信程序烧录到实验板中，按下复位键，此时数码管会显示"000000"。按下 KEY1 按键,向对方发送信号,此时对方实验板收到信号,接收方实验板的数码管显示变为"111111"。

项目中需要进行的串行接口的操作步骤为:打开 GPIO 的时钟使能和 USART 的时钟使能;设置串行接口的 I/O 接口模式;初始化 USART;如果使用中断接收,那么还要设置 NVIC 并打开中断使能。

实验操作步骤如下:

第一步,将先前已创建的工程模板文件夹复制到桌面,并将文件夹改名为 USART,编译该工程模板,直到没有错误和警告为止。

第二步,为工程模板的 ST_Driver 项目组添加串行接口通信 USART 需要用的源文件 stm32f10x_usart.c,该文件位于"..\Libraries\STM32F10x_StdPeriph_Driver\src"目录下。

第三步,单击 File→New 命令新建两个文件,将其改名为 USART.C 和 USART.H 并保存到工程模板下的 APP 文件夹中,并将 USART.C 文件添加到 APP 项目组下。

第四步,在 USART.C 文件中输入如下源程序,在程序中首先包含 USART.H 头文件,然后创建 Usart2_Init()串行接口初始化程序,其中包括打开端口时钟、GPIO 初始化、USART 初始化、中断初始化等内容。

```c
/***************************************************************
                    Source file of USART.C
****************************************************************/
#include "USART.H"
/***************************************************************
* Function Name   : Usart2_Init
* Description     : Usart1 Initialization
* Input           : None
* Output          : None
* Return          : None
****************************************************************/
void Usart2_Init()
{
    GPIO_InitTypeDef GPIO_InitStructure;
    USART_InitTypeDef USART_InitStructure;
    NVIC_InitTypeDef NVIC_InitStructure;                    //中断结构体定义
    /* 打开端口时钟 */
    RCC_APB2PeriphClockCmd(RCC_APB2Periph_GPIOA,ENABLE);
    RCC_APB1PeriphClockCmd(RCC_APB1Periph_USART2,ENABLE);
    //RCC_APB2PeriphClockCmd(RCC_APB2Periph_AFIO,ENABLE);
    /* 配置 GPIO 的模式和 I/O 接口 */
    GPIO_InitStructure.GPIO_Pin = GPIO_Pin_2; //TX          //串行接口输出 PA2
    GPIO_InitStructure.GPIO_Speed = GPIO_Speed_50MHz;
    GPIO_InitStructure.GPIO_Mode = GPIO_Mode_AF_PP;         //复用推挽输出
    GPIO_Init(GPIOA,&GPIO_InitStructure);                   /* 初始化串行接口输入 I/O */
    GPIO_InitStructure.GPIO_Pin = GPIO_Pin_3; //RX          //串行接口输入 PA3
    GPIO_InitStructure.GPIO_Mode = GPIO_Mode_IN_FLOATING;   //模拟输入
    GPIO_Init(GPIOA,&GPIO_InitStructure);                   /* 初始化 GPIO */
    /* USART 串行接口初始化 */
    USART_InitStructure.USART_BaudRate = 9600;              //波特率设置为 9600bps
    USART_InitStructure.USART_WordLength = USART_WordLength_8b;   //数据长 8 位
    USART_InitStructure.USART_StopBits = USART_StopBits_1;  //1 位停止位
    USART_InitStructure.USART_Parity = USART_Parity_No;     //无校验
    USART_InitStructure.USART_HardwareFlowControl = USART_HardwareFlowControl_None;
    //失能硬件流控制
    USART_InitStructure.USART_Mode = USART_Mode_Rx|USART_Mode_Tx;    //开启发送和接收模式
```

```
    USART_Init(USART2,&USART_InitStructure);        /* 初始化 USART2 */
    USART_Cmd(USART2, ENABLE);                      /* 使能 USART2 */
    USART_ITConfig(USART2, USART_IT_RXNE, ENABLE);  //使能或者失能指定的 USART 中断接收
                                                    //中断
    USART_ClearFlag(USART2,USART_FLAG_TC);          //清除 USARTx 的待处理标志位
    /* 设置 NVIC 参数 */
    NVIC_PriorityGroupConfig(NVIC_PriorityGroup_1);
    NVIC_InitStructure.NVIC_IRQChannel = USART2_IRQn;              //打开 USART1 的全局中断
    NVIC_InitStructure.NVIC_IRQChannelPreemptionPriority = 0;      //抢占式优先级为 0
    NVIC_InitStructure.NVIC_IRQChannelSubPriority = 0;             //响应式优先级为 0
    NVIC_InitStructure.NVIC_IRQChannelCmd = ENABLE;                //使能
    NVIC_Init(&NVIC_InitStructure);
}
```

第五步,在 USART.H 文件中输入如下源程序,其中条件编译格式不变,只要更改一下预定义变量名称,并将刚定义函数的声明加到头文件中。

```
/******************************************************************
                    Source file of USART.H
******************************************************************/
#ifndef _USART_H
#define _USART_H
#include "stm32f10x.h"
void Usart2_Init(void);
#endif
```

第六步,在 public.h 文件的中间部分添加"#include "USART.H""语句,即包含 USART.H 头文件,任何时候程序中需要使用某一源文件中的函数,必须先包含其头文件,否则编译是不能通过的。public.h 文件的源代码如下所示。

```
/******************************************************************
                    Source file of public.h
******************************************************************/
#ifndef _public_H
    #define _public_H
    #include "stm32f10x.h"
    #include "LED.h"
    #include "beepkey.h"
    #include "dsgshow.h"
    #include "EXTI.H"
    #include "timer.h"
    #include "PWM.H"
    #include "USART.H"
#endif
```

第七步,在 main.c 文件中输入如下源程序,在 main()函数中,首先对时间变量赋初值,然后分别对数码管引脚、外部中断、定时器和串行接口进行初始化,最后应用无限循环结构显示时间,并等待中断发生。

```
/******************************************************************
                    Source file of main.c
******************************************************************/
#include "public.h"
//define three extern variable
u8 hour,minute,second;
/******************************************************************
* Function Name   : main
* Description     : Main program.
```

```
 *  Input           : None
 *  Output          : None
 ****************************************************************/
int main()
{
    hour = 0; minute = 0; second = 0;
    DsgShowInit();                  //数码管引脚初始化
    EXTIInti();                     //外部中断初始化
    //TIM6Init();                   //定时器初始化
    Usart2_Init();                  //串行接口初始化
    while(1)
    {
        DsgShowTime();              //动态扫描显示时间
    }
}
```

第八步，在 Keil-MDK 软件操作界面中打开 User 项目组下面的 stm32f10x_it.c 文件，并在 stm32f10x_it.c 文件的最下面编写 USART 接收数据中断服务程序并且修改按键中断函数 EXTI0_IRQHandler。

```
void EXTI0_IRQHandler(void)
{
    if(EXTI_GetITStatus(EXTI_Line0) == SET)
    {
        EXTI_ClearFlag(EXTI_Line0);
        delay_ms(10);
        if(GPIO_ReadInputDataBit(GPIOE,GPIO_Pin_0) == Bit_RESET)
        {
            delay_ms(10);
            //if(++hour == 24) hour = 0;
                USART_SendData(USART2,0x31);          //按下 KEY1,发送字符
        }
    }
}

void USART2_IRQHandler(void)                          //串行接口 2 中断函数
{
    //static unsigned char k = 0;
    USART_ClearFlag(USART2,USART_FLAG_TC);
    //k++;
//  if(k % 3 == 1)hour = USART_ReceiveData(USART1);
//  else if(k % 3 == 2) minute = USART_ReceiveData(USART1);
//  else second = USART_ReceiveData(USART1);
    if(USART_ReceiveData(USART2) == '1')
    {
        hour = 11;
        minute = 11;
        second = 11;
    }
    //USART_SendData(USART1,k);                       //通过外设 USARTx 发送单个数据
    while(USART_GetFlagStatus(USART2,USART_FLAG_TXE) == Bit_RESET);
}
```

第九步，编译工程，如没有错误，则会在 output 文件夹中生成"工程模板.hex"文件，如有错误则修改源程序，直至没有错误。

第十步，将生成的目标文件通过 ISP 软件下载到目标板处理器的 Flash 存储器中，复位运行，检查实验效果。

14.7 SPI 通信应用

视频讲解

14.7.1 SPI 通信原理

1. SPI 接口信号线

SPI 接口所使用的信号线如下：

- SCK(Serial Clock)，即时钟线，由主设备产生。不同的设备支持的时钟频率不同。
- MOSI(Master Output Slave Input)，即主设备数据输出/从设备数据输入线。
- MISO(Master Input Slave Output)，即主设备数据输入/从设备数据输出线。
- SS(Slave Select)，也称为 CS(Chip Select)，SPI 从设备选择信号线。

2. 通过 SPI 进行设备互连

(1) 在"一主一从"的 SPI 互连方式下，只有一个 SPI 主设备和一个 SPI 从设备进行通信，如图 14.21 所示。这种情况下，只需要分别将主设备的 SCK、MOSI、MISO 和从设备的 SCK、MOSI、MISO 直接相连，并将主设备的 SS 置高电平，从设备的 SS 接地(即置低电平，片选有效，选中该从设备)即可。

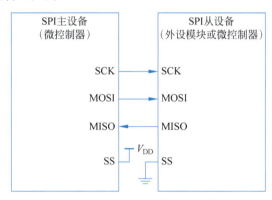

图 14.21 "一主一从"SPI 通信

(2) 在"一主多从"的 SPI 互连方式下，一个 SPI 主设备可以和多个 SPI 从设备相互通信，如图 14.22 所示。在这种情况下，所有的 SPI 设备(包括主设备和从设备)共享时钟线和数据线，即 SCK、MOSI、MISO 这 3 根线，并在主设备端使用多个 GPIO 引脚来选择不同的 SPI 从设备。

14.7.2 STM32F103 的 SPI 工作原理

1. SPI 主要特征

STM32F103 的 SPI 主要特征如下：

- 3 线全双工同步传输。
- 带或不带第三根双向数据线的双线单工同步传输。
- 8 位或 16 位传输帧格式选择。
- 主或从操作。
- 支持多主模式。

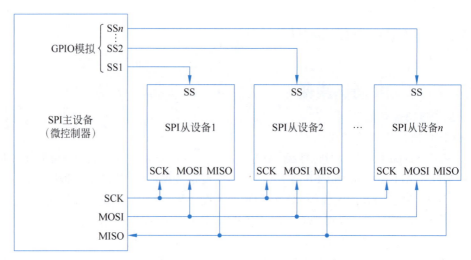

图 14.22 "一主多从"SPI 通信

- 8 个主模式波特率预分频系数（最大为 $f_{PCLK}/2$）。
- 从模式频率（最大为 $f_{PCLK}/2$）。
- 主模式和从模式的快速通信。
- 主模式和从模式下均可以由软件或硬件进行 NSS 管理：主/从操作模式的动态改变。
- 可编程的时钟极性和相位。
- 可编程的数据顺序，MSB 在前或 LSB 在前。
- 可触发中断的专用发送和接收标志。
- SPI 总线忙状态标志。
- 支持可靠通信的硬件 CRC：在发送模式下，CRC 值可以被作为最后一个字节发送；在全双工模式中对接收到的最后一个字节自动进行 CRC 校验。
- 可触发中断的主模式故障、过载以及 CRC 错误标志。
- 支持 DMA 功能的 1 字节发送和接收缓冲器：产生发送和接收请求。

2. SPI 内部结构

SPI 内部结构如图 14.23 所示。

下面介绍 SPI 的 4 个引脚的功能。

- MISO：主设备输入/从设备输出引脚。
- MOSI：主设备输出/从设备输入引脚。
- SCK：串行接口时钟，作为主设备的输出，从设备的输入。
- NSS：从设备选择。这是一个可选的引脚，用来选择主/从设备。

3. 时钟信号的相位和极性

如果 CPHA(时钟相位)位被清 0，如图 14.24 所示，数据在 SCK 时钟的奇数(第 1、3、5……个)跳变沿(CPOL 位为 0 时就是上升沿，CPOL 位为 1 时就是下降沿)进行数据位的存取，数据在 SCK 时钟偶数(第 2、4、6……个)跳变沿(CPOL 位为 0 时就是下降沿，CPOL 位为 1 时就是上升沿)准备就绪。

如果 CPHA(时钟相位)位被置 1，如图 14.25 所示，数据在 SCK 时钟的偶数(第 2、4、

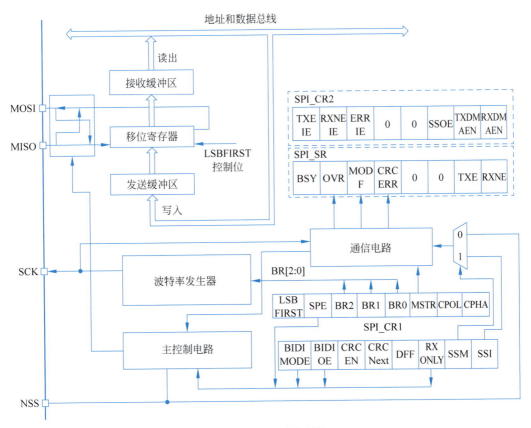

图 14.23 SPI 内部结构

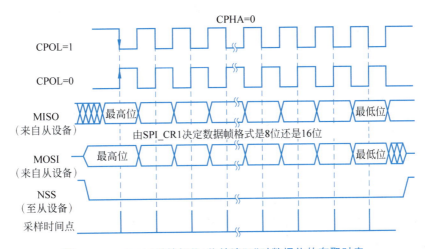

图 14.24 CPHA(时钟相位)位被清"0"时数据位的存取时序

6……个)跳变沿(CPOL 位为 0 时就是下降沿,CPOL 位为 1 时就是上升沿)进行数据位的存取,数据在 SCK 时钟奇数(第 1、3、5……个)跳变沿(CPOL 位为 0 时就是上升沿,CPOL 位为 1 时就是下降沿)准备就绪。

4. 数据帧格式

根据 SPI_CR1 寄存器中的 LSBFIRST 位,输出数据位时可以 MSB 在前也可以 LSB 在

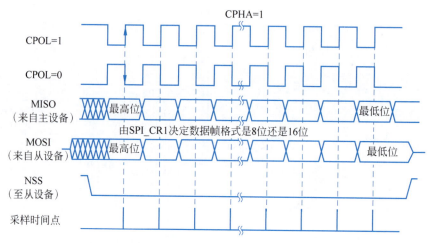

图 14.25　CPHA（时钟相位）位被置 1 时数据位的存取时序

前。根据 SPI_CR1 寄存器的 DFF 位，每个数据帧可以是 8 位或是 16 位。所选择的数据帧格式对发送、接收都有效。

5. 配置 SPI 为主模式的配置步骤

(1) 通过 SPI_CR1 寄存器的 BR[2:0] 位定义串行时钟波特率。

(2) 选择 CPOL 和 CPHA 位，定义数据传输和串行时钟间的相位关系。

(3) 设置 DFF 位来定义 8 位或 16 位数据帧格式。

(4) 配置 SPI_CR1 寄存器的 LSBFIRST 位定义帧格式。

(5) 如果需要 NSS 引脚工作在输入模式，那么在硬件模式下，在整个数据帧传输期间应把 NSS 脚连接到高电平；在软件模式下，需设置 SPI_CR1 寄存器的 SSM 位和 SSI 位。如果 NSS 引脚工作在输出模式，则只需设置 SSOE 位。

(6) 必须设置 MSTR 位和 SPE 位（只当 NSS 脚被连到高电平时这些位才能保持置位）。

(7) SPI 主模式下的数据接收过程：

- 传送移位寄存器里的数据到接收缓冲器，并且 RXNE 标志被置位；
- 如果设置了 SPI_CR2 寄存器中的 RXNEIE 位，则产生中断。

6. 配置 SPI 为从模式的步骤

(1) 设置 DFF 位以定义数据帧格式为 8 位或 16 位。

(2) 选择 CPOL 和 CPHA 位来定义数据传输和串行时钟之间的相位关系。

(3) 帧格式（SPI_CR1 寄存器中的 LSBFIRST 位定义的"MSB 在前"还是"LSB 在前"）必须与主设备相同。

(4) 硬件模式下，在完整的数据帧（8 位或 16 位）传输过程中，应把 NSS 脚连接到低电平；在软件模式下，需将 SPI_CR1 寄存器的 SSM 位置位和 SSI 位复位。

(5) 清除 MSTR 位、置位 SPE 位（SPI_CR1 寄存器），使相应引脚工作于 SPI 模式下。

(6) SPI 从模式下的数据接收过程：

- 移位寄存器中的数据传送到接收缓冲器，SPI_SR 寄存器中的 RXNE 标志被置位。
- 如果置位了 SPI_CR2 寄存器中的 RXNEIE 位，则产生中断。

14.7.3 SPI 库函数

1. 函数 SPI_I2S_DeInit

表 14.48 描述了函数 SPI_I2S_DeInit。

表 14.48 函数 SPI_I2S_DeInit

函数名	SPI_I2S_DeInit
函数原型	void SPI_I2S_DeInit (SPI_TypeDef* SPIx)
功能描述	将外设 SPIx 寄存器重设为默认值
输入参数	SPIx：x 可以是 1 或者 2，用于选择 SPI 外设
输出参数	无
返回值	无
先决条件	无
被调用函数	对 SPI1，RCC_APB2PeriphClockCmd()。 对 SPI2，RCC_APB1PeriphClockCmd()。

2. 函数 SPI_Init

表 14.49 描述了函数 SPI_Init。

表 14.49 函数 SPI_Init

函数名	SPI_Init
函数原型	void SPI_Init(SPI_TypeDef* SPIx, SPI_InitTypeDef* SPI_InitStruct)
功能描述	根据 SPI_InitStruct 中指定的参数初始化外设 SPIx 寄存器
输入参数 1	SPIx：x 可以是 1 或者 2，用于选择 SPI 外设
输入参数 2	SPI_InitStruct：指向结构 SPI_InitTypeDef 的指针，包含了外设 SPI 的配置信息
输出参数	无
返回值	无
先决条件	无
被调用函数	无

3. 函数 SPI_Cmd

表 14.50 描述了函数 SPI_Cmd。

表 14.50 函数 SPI_Cmd

函数名	SPI_ Cmd
函数原型	void SPI_Cmd(SPI_TypeDef* SPIx, FunctionalState NewState)
功能描述	使能或者失能 SPI 外设
输入参数 1	SPIx：x 可以是 1 或者 2，用于选择 SPI 外设
输入参数 2	NewState：外设 SPIx 的新状态 这个参数可以取：ENABLE 或者 DISABLE
输出参数	无
返回值	无
先决条件	无
被调用函数	无

4. 函数 SPI_I2S_SendData

表 14.51 描述了函数 SPI_I2S_SendData。

5. 函数 SPI_I2S_ReceiveData

表 14.52 描述了函数 SPI_I2S_ReceiveData。

表 14.51 函数 SPI_I2S_SendData

函数名	SPI_I2S_SendData
函数原型	void SPI_I2S_SendData(SPI_TypeDef* SPIx, u16 Data)
功能描述	通过外设 SPIx 发送一个数据
输入参数 1	SPIx：x 可以是 1 或者 2，用于选择 SPI 外设
输入参数 2	Data：待发送的数据
输出参数	无
返回值	无
先决条件	无
被调用函数	无

表 14.52 函数 SPI_I2S_ReceiveData

函数名	SPI_I2S_ReceiveData
函数原型	u16 SPI_I2S_ReceiveData(SPI_TypeDef* SPIx)
功能描述	返回通过 SPIx 最近接收的数据
输入参数	SPIx：x 可以是 1 或者 2，用于选择 SPI 外设
输出参数	无
返回值	接收到的字
先决条件	无
被调用函数	无

6. 函数 SPI_I2S_ITConfig

表 14.53 描述了函数 SPI_I2S_ITConfig。

表 14.53 函数 SPI_I2S_ITConfig

函数名	SPI_I2S_ITConfig
函数原型	void SPI_I2S_ITConfig(SPI_TypeDef* SPIx, uint8_t SPI_I2S_IT, FunctionalState NewState)
功能描述	使能或者失能指定的 SPI/I2S 中断
输入参数 1	SPIx：x 可以是 1 或者 2，用于选择 SPI 外设
输入参数 2	SPI_I2S_IT：待使能或者失能的 SPI/I2S 中断源
输入参数 3	NewState：SPIx/I2S 中断的新状态 这个参数可以取 ENABLE 或者 DISABLE
输出参数	无
返回值	无
先决条件	无
被调用函数	无

7. 函数 SPI_I2S_GetITStatus

表 14.54 描述了函数 SPI_I2S_GetITStatus。

表 14.54 函数 SPI_I2S_GetITStatus

函数名	**SPI_I2S_GetITStatus**
函数原型	ITStatus SPI_I2S_GetITStatus(SPI_TypeDef* SPIx, uint8_t SPI_I2S_IT)
功能描述	检查指定的 SPI_I2S 中断发生与否
输入参数 1	SPIx：x 可以是 1 或者 2，用于选择 SPI 外设
输入参数 2	SPI_I2S_IT：待检查的 SPI_I2S 中断源
输出参数	无
返回值	SPI_IT 的新状态
先决条件	无
被调用函数	无

8. 函数 SPI_I2S_ClearFlag

表 14.55 描述了函数 SPI_I2S_ClearFlag。

表 14.55　函数 SPI_I2S_ClearFlag

函数名	SPI_I2S_ClearFlag
函数原型	void SPI_I2S_ClearFlag(SPI_TypeDef * SPIx, uint16_t SPI_I2S_FLAG)
功能描述	清除 SPI/I2S 的待处理标志位
输入参数 1	SPIx：x 可以是 1 或者 2,用于选择 SPI 外设
输入参数 2	SPI_I2S_FLAG：待清除的 SPI/I2S 标志位 注意：标志位 BSY、TXE 和 RXNE 由硬件重置
输出参数	无
返回值	无
先决条件	无
被调用函数	无

14.7.4　项目实例

本项目要完成的目标是通过 SPI 实现两块目标板之间无线通信,需要用到 NRF24L01 无线通信模块,将 NRF24L01 模块插到目标板 MK1 部分(朝内)。烧录程序之后,按下复位键,此时数码管显示"000000"(若显示其他,则重新烧录并复位即可),同时 L1 和 L2 灯交替闪烁。

L1 表示模块接收模式,L2 表示模块发送模式。若目标板没有插上 NRF24L01 模块,LED 灯都熄灭。当两块目标板都进入 L1 和 L2 交替闪烁状态时,长按 KEY1 进入接收模式,长按 KEY2 进入发送模式。

当目标板进入发送模式时,L2 快闪,此时说明在发送数据,当发送的数据被收到之后会进入到慢闪状态。

当目标板进入接收模式时,L1 闪烁,此时等待接收数据。当接收到数据后,数码管变为"111111",L1 常亮,说明 SPI 通信成功。

1. nRF24L01 简介

nRF24L01 芯片是由 NORDIC 生产的工作在 2.4～2.5GHz 的 ISM 频段的单片无线收发器芯片。无线收发器包括频率发生器、增强型 SchockBurst 模式控制器、功率放大器、晶体振荡器、调制器和解调器。

2. nRF24L01 模块性能

- 输出功率频道选择和协议的设置可以通过 SPI 接口进行设置。可以连接到大多数单片机和微处理器芯片,并完成无线数据传送工作。
- 极低的电流消耗：当工作在发射模式下发射功率为 0dBm 时电流消耗为 11.3mA,接收模式时为 12.3mA,掉电模式和待机模式下电流消耗更低。
- 最高工作速率 2Mbps,高效的 GFSK 调制,抗干扰能力强。
- 126 个可选的频道,满足多点通信和调频通信的需要。
- 内置 CRC 检错和点对多点的通信地址控制。
- 可设置自动应答,确保数据可靠传输。

3. nRF24L01 模块接口信号

- CE：模式控制线。在 CSN 为低的情况下，CE 协同 CONFIG 寄存器共同决定 NRF24L01 的状态（参照 NRF24L01 的状态机）。
- CSN：SPI 片选线。
- SCK：SPI 时钟线。
- MOSI：SPI 数据线（主机输出，从机输入）。
- MISO：SPI 数据线（主机输入，从机输出）。
- IRQ：中断信号线。中断时变为低电平，在以下 3 种情况变低：Tx FIFO 发完并且收到 ACK（使能 ACK 情况下）、Rx FIFO 收到数据、达到最大重发次数。

nRF24L01 模块应用示例如图 14.26 所示。

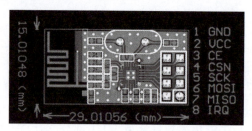

图 14.26　nRF24L01 模块应用示例

实验操作步骤如下：

第一步，将先前已创建的工程模板文件夹复制到桌面，并将文件夹改名为 SPI，编译该工程模板编译，直到没有错误和警告为止。

第二步，为工程模板的 ST_Driver 项目组添加源文件 stm32f10x_spi.c，文件位于"..\Libraries\STM32F10x_StdPeriph_Driver\src"目录下。

第三步，单击 File→New 命令新建 4 个文件，将其改名为 SPI.c、SPI.h、24l01.c 和 24l01.h 并保存到工程模板下的 APP 文件夹中，并将 SPI.c、24l01.c 文件添加到 APP 项目组下。

第四步，在 SPI.c 文件中输入如下源程序，在程序中首先包含 SPI.h 头文件，然后对 SPI 进行初始化。

```
#include "SPI.h"
//SPI 口初始化
//这里针是对 SPI2 的初始化
void SPI2_Init(void)
{
    GPIO_InitTypeDef GPIO_InitStructure;
    SPI_InitTypeDef SPI_InitStructure;
    RCC_APB2PeriphClockCmd(RCC_APB2Periph_GPIOB, ENABLE );      //PORTB 时钟使能
    RCC_APB1PeriphClockCmd(RCC_APB1Periph_SPI2, ENABLE );       //SPI2 时钟使能
    GPIO_InitStructure.GPIO_Pin = GPIO_Pin_13 | GPIO_Pin_14 | GPIO_Pin_15;
    GPIO_InitStructure.GPIO_Mode = GPIO_Mode_AF_PP;             //PB13/14/15 复用推挽输出
    GPIO_InitStructure.GPIO_Speed = GPIO_Speed_50MHz;
    GPIO_Init(GPIOB, &GPIO_InitStructure);                      //初始化 GPIO
    GPIO_SetBits(GPIOB,GPIO_Pin_13|GPIO_Pin_14|GPIO_Pin_15);    //PB13/14/15 上拉
    SPI_InitStructure.SPI_Direction = SPI_Direction_2Lines_FullDuplex;
    //设置 SPI 单向或者双向的数据模式:SPI 设置为双线双向全双工
    SPI_InitStructure.SPI_Mode = SPI_Mode_Master;
```

```c
    //设置 SPI 工作模式:设置为主 SPI
    SPI_InitStructure.SPI_DataSize = SPI_DataSize_8b;
    //设置 SPI 的数据大小:SPI 发送接收 8 位帧结构
    SPI_InitStructure.SPI_CPOL = SPI_CPOL_High;
    //串行同步时钟的空闲状态为高电平
    SPI_InitStructure.SPI_CPHA = SPI_CPHA_2Edge;
    //串行同步时钟的第二个跳变沿(上升或下降)数据被采样
    SPI_InitStructure.SPI_NSS = SPI_NSS_Soft;
    //NSS 信号由硬件(NSS 引脚)还是软件(使用 SSI 位)管理:内部 NSS 信号由 SSI 位控制
    SPI_InitStructure.SPI_BaudRatePrescaler = SPI_BaudRatePrescaler_256;
    //定义波特率预分频的值:波特率预分频值为 256
    SPI_InitStructure.SPI_FirstBit = SPI_FirstBit_MSB;
    //指定数据传输从 MSB 位还是 LSB 位开始:数据传输从 MSB 位开始
    SPI_InitStructure.SPI_CRCPolynomial = 7;
    //CRC 值计算的多项式
SPI_Init(SPI2, &SPI_InitStructure);
    //根据 SPI_InitStruct 中指定的参数初始化外设 SPIx 寄存器
    SPI_Cmd(SPI2, ENABLE);                    //使能 SPI 外设
        SPI2_ReadWriteByte(0xff);             //启动传输
    }
//SPI 速度设置函数
//SpeedSet:
//SPI_BaudRatePrescaler_2   2 分频
//SPI_BaudRatePrescaler_8   8 分频
//SPI_BaudRatePrescaler_16  16 分频
//SPI_BaudRatePrescaler_256 256 分频

void SPI2_SetSpeed(u8 SPI_BaudRatePrescaler)
{
        assert_param(IS_SPI_BAUDRATE_PRESCALER(SPI_BaudRatePrescaler));
    SPI2 -> CR1& = 0XFFC7;
    SPI2 -> CR1| = SPI_BaudRatePrescaler;      //设置 SPI2 速度
    SPI_Cmd(SPI2,ENABLE);
}

//SPIx 读写 1 字节
//TxData:要写入的字节
//返回值:读取到的字节
u8 SPI2_ReadWriteByte(u8 TxData)
{
    u8 retry = 0;
    while (SPI_I2S_GetFlagStatus(SPI2, SPI_I2S_FLAG_TXE) == RESET)
    //检查指定的 SPI 标志位设置与否:发送缓存空标志位
        {
        retry++;
        if(retry > 200)return 0;
        }
    SPI_I2S_SendData(SPI2, TxData);            //通过外设 SPIx 发送一个数据
    retry = 0;

    while (SPI_I2S_GetFlagStatus(SPI2, SPI_I2S_FLAG_RXNE) == RESET)
    //检查指定的 SPI 标志位设置与否:接收缓存非空标志位
        {
        retry++;
        if(retry > 200)return 0;
        }
    return SPI_I2S_ReceiveData(SPI2);          //返回通过 SPIx 最近接收的数据
}
```

第五步,在 SPI.h 文件中输入如下源程序,并将刚定义函数的声明加到头文件中。

```c
#ifndef __SPI_H
#define __SPI_H
#include "stm32f10x.h"
//0,不支持ucos //1,支持ucos
#define SYSTEM_SUPPORT_OS    0                  //定义系统文件夹是否支持UCOS
//位带操作,实现51类似的GPIO控制功能
//I/O接口操作宏定义
#define BITBAND(addr, bitnum) ((addr & 0xF0000000) + 0x2000000 + ((addr &0xFFFFF)<< 5) + (bitnum << 2))
#define MEM_ADDR(addr)  *((volatile unsigned long *)(addr))
#define BIT_ADDR(addr, bitnum) MEM_ADDR(BITBAND(addr, bitnum))
//I/O接口地址映射
#define GPIOA_ODR_Addr    (GPIOA_BASE + 12) //0x4001080C
#define GPIOB_ODR_Addr    (GPIOB_BASE + 12) //0x40010C0C
#define GPIOC_ODR_Addr    (GPIOC_BASE + 12) //0x4001100C
#define GPIOD_ODR_Addr    (GPIOD_BASE + 12) //0x4001140C
#define GPIOE_ODR_Addr    (GPIOE_BASE + 12) //0x4001180C
#define GPIOF_ODR_Addr    (GPIOF_BASE + 12) //0x40011A0C
#define GPIOG_ODR_Addr    (GPIOG_BASE + 12) //0x40011E0C

#define GPIOA_IDR_Addr    (GPIOA_BASE + 8) //0x40010808
#define GPIOB_IDR_Addr    (GPIOB_BASE + 8) //0x40010C08
#define GPIOC_IDR_Addr    (GPIOC_BASE + 8) //0x40011008
#define GPIOD_IDR_Addr    (GPIOD_BASE + 8) //0x40011408
#define GPIOE_IDR_Addr    (GPIOE_BASE + 8) //0x40011808
#define GPIOF_IDR_Addr    (GPIOF_BASE + 8) //0x40011A08
#define GPIOG_IDR_Addr    (GPIOG_BASE + 8) //0x40011E08

//I/O接口操作,只对单一的I/O接口!
//确保n的值小于16!
#define PAout(n)     BIT_ADDR(GPIOA_ODR_Addr,n)      //输出
#define PAin(n)      BIT_ADDR(GPIOA_IDR_Addr,n)      //输入
#define PBout(n)     BIT_ADDR(GPIOB_ODR_Addr,n)      //输出
#define PBin(n)      BIT_ADDR(GPIOB_IDR_Addr,n)      //输入
#define PCout(n)     BIT_ADDR(GPIOC_ODR_Addr,n)      //输出
#define PCin(n)      BIT_ADDR(GPIOC_IDR_Addr,n)      //输入
#define PDout(n)     BIT_ADDR(GPIOD_ODR_Addr,n)      //输出
#define PDin(n)      BIT_ADDR(GPIOD_IDR_Addr,n)      //输入
#define PEout(n)     BIT_ADDR(GPIOE_ODR_Addr,n)      //输出
#define PEin(n)      BIT_ADDR(GPIOE_IDR_Addr,n)      //输入
#define PFout(n)     BIT_ADDR(GPIOF_ODR_Addr,n)      //输出
#define PFin(n)      BIT_ADDR(GPIOF_IDR_Addr,n)      //输入
#define PGout(n)     BIT_ADDR(GPIOG_ODR_Addr,n)      //输出
#define PGin(n)      BIT_ADDR(GPIOG_IDR_Addr,n)      //输入

#define LED0 PCout(0)    //PC0
#define LED1 PCout(1)    //PC1
#define KEY0 GPIO_ReadInputDataBit(GPIOE,GPIO_Pin_0)    //读取按键0
#define KEY1 GPIO_ReadInputDataBit(GPIOE,GPIO_Pin_1)    //读取按键1
#define WK_UP GPIO_ReadInputDataBit(GPIOE,GPIO_Pin_2)   //读取按键3(WK_UP)
#define KEY0_PRES    1          //KEY0 按下
#define KEY1_PRES    2          //KEY1 按下
#define WKUP_PRES    3          //KEY3 按下(即 WK_UP/KEY_UP)

void SPI2_Init(void);                           //初始化SPI口
void SPI2_SetSpeed(u8 SpeedSet);                //设置SPI速度
u8 SPI2_ReadWriteByte(u8 TxData);               //SPI总线读写1字节
#endif
```

第六步，在 24l01.c 文件中输入如下源程序，在程序中首先包含 24l01.h 头文件，然后创建 24l01 模块初始化函数。

```c
#include "24l01.h"
#include "systick.h"
#include "SPI.h"
#include "USART.h"

const u8 TX_ADDRESS[TX_ADR_WIDTH] = {0x34,0x43,0x10,0x10,0x01};    //发送地址
const u8 RX_ADDRESS[RX_ADR_WIDTH] = {0x34,0x43,0x10,0x10,0x01};
//初始化 24L01 的 I/O 接口
void NRF24L01_Init(void)
{
    GPIO_InitTypeDef GPIO_InitStructure;
    SPI_InitTypeDef SPI_InitStructure;
    RCC_APB2PeriphClockCmd(RCC_APB2Periph_GPIOB|RCC_APB2Periph_GPIOG, ENABLE); //使能 PB,G
                                                                               //端口时钟

    GPIO_InitStructure.GPIO_Pin = GPIO_Pin_12;            //PB12 上拉,防止 W25X 的干扰
    GPIO_InitStructure.GPIO_Mode = GPIO_Mode_Out_PP;      //推挽输出
    GPIO_InitStructure.GPIO_Speed = GPIO_Speed_50MHz;
    GPIO_Init(GPIOB, &GPIO_InitStructure);                //初始化指定 I/O
    GPIO_SetBits(GPIOB,GPIO_Pin_12);                      //上拉

    GPIO_InitStructure.GPIO_Pin = GPIO_Pin_7|GPIO_Pin_8;  //PG8 和 PG7 推挽
    GPIO_Init(GPIOG, &GPIO_InitStructure);                //初始化指定 I/O

    GPIO_InitStructure.GPIO_Pin = GPIO_Pin_6;
    GPIO_InitStructure.GPIO_Mode = GPIO_Mode_IPD;         //PG6 输入
    GPIO_Init(GPIOG, &GPIO_InitStructure);

    GPIO_ResetBits(GPIOG,GPIO_Pin_6|GPIO_Pin_7|GPIO_Pin_8);  //PG6～PG8 上拉

    SPI2_Init();                                          //初始化 SPI
    SPI_Cmd(SPI2, DISABLE);                               // SPI 外设不使能
    SPI_InitStructure.SPI_Direction = SPI_Direction_2Lines_FullDuplex;
    //SPI 设置为双线双向全双工
    SPI_InitStructure.SPI_Mode = SPI_Mode_Master;         //SPI 主机
    SPI_InitStructure.SPI_DataSize = SPI_DataSize_8b;     //发送接收 8 位帧结构
    SPI_InitStructure.SPI_CPOL = SPI_CPOL_Low;            //时钟悬空低
    SPI_InitStructure.SPI_CPHA = SPI_CPHA_1Edge;          //数据捕获于第 1 个时钟沿
    SPI_InitStructure.SPI_NSS = SPI_NSS_Soft;             //NSS 信号由软件控制
    SPI_InitStructure.SPI_BaudRatePrescaler = SPI_BaudRatePrescaler_16;
    //定义波特率预分频的值:波特率预分频值为 16
    SPI_InitStructure.SPI_FirstBit = SPI_FirstBit_MSB;    //数据传输从 MSB 位开始
    SPI_InitStructure.SPI_CRCPolynomial = 7;              //CRC 值计算的多项式
SPI_Init(SPI2, &SPI_InitStructure);       //根据 SPI_InitStruct 中指定的参数初始化外设 SPIx
                                          //寄存器
SPI_Cmd(SPI2, ENABLE);                                //使能 SPI 外设
    NRF24L01_CE = 0;                                  //使能 24L01
    NRF24L01_CSN = 1;                                 //SPI 片选取消
}
//检测 24L01 是否存在                                  //返回值:0,成功; 1,失败
u8 NRF24L01_Check(void)
{
    u8 buf[5] = {0XA5,0XA5,0XA5,0XA5,0XA5};
    u8 i;
SPI2_SetSpeed(SPI_BaudRatePrescaler_4);   //SPI 速度为 9MHz(24L01 的最大 SPI 时钟为 10MHz)
    NRF24L01_Write_Buf(NRF_WRITE_REG+TX_ADDR,buf,5);  //写入 5 字节的地址
```

```c
    NRF24L01_Read_Buf(TX_ADDR,buf,5);                        //读出写入的地址
    for(i = 0;i < 5;i++)if(buf[i]!= 0XA5)break;
    if(i!= 5)return 1;                                       //检测 24L01 错误
    return 0;                                                //检测到 24L01
}
//SPI 写寄存器
//reg:指定寄存器地址
//value:写入的值
u8 NRF24L01_Write_Reg(u8 reg,u8 value)
{
    u8 status;
    NRF24L01_CSN = 0;                                        //使能 SPI 传输
    status = SPI2_ReadWriteByte(reg);                        //发送寄存器号
    SPI2_ReadWriteByte(value);                               //写入寄存器的值
    NRF24L01_CSN = 1;                                        //禁止 SPI 传输
    return(status);                                          //返回状态值
}
//读取 SPI 寄存器值
//reg:要读的寄存器
u8 NRF24L01_Read_Reg(u8 reg)
{
    u8 reg_val;
    NRF24L01_CSN = 0;                                        //使能 SPI 传输
    SPI2_ReadWriteByte(reg);                                 //发送寄存器号
    reg_val = SPI2_ReadWriteByte(0XFF);                      //读取寄存器内容
    NRF24L01_CSN = 1;                                        //禁止 SPI 传输
    return(reg_val);                                         //返回状态值
}
//在指定位置读出指定长度的数据
//reg:寄存器(位置)
// * pBuf:数据指针
//len:数据长度
//返回值,此次读到的状态寄存器值
u8 NRF24L01_Read_Buf(u8 reg,u8 * pBuf,u8 len)
{
    u8 status,u8_ctr;
    NRF24L01_CSN = 0;                                        //使能 SPI 传输
    status = SPI2_ReadWriteByte(reg);                        //发送寄存器值(位置),并读取状
                                                             //态值
    for(u8_ctr = 0;u8_ctr < len;u8_ctr++)pBuf[u8_ctr] = SPI2_ReadWriteByte(0XFF);   //读出数据
    NRF24L01_CSN = 1;                                        //关闭 SPI 传输
    return status;                                           //返回读到的状态值
}
//在指定位置写指定长度的数据
//reg:寄存器(位置)
// * pBuf:数据指针
//len:数据长度
//返回值,此次读到的状态寄存器值
u8 NRF24L01_Write_Buf(u8 reg, u8 * pBuf, u8 len)
{
    u8 status,u8_ctr;
    NRF24L01_CSN = 0;                                        //使能 SPI 传输
    status = SPI2_ReadWriteByte(reg);                        //发送寄存器值(位置),并读取状
                                                             //态值
    for(u8_ctr = 0; u8_ctr < len; u8_ctr++)SPI2_ReadWriteByte( * pBuf++);   //写入数据
    NRF24L01_CSN = 1;                                        //关闭 SPI 传输
    return status;                                           //返回读到的状态值
}
//启动 NRF24L01 发送一次数据   //txbuf:待发送数据首地址   //返回值:发送完成状况
```

```c
u8 NRF24L01_TxPacket(u8 *txbuf)
{
    u8 sta;
SPI2_SetSpeed(SPI_BaudRatePrescaler_8);                    //SPI 速度为 9MHz(24L01 的最大 SPI
                                                           //时钟为 10MHz)
    NRF24L01_CE = 0;
    NRF24L01_Write_Buf(WR_TX_PLOAD,txbuf,TX_PLOAD_WIDTH);  //写数据到 TX BUF 32 字节
    NRF24L01_CE = 1;                                       //启动发送
    while(NRF24L01_IRQ!= 0);                               //等待发送完成
    sta = NRF24L01_Read_Reg(STATUS);                       //读取状态寄存器的值
    NRF24L01_Write_Reg(NRF_WRITE_REG + STATUS,sta);        //清除 TX_DS 或 MAX_RT 中断标志
    if(sta&MAX_TX)//达到最大重发次数
    {
        NRF24L01_Write_Reg(FLUSH_TX,0xff);                 //清除 TX FIFO 寄存器
        return MAX_TX;
    }
    if(sta&TX_OK)                                          //发送完成
    {
        return TX_OK;
    }
    return 0xff;                                           //其他原因发送失败
}
//启动 NRF24L01 发送一次数据
//txbuf:待发送数据首地址
//返回值:0,接收完成;其他,错误代码
u8 NRF24L01_RxPacket(u8 *rxbuf)
{
    u8 sta;
SPI2_SetSpeed(SPI_BaudRatePrescaler_8);                    //SPI 速度为 9MHz(24L01 的最大 SPI
                                                           //时钟为 10MHz)
    sta = NRF24L01_Read_Reg(STATUS);                       //读取状态寄存器的值
    NRF24L01_Write_Reg(NRF_WRITE_REG + STATUS,sta);        //清除 TX_DS 或 MAX_RT 中断标志
    if(sta&RX_OK)                                          //接收到数据
    {
        NRF24L01_Read_Buf(RD_RX_PLOAD,rxbuf,RX_PLOAD_WIDTH);  //读取数据
        NRF24L01_Write_Reg(FLUSH_RX,0xff);                 //清除 RX FIFO 寄存器
        return 0;
    }
    return 1;                                              //没收到任何数据
}
//该函数初始化 NRF24L01 到 RX 模式
//设置 RX 地址,写 RX 数据宽度,选择 RF 频道,波特率和 LNA HCURR
//当 CE 变高后,即进入 RX 模式,并可以接收数据
void NRF24L01_RX_Mode(void)
{
    NRF24L01_CE = 0;
    NRF24L01_Write_Buf(NRF_WRITE_REG + RX_ADDR_P0,(u8 *)RX_ADDRESS,RX_ADR_WIDTH); //写 RX 节
                                                                                 //点地址

    NRF24L01_Write_Reg(NRF_WRITE_REG + EN_AA,0x01);        //使能通道 0 的自动应答
    NRF24L01_Write_Reg(NRF_WRITE_REG + EN_RXADDR,0x01);    //使能通道 0 的接收地址
    NRF24L01_Write_Reg(NRF_WRITE_REG + RF_CH,40);          //设置 RF 通信频率
    NRF24L01_Write_Reg(NRF_WRITE_REG + RX_PW_P0,RX_PLOAD_WIDTH);  //选择通道 0 的有效数
                                                                 //据宽度
    NRF24L01_Write_Reg(NRF_WRITE_REG + RF_SETUP,0x0f);     //设置 TX 发射参数,0dB 增益,2Mbps,
                                                           //低噪声增益开启
    NRF24L01_Write_Reg(NRF_WRITE_REG + CONFIG, 0x0f);      //配置基本工作模式的参数;PWR_UP,
                                                           //EN_CRC,16BIT_CRC,接收模式
    NRF24L01_CE = 1;                                       //CE 为高,进入接收模式
```

```c
}
//该函数初始化 NRF24L01 到 TX 模式
//设置 TX 地址,写 TX 数据宽度,设置 RX 自动应答的地址,填充 TX 发送数据,选择 RF 频道,波特率和
//LNA HCURR
//PWR_UP,CRC 使能
//当 CE 变高后,即进入 RX 模式,并可以接收数据
//CE 为高大于 10μs,则启动发送
void NRF24L01_TX_Mode(void)
{
    NRF24L01_CE = 0;
    NRF24L01_Write_Buf(NRF_WRITE_REG + TX_ADDR,(u8 *)TX_ADDRESS,TX_ADR_WIDTH);   //写 TX 节
                                                                                //点地址
    NRF24L01_Write_Buf(NRF_WRITE_REG + RX_ADDR_P0,(u8 *)RX_ADDRESS,RX_ADR_WIDTH);
                                            //设置 TX 节点地址,主要为了使能 ACK

    NRF24L01_Write_Reg(NRF_WRITE_REG + EN_AA,0x01);         //使能通道 0 的自动应答
    NRF24L01_Write_Reg(NRF_WRITE_REG + EN_RXADDR,0x01);     //使能通道 0 的接收地址
    NRF24L01_Write_Reg(NRF_WRITE_REG + SETUP_RETR,0x1a);    //设置自动重发间隔时间:500μs +
                                                            //86μs;最大自动重发次数:10 次
    NRF24L01_Write_Reg(NRF_WRITE_REG + RF_CH,40);           //设置 RF 通道为 40
    NRF24L01_Write_Reg(NRF_WRITE_REG + RF_SETUP,0x0f);      //设置 TX 参数,0dB 增益,2Mbps,低
                                                            //噪声增益开启
    NRF24L01_Write_Reg(NRF_WRITE_REG + CONFIG,0x0e);        //配置 NRF24L01 进入发送模式,启
                                                            //用并配置 CRC 校验为 16 位,开启
                                                            //所有中断
    NRF24L01_CE = 1;                                        //CE 为高,10μs 后启动发送
}
```

第七步,在 24l01.h 文件中输入如下源程序,并将刚定义函数的声明加到头文件中。

```c
#ifndef __24L01_H
#define __24L01_H
#include "SPI.h"
////////////////////////////////////////////////////////////////////////
//NRF24L01 寄存器操作命令
#define NRF_READ_REG    0x00    //读配置寄存器,低 5 位为寄存器地址
#define NRF_WRITE_REG   0x20    //写配置寄存器,低 5 位为寄存器地址
#define RD_RX_PLOAD     0x61    //读 RX 有效数据,1~32 字节
#define WR_TX_PLOAD     0xA0    //写 TX 有效数据,1~32 字节
#define FLUSH_TX        0xE1    //清除 TX FIFO 寄存器,在发射模式下使用
#define FLUSH_RX        0xE2    //清除 RX FIFO 寄存器,接收模式下用
#define REUSE_TX_PL     0xE3    //重新使用上一个数据包,CE 为高,数据包被不断发送
#define NOP             0xFF    //空操作,可以用来读状态寄存器
//SPI(NRF24L01)寄存器地址
#define CONFIG          0x00    //配置寄存器地址;bit0:1 接收模式,0 发射模式;bit1:上电选择;
                                //bit2:CRC 模式;bit3:CRC 使能; bit4:中断 MAX_RT(达到最大重发
                                //次数中断)使能;bit5:中断 TX_DS 使能;bit6:中断 RX_DR 使能
#define EN_AA           0x01    //使能自动应答功能 bit0~5,对应通道 0~5
#define EN_RXADDR       0x02    //接收地址允许,bit0~5,对应通道 0~5
#define SETUP_AW        0x03    //设置地址宽度(所有数据通道):bit1 和 bit 0:00,3 字节;01,4 字
节;02,5 字节
#define SETUP_RETR      0x04    //建立自动重发;bit3:0,自动重发计数器;bit7:4,自动重发延时
                                //250 * x + 86us
#define RF_CH           0x05    //RF 通道,bit6:0,工作通道频率
#define RF_SETUP        0x06    //RF 寄存器;bit3:传输速率(0:1Mbps,1:2Mbps);bit2:1,发射功率;
                                //bit0:低噪声放大器增益
#define STATUS          0x07    //状态寄存器;bit0:TX FIFO 满标志;bit3:1,接收数据通道号(最
                                //大:6);bit4,达到最多次重发
                                //bit5:数据发送完成中断;bit6:接收数据中断;
#define MAX_TX          0x10    //达到最大发送次数中断
```

```c
#define TX_OK         0x20    //TX 发送完成中断
#define RX_OK         0x40    //接收到数据中断

#define OBSERVE_TX    0x08    //发送检测寄存器,bit7:4,数据包丢失计数器;bit3:0,重发计数器
#define CD            0x09    //载波检测寄存器,bit0,载波检测;
#define RX_ADDR_P0    0x0A    //数据通道 0 接收地址,最大长度 5 字节,低字节在前
#define RX_ADDR_P1    0x0B    //数据通道 1 接收地址,最大长度 5 字节,低字节在前
#define RX_ADDR_P2    0x0C    //数据通道 2 接收地址,最低字节可设置,高字节,必须同 RX_ADDR_
                              //P1[39:8]相等;
#define RX_ADDR_P3    0x0D    //数据通道 3 接收地址,最低字节可设置,高字节,必须同 RX_ADDR_
                              //P1[39:8]相等;
#define RX_ADDR_P4    0x0E    //数据通道 4 接收地址,最低字节可设置,高字节,必须同 RX_ADDR_
                              //P1[39:8]相等;
#define RX_ADDR_P5    0x0F    //数据通道 5 接收地址,最低字节可设置,高字节,必须同 RX_ADDR_
                              //P1[39:8]相等;
#define TX_ADDR       0x10    //发送地址(低字节在前),ShockBurstTM 模式下,RX_ADDR_P0 与此
                              //地址相等
#define RX_PW_P0      0x11    //接收数据通道 0 有效数据宽度(1~32 字节),设置为 0 则非法
#define RX_PW_P1      0x12    //接收数据通道 1 有效数据宽度(1~32 字节),设置为 0 则非法
#define RX_PW_P2      0x13    //接收数据通道 2 有效数据宽度(1~32 字节),设置为 0 则非法
#define RX_PW_P3      0x14    //接收数据通道 3 有效数据宽度(1~32 字节),设置为 0 则非法
#define RX_PW_P4      0x15    //接收数据通道 4 有效数据宽度(1~32 字节),设置为 0 则非法
#define RX_PW_P5      0x16    //接收数据通道 5 有效数据宽度(1~32 字节),设置为 0 则非法
#define NRF_FIFO_STATUS 0x17  //FIFO 状态寄存器;bit0,RX FIFO 寄存器空标志;bit1,RX FIFO 满标
                              //志;bit2,3,保留;bit4,TX FIFO 空标志;bit5,TX FIFO 满标志;
                              //bit6,1,循环发送上一数据包.0,不循环;
////////////////////////////////////////////////////////////////////
//24L01 操作线
#define NRF24L01_CE  PGout(8)    //24L01 片选信号
#define NRF24L01_CSN PGout(7)    //SPI 片选信号
#define NRF24L01_IRQ PGin(6)     //IRQ 主机数据输入
//24L01 发送接收数据宽度定义
#define TX_ADR_WIDTH    5        //5 字节的地址宽度
#define RX_ADR_WIDTH    5        //5 字节的地址宽度
#define TX_PLOAD_WIDTH  32       //32 字节的用户数据宽度
#define RX_PLOAD_WIDTH  32       //32 字节的用户数据宽度

void NRF24L01_Init(void);                            //初始化
void NRF24L01_RX_Mode(void);                         //配置为接收模式
void NRF24L01_TX_Mode(void);                         //配置为发送模式
u8 NRF24L01_Write_Buf(u8 reg, u8 * pBuf, u8 u8s);    //写数据区
u8 NRF24L01_Read_Buf(u8 reg, u8 * pBuf, u8 u8s);     //读数据区
u8 NRF24L01_Read_Reg(u8 reg);                        //读寄存器
u8 NRF24L01_Write_Reg(u8 reg, u8 value);             //写寄存器
u8 NRF24L01_Check(void);                             //检查 24L01 是否存在
u8 NRF24L01_TxPacket(u8 * txbuf);                    //发送一个包的数据
u8 NRF24L01_RxPacket(u8 * rxbuf);                    //接收一个包的数据
#endif
```

第八步,在 public.h 文件的中间部分添加"#include"SPI.h""和"#include "24l01.h""
语句,即包含 SPI.h 和 24l01.h 头文件,任何时候程序中需要使用某一源文件中的函数,必
须先包含其头文件,否则编译是不能通过的。public.h 文件的源代码如下所示。

```c
/******************************************************************
                    Source file of public.h
******************************************************************/
#ifndef _public_H
    #define _public_H
    #include "stm32f10x.h"
```

```c
#include "LED.h"
#include "beepkey.h"
#include "dsgshow.h"
#include "EXTI.H"
#include "timer.h"
#include "PWM.H"
#include "USART.H"
#include "SPI.h"
#include "24l01.h"
#endif
```

第九步,在 main.c 文件中输入如下源程序。

```c
/***********************************************************************
                 Source file of main.c
***********************************************************************/
#include "public.h"
//define three extern variable
u8 hour = 11,minute = 11,second = 11;
u8 KeyScan(u8 mode);
/***********************************************************************
* Function Name  : main
* Description    : Main program.
* Input          : None
* Output         : None
***********************************************************************/
int main(void)
{
    u8 key,mode;
    u16 t = 0;
    u8 tmp_buf[33];
    NVIC_PriorityGroupConfig(NVIC_PriorityGroup_2);      //设置中断优先级分组为组2:2位抢
                                                         //占式优先级,2位响应式优先级
    LEDInit();                                           //初始化与LED连接的硬件接口
    KeyInit();                                           //初始化按键
    DsgShowInit();
    NRF24L01_Init();                                     //初始化NRF24L01
    while(NRF24L01_Check())
    {
        GPIO_Write(GPIOC, 0xff);                         //检查NRF24l01模块,未检测到则LED灯全灭
    }
    while(1)
    {
        key = KeyScan(0);                                //长按一两秒才会检测到
        if(key == KEY0_PRES)
        {
            mode = 0;
            break;
        }else if(key == KEY1_PRES)
        {
            mode = 1;
            break;
        }
        t++;
        if(t == 100)
        {
            GPIO_Write(GPIOC, 0xfe);
            delay_ms(1000);
        }
        if(t == 200)
```

```c
        {
            GPIO_Write(GPIOC, 0xfd);
            delay_ms(1000);
            t = 0;
        }
        delay_ms(5);
    }
    if(mode == 0)                               //RX模式
    {
        GPIO_Write(GPIOC, 0xfe);
        NRF24L01_RX_Mode();
        while(1)
        {
            if(NRF24L01_RxPacket(tmp_buf) == 0)   //一旦接收到信息,就显示出来
            {
                while(1)
                {
                    DsgShowTime();
                    GPIO_Write(GPIOC, 0xfe);
                }
            }else delay_us(100);
            t++;
            if(t == 10000)                        //大约1s改变一次状态
            {
                t = 0;
                LED0 = !LED0;
            }
        };
    }else                                       //TX模式
    {
        GPIO_Write(GPIOC, 0xfd);
        NRF24L01_TX_Mode();
        while(1)
        {
            if(NRF24L01_TxPacket(tmp_buf) == TX_OK)
            {
                for(t = 0;t < 32;t++)
                {
                    tmp_buf[t] = '1';
                }
                tmp_buf[32] = 0;                //加入结束符
            }else
            {
                GPIO_Write(GPIOC, 0xff);
            };
            delay_ms(1000);
            LED1 = !LED1;
        };
    }
}

u8 KeyScan(u8 mode)
{
    static u8 key_up = 1;                       //按键按松开标志
    if(mode)key_up = 1;                         //支持连按
    if(key_up&&(KEY0 == 0||KEY1 == 0||WK_UP == 0))
    {
        delay_ms(10);                           //去抖动
        key_up = 0;
```

```
            if(KEY0 == 0)return KEY0_PRES;
            else if(KEY1 == 0)return KEY1_PRES;
            else if(WK_UP == 0)return WKUP_PRES;
    }else if(KEY0 == 1&&KEY1 == 1&&WK_UP == 1)key_up = 1;
    return 0;                                               // 无按键按下
}
```

第十步,编译工程,如没有错误,则会在 output 文件夹中生成"工程模板.hex"文件,如有错误则修改源程序,直至没有错误。

第十一步,将生成的目标文件通过 ISP 软件下载到目标板处理器的 Flash 存储器中,复位运行。

14.8 模数转换应用

14.8.1 ADC 概述

1. ADC 基本原理

ADC 进行模数转换一般包含 3 个关键步骤:采样、量化、编码。

1) 采样

采样是在间隔为 T 的 T、$2T$、$3T$……时刻抽取被测模拟信号幅值,相邻两个采样时刻之间的间隔 T 也被称为采样周期。

2) 量化

对模拟信号进行采样后,得到一个时间上离散的脉冲信号序列。CPU 所能处理的数字信号不仅在时间上是离散的,而且数值大小的变化也是不连续的,因此,需要把采样后每个脉冲的幅度进行离散化处理,得到离散数值,这个过程就称为量化。

3) 编码

把量化的结果二进制表示出来称为编码。而且,一个 n 位量化的结果值恰好用一个 n 位二进制数表示。这个 n 位二进制数就是 ADC 转换完成后的输出结果。

2. ADC 性能参数

1) 量程

量程(Full Scale Range,FSR)是指 ADC 所能转换的模拟输入电压的范围,分为单极性和双极性两种类型。

2) 分辨率

分辨率(resolution)是指 ADC 所能分辨的最小模拟输入量,反映 ADC 对输入信号微小变化的响应能力。

3) 精度

精度(accuracy)是指对于 ADC 的数字输出(二进制编码),其实际需要的模拟输入值与理论上要求的模拟输入值之差。

4) 转换时间

转换时间(conversion time)是 ADC 完成一次 A/D 转换所需要的时间,是指从启动 ADC 开始到获得相应数据所需要的总时间。

3. ADC 主要类型

1）逐次逼近式

逐次逼近式 ADC 属于直接式 ADC,其原理可理解为将输入模拟量首先与 $V_{REF}/2$ 比较,若比较结果为大于则结果取 1,否则取 0,并将比较结果存于数据寄存器的 D_{n-1} 位,然后再比较决定 D_{n-2} 位,……,直至最低位,逐次比较得到输出数字量。逐次逼近式 ADC 转换精度高、速度较快、价格适中,是目前种类最多、应用最广的 ADC,典型的 8 位逐次逼近式 ADC 有 ADC0809。

2）双积分式

双积分式 ADC 是一种间接式 ADC,其原理是将输入模拟量和基准量通过积分器积分,转换为时间,再对时间计数,计数值即为数字量。优点是转换精度高,缺点是转换时间较长,一般要 40~50ms,用于转换速度不高的场合。典型芯片有 MC14433 和 ICL7109。

3）V/F 变换式

V/F 变换式 ADC 也是一种间接式 ADC,其原理是将模拟量转换为频率信号,再对频率信号计数,转换为数字量。其特点是转换精度高、抗干扰性强、便于长距离传送、廉价,但转换速度偏低。

14.8.2　STM32F103 的 ADC 工作原理

1. 主要特征

STM32F103 的 ADC 的主要特征如下:
- 12 位分辨率。
- 转换结束、注入转换结束和发生模拟看门狗事件时产生中断。
- 单次和连续转换模式。
- 从通道 0 到通道 n 的自动扫描模式。
- 自校准。
- 带内嵌数据一致性的数据对齐。
- 采样间隔可以按通道分别编程。
- 规则转换和注入转换均有外部触发选项。
- 间断模式。
- 双重模式(带 2 个或以上 ADC 的器件)。
- ADC 转换时间:时钟为 56MHz 时,ADC 最短转换时间为 $1\mu s$。
- ADC 供电要求:2.4~3.6V。
- ADC 输入范围:VREF−≤VIN≤VREF+。
- 规则通道转换期间有 DMA 请求产生。

2. 内部结构

ADC 内部结构如图 14.27 所示,其核心部件为模拟至数字转换器,它由软件或硬件触发,在 ADC 时钟 ADCLK 的驱动下对规则通道或注入通道中的模拟信号进行采样、量化和编码。

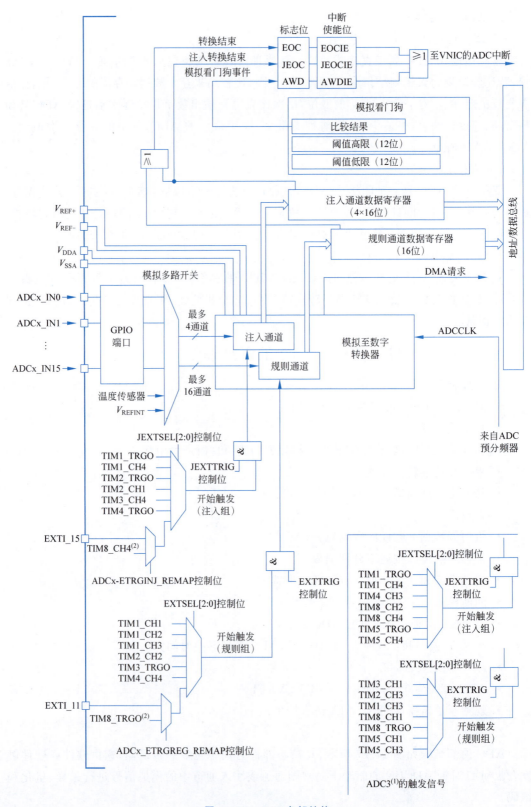

图 14.27 ADC 内部结构

3. ADC 引脚说明

ADC 引脚名称及功能如表 14.56 所示。

表 14.56 ADC 引脚名称及功能

名 称	信 号 类 型	注 解
VREF+	输入，模拟参考正极	2.4V≤VREF+≤VDDA
VDDA	输入，模拟电源	2.4V≤VDDA≤VDD(3.6V)
VREF−	输入，模拟参考负极	VREF−=VSSA
VSSA	输入，模拟电源地	等效于 VSS 的模拟电源地
ADCx_IN[15:0]	模拟输入信号	16 个模拟输入通道

4. ADC 通道划分

ADC 通道划分如表 14.57 所示。

表 14.57 ADC 通道划分

	ADC1	ADC2	ADC3
通道 0	PA0	PA0	PA0
通道 1	PA1	PA1	PA1
通道 2	PA2	PA2	PA2
通道 3	PA3	PA3	PA3
通道 4	PA4	PA4	PF6
通道 5	PA5	PA5	PF7
通道 6	PA6	PA6	PF8
通道 7	PA7	PA7	PF9
通道 8	PB0	PB0	PF10
通道 9	PB1	PB1	
通道 10	PC0	PC0	PC0
通道 11	PC1	PC1	PC1
通道 12	PC2	PC2	PC2
通道 13	PC3	PC3	PC3
通道 14	PC4	PC4	
通道 15	PC5	PC5	
通道 16	温度传感器		
通道 17	内部参考电压		

5. ADC 分组

1）规则通道组

划分到规则通道组（group of regular channel）中的通道称为规则通道。一般情况下，如果仅是一般模拟输入信号的转换，那么将该模拟输入信号的通道设置为规则通道即可。

2）注入通道组

划分到注入通道组（group of injected channel）中的通道称为注入通道。如果需要转换的模拟输入信号的优先级较其他模拟输入信号要高，那么可以将该模拟输入信号的通道归入注入通道组中。

3）通道组划分

规则通道相当于正常运行的程序，而注入通道相当于中断。在程序正常执行的时候，中断是可以打断正常运行程序的执行的。同样,注入通道的转换可以打断规则通道的转换,在注入通道被转换完成之后,规则通道才能继续转换。

6. 时序图

ADC 在开始精确转换前需要一个稳定时间 t_{STAB}。在开始 ADC 转换和 14 个时钟周期后,EOC 标志被置位,16 位 ADC 数据寄存器包含转换的结果。ADC 模/数转换时序图如图 14.28 所示。

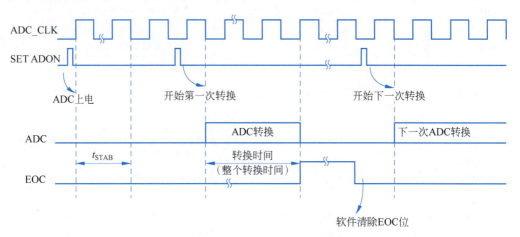

图 14.28　ADC 模/数转换时序图

7. 数据对齐

ADC_CR2 寄存器中的 ALIGN 位选择转换后数据储存的对齐方式。数据可以左对齐或右对齐。注入组通道转换的数据值已经减去了在 ADC_JOFRx 寄存器中定义的偏移量,因此结果可以是一个负值。SEXT 位是扩展的符号值。对于规则组通道,不需要减去偏移值,因此只有 12 位有效。

1) 转换结果数据右对齐

注入组及规则组的转换结果数据右对齐情况如图 14.29 所示。

注入组

SEXT	SEXT	SEXT	SEXT	D11	D10	D9	D8	D7	D6	D5	D4	D3	D2	D1	D0

规则组

0	0	0	0	D11	D10	D9	D8	D7	D6	D5	D4	D3	D2	D1	D0

图 14.29　转换结果数据右对齐情况

2) 转换结果数据左对齐

注入组及规则组的转换结果数据左对齐情况如图 14.30 所示。

注入组

SEXT	D11	D10	D9	D8	D7	D6	D5	D4	D3	D2	D1	D0	0	0	0

规则组

D11	D10	D9	D8	D7	D6	D5	D4	D3	D2	D1	D0	0	0	0	0

图 14.30　转换结果数据左对齐情况

8．校准

ADC 有一个内置自校准模式。该模式可大幅度减小因内部电容器组的变化而造成的精度误差。在校准期间，在每个电容器上都会计算出一个误差修正码（数字量），这个码用于消除在随后的转换中每个电容器上产生的误差。

通过置位 ADC_CR2 寄存器的 CAL 位启动校准。一旦校准结束，CAL 位就被硬件复位，可以开始正常转换。建议在上电时执行一次 ADC 校准。校准阶段结束后，校准码存储在 ADC_DR 中。

9．转换时间

STM32F103 处理器 ADC 转换时间 TCONV＝采样时间＋量化编码时间，其中量化编码时间固定为 12.5 个 ADC 时钟周期。采样周期数目可以通过 ADC_SMPR1 和 ADC_SMPR2 寄存器中的 SMP[2:0] 位更改。

10．转换模式

1）单次转换模式

在单次转换模式下，ADC 只执行一次转换。

如果一个规则通道被转换，则转换数据被存储在 16 位 ADC_DR 寄存器中，EOC（转换结束）标志被置位，如果置位了 EOCIE，则产生中断。

如果一个注入通道被转换，则转换数据被存储在 16 位的 ADC_DRJ1 寄存器中，JEOC（注入转换结束）标志被置位，如果置位了 JEOCIE 位，则产生中断。

2）连续转换模式

在连续转换模式下，上一次 ADC 转换一结束马上就启动另一次转换。

如果一个规则通道被转换，则转换数据被存储在 16 位 ADC_DR 寄存器中，EOC（转换结束）标志被置位，如果置位了 EOCIE，则产生中断。

如果一个注入通道被转换，则转换数据被存储在 16 位的 ADC_DRJ1 寄存器中，JEOC（注入转换结束）标志被置位，如果置位了 JEOCIE 位，则产生中断。

3）扫描模式

扫描模式用来扫描一组模拟通道。

扫描模式可通过设置 ADC_CR1 寄存器的 SCAN 位来选择。一旦这个位被置位，ADC 扫描所有被 ADC_SQRX 寄存器（对规则通道）或 ADC_JSQR（对注入通道）选中的所有通道。

4）间断模式

（1）规则组间断模式。

在规则组间断模式下，通过置位 ADC_CR1 寄存器上的 DISCEN 位激活。当以间断模式转换一个规则组时，转换序列结束后不自动从头开始。当所有子组被转换完成，下一次触发启动第一个子组的转换。

（2）注入组间断模式。

在注入组间断模式下，通过置位 ADC_CR1 寄存器的 JDISCEN 位激活。当完成所有注入通道转换，下一次触发启动第一个注入通道的转换。

注意不能同时使用自动注入和间断模式。而且必须避免同时为规则和注入组设置间断模式。间断模式只能作用于一组转换。

11. 外部触发转换

在外部触发转换方式下的触发源如表 14.58 所示。

表 14.58 外部触发转换方式下的触发源

触 发 源	类 型	EXTSEL[2:0]
TIM1_CC1 事件	来自片上定时器的内部信号	000
TIM1_CC2 事件		001
TIM1_CC3 事件		010
TIM2_CC2 事件		011
TIM3_TRGO 事件		100
TIM4_CC4 事件		101
EXTI 线 11/TIM8_TRGO	外部引脚/来自片上定时器的内部信号	110
SWSTART	软件控制位	111

12. 中断和 DMA 请求

1) 中断

规则组和注入组转换结束时能产生中断,当模拟看门狗状态位被置位时也能产生中断。它们都有独立的中断使能位,如表 14.59 所示。

表 14.59 ADC 转换结束中断使能位

中 断 事 件	事 件 标 志	使能控制位
规则组转换结束	EOC	EOCIE
注入组转换结束	JEOC	JEOCIE
设置了模拟看门狗状态位	AWD	AWDIE

2) DMA

因为规则通道转换的值存储在一个仅有的数据寄存器中,所以当转换多个规则通道时需要使用 DMA,这可以避免丢失已经存储在 ADC_DR 寄存器中的数据。

14.8.3 ADC 相关库函数

1. 函数 ADC_DeInit

表 14.60 描述了函数 ADC_DeInit。

表 14.60 函数 ADC_DeInit

函数名	ADC_DeInit
函数原型	void ADC_DeInit(ADC_TypeDef* ADCx)
功能描述	将外设 ADCx 的全部寄存器重设为默认值
输入参数 1	ADCx:x 可以是 1,2 或 3,用于选择 ADC 外设
输出参数 2	无
返回值	无
先决条件	无
被调用函数	RCC_APB2PeriphClockCmd()

2. 函数 ADC_Init

表 14.61 描述了函数 ADC_Init。

表 14.61　函数 ADC_Init

函数名	ADC_Init
函数原型	void ADC_Init(ADC_TypeDef* ADCx, ADC_InitTypeDef* ADC_InitStruct)
功能描述	根据 ADC_InitStruct 中指定的参数初始化外设 ADCx 的寄存器
输入参数 1	ADCx：x 可以是 1、2 或 3,用于选择 ADC 外设
输入参数 2	ADC_InitStruct：指向结构 ADC_InitTypeDef 的指针,包含了指定外设 ADC 的配置信息
输出参数	无
返回值	无
先决条件	无
被调用函数	无

3. 函数 ADC_RegularChannelConfig

表 14.62 描述了函数 ADC_RegularChannelConfig。

表 14.62　函数 ADC_RegularChannelConfig

函数名	ADC_RegularChannelConfig
函数原型	void ADC_RegularChannelConfig(ADC_TypeDef* ADCx, u8 ADC_Channel, u8 Rank, u8 ADC_SampleTime)
功能描述	设置指定 ADC 的规则组通道,设置它们的转换顺序和采样时间
输入参数 1	ADCx：x 可以是 1、2 或 3,用于选择 ADC 外设
输入参数 2	ADC_Channel：被设置的 ADC 通道
输入参数 3	Rank：规则组采样顺序。取值范围为 1～16
输入参数 4	ADC_SampleTime：指定 ADC 通道的采样时间值
输出参数	无
返回值	无
先决条件	无
被调用函数	无

4. 函数 ADC_InjectedChannleConfig

表 14.63 描述了函数 ADC_InjectedChannleConfig。

表 14.63　函数 ADC_InjectedChannleConfig

函数名	ADC_InjectedChannleConfig
函数原型	void ADC_InjectedChannelConfig(ADC_TypeDef* ADCx, u8 ADC_Channel, u8 Rank, u8 ADC_SampleTime)
功能描述	设置指定 ADC 的注入组通道,设置它们的转换顺序和采样时间
输入参数 1	ADCx：x 可以是 1、2 或 3,用于选择 ADC 外设
输入参数 2	ADC_Channel：被设置的 ADC 通道
输入参数 3	Rank：规则组采样顺序。取值范围为 1～4
输入参数 4	ADC_SampleTime：指定 ADC 通道的采样时间值
输出参数	无
返回值	无
先决条件	之前必须调用函数 ADC_InjectedSequencerLengthConfig 来确定注入转换通道的数目。特别是在通道数目小于 4 的情况下,来正确配置每个注入通道的转换顺序
被调用函数	无

5. 函数 ADC_Cmd

表 14.64 描述了函数 ADC_Cmd。需要注意的是,函数 ADC_Cmd 只能在其他 ADC 设

置函数之后被调用。

表 14.64 函数 ADC_Cmd

函数名	ADC_Cmd
函数原型	void ADC_Cmd(ADC_TypeDef* ADCx, FunctionalState NewState)
功能描述	使能或者失能指定的 ADC
输入参数 1	ADCx：x 可以是 1、2 或 3，用于选择 ADC 外设
输入参数 2	NewState：外设 ADCx 的新状态 这个参数可以取 ENABLE 或者 DISABLE
输出参数	无
返回值	无
先决条件	无
被调用函数	无

6. 函数 ADC_ResetCalibration

表 14.65 描述了函数 ADC_ResetCalibration。

表 14.65 函数 ADC_ResetCalibration

函数名	ADC_ResetCalibration
函数原型	void ADC_ResetCalibration(ADC_TypeDef* ADCx)
功能描述	重置指定的 ADC 的校准寄存器
输入参数	ADCx：x 可以是 1、2 或 3，用于选择 ADC 外设
输出参数	无
返回值	无
先决条件	无
被调用函数	无

7. 函数 ADC_GetResetCalibrationStatus

表 14.66 描述了函数 ADC_GetResetCalibrationStatus。

表 14.66 函数 ADC_GetResetCalibrationStatus

函数名	ADC_ GetResetCalibrationStatus
函数原型	FlagStatus ADC_GetResetCalibrationStatus(ADC_TypeDef* ADCx)
功能描述	获取 ADC 重置校准寄存器的状态
输入参数	ADCx：x 可以是 1、2 或 3，用于选择 ADC 外设
输出参数	无
返回值	ADC 重置校准寄存器的新状态(SET 或者 RESET)
先决条件	无
被调用函数	无

8. 函数 ADC_StartCalibration

表 14.67 描述了函数 ADC_StartCalibration。

表 14.67　函数 ADC_StartCalibration

函数名	ADC_StartCalibration
函数原型	void ADC_StartCalibration(ADC_TypeDef* ADCx)
功能描述	开始指定 ADC 的校准状态
输入参数	ADCx：x 可以是 1、2 或 3,用于选择 ADC 外设
输出参数	无
返回值	无
先决条件	无
被调用函数	无

9. 函数 ADC_GetCalibrationStatus

表 14.68 描述了函数 ADC_GetCalibrationStatus。

表 14.68　函数 ADC_GetCalibrationStatus

函数名	ADC_GetCalibrationStatus
函数原型	FlagStatus ADC_GetCalibrationStatus(ADC_TypeDef* ADCx)
功能描述	获取指定 ADC 的校准程序
输入参数	ADCx：x 可以是 1、2 或 3,用于选择 ADC 外设
输出参数	无
返回值	ADC 校准的新状态(SET 或者 RESET)
先决条件	无
被调用函数	无

10. 函数 ADC_SoftwareStartConvCmd

表 14.69 描述了函数 ADC_SoftwareStartConvCmd。

表 14.69　函数 ADC_SoftwareStartConvCmd

函数名	ADC_SoftwareStartConvCmd
函数原型	void ADC_SoftwareStartConvCmd(ADC_TypeDef* ADCx,FunctionalState NewState)
功能描述	使能或者失能指定的 ADC 的软件转换启动功能
输入参数 1	ADCx：x 可以是 1、2 或 3,用于选择 ADC 外设
输入参数 2	NewState：指定 ADC 的软件转换启动新状态 这个参数可以取 ENABLE 或者 DISABLE
输出参数	无
返回值	无
先决条件	无
被调用函数	无

11. 函数 ADC_GetConversionValue

表 14.70 描述了函数 ADC_GetConversionValue。

表 14.70　函数 ADC_GetConversionValue

函数名	ADC_GetConversionValue
函数原型	u16 ADC_GetConversionValue(ADC_TypeDef* ADCx)
功能描述	返回最近一次 ADCx 规则组的转换结果
输入参数	ADCx：x 可以是 1、2 或 3,用于选择 ADC 外设
输出参数	无

12. 函数 ADC_DMACmd

表 14.71 描述了函数 ADC_DMACmd。

表 14.71 函数 ADC_DMACmd

函数名	ADC_DMACmd
函数原型	ADC_DMACmd(ADC_TypeDef* ADCx, FunctionalState NewState)
功能描述	使能或者失能指定的 ADC 的 DMA 请求
输入参数 1	ADCx：x 可以是 1、2 或 3，用于选择 ADC 外设
输入参数 2	NewState：ADC DMA 传输的新状态 这个参数可以取 ENABLE 或者 DISABLE
输出参数	无
返回值	无
先决条件	无
被调用函数	无

13. 函数 ADC_GetFlagStatus

表 14.72 描述了函数 ADC_GetFlagStatus。

表 14.72 函数 ADC_GetFlagStatus

函数名	ADC_GetFlagStatus
函数原型	FlagStatus ADC_GetFlagStatus(ADC_TypeDef* ADCx, u8 ADC_FLAG)
功能描述	检查制定 ADC 标志位置 1 与否
输入参数 1	ADCx：x 可以是 1、2 或 3，用于选择 ADC 外设
输入参数 2	ADC_FLAG：指定需检查的标志位
输出参数	无
返回值	无
先决条件	无
被调用函数	无

其中，参数 ADC_FLAG 描述如表 14.73 所示。

表 14.73 参数 ADC_FLAG

ADC_AnalogWatchdog	描述	ADC_AnalogWatchdog	描述
ADC_FLAG_AWD	模拟看门狗标志位	ADC_FLAG_JSTRT	注入组转换开始标志位
ADC_FLAG_EOC	转换结束标志位	ADC_FLAG_STRT	规则组转换开始标志位
ADC_FLAG_JEOC	注入组转换结束标志位		

14.8.4 项目实例

本项目设计 4 路模拟信号输入电路，分别的连接至 STM32 处理器引脚的 PA4～PA7，该 4 路模拟输入信号在处理器内部分别连接至 ADC1 的通道 4 至通道 7，如图 14.31 所示。

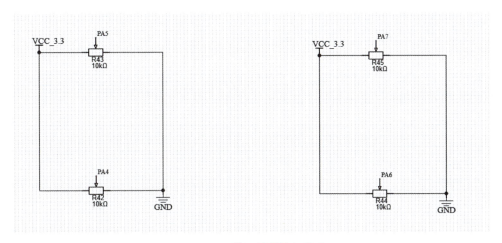

图 14.31　模拟信号输入电路

实验操作步骤如下：

第一步，将先前已创建工程模板文件夹复制到桌面，并将文件夹改名为 ADC，编译该工程模板，直到没有错误和警告为止。

第二步，为工程模板的 ST_Driver 项目组添加 STM32 标准外设 ADC 库函数源文件 stm32f10x_adc.c，该文件位于"..\Libraries\STM32F10x_StdPeriph_Driver\src"目录下。

第三步，单击 File→New 命令新建两个文件，将其改名为 ADC.C 和 ADC.H 并保存到工程模板下的 APP 文件夹中，再将 ADC.C 文件添加到 APP 项目组下。

第四步，在 ADC.C 文件中输入如下源程序，在程序中首先包含 ADC.H 头文件，然后创建 adc1_init()初始化函数，该函数用于完成对 ADC1 的初始化工作。

```c
/******************************************************************
                  Source file of ADC.C
****************************************************************** /
#include "ADC.H"
void adc1_init()
{
    GPIO_InitTypeDef GPIO_InitStructure;
    ADC_InitTypeDef ADC_InitStructure;
    RCC_APB2PeriphClockCmd(RCC_APB2Periph_GPIOA|RCC_APB2Periph_AFIO, ENABLE);
    RCC_APB2PeriphClockCmd(RCC_APB2Periph_ADC1, ENABLE);
    RCC_ADCCLKConfig(RCC_PCLK2_Div6);
    GPIO_InitStructure.GPIO_Pin = GPIO_Pin_4| GPIO_Pin_5| GPIO_Pin_6| GPIO_Pin_7;
    GPIO_InitStructure.GPIO_Speed = GPIO_Speed_50MHz;
    GPIO_InitStructure.GPIO_Mode = GPIO_Mode_AIN;
    GPIO_Init(GPIOA, &GPIO_InitStructure);
    ADC_InitStructure.ADC_Mode = ADC_Mode_Independent;
    ADC_InitStructure.ADC_ScanConvMode = DISABLE;
    ADC_InitStructure.ADC_ContinuousConvMode = DISABLE;
    ADC_InitStructure.ADC_ExternalTrigConv = ADC_ExternalTrigConv_None;
    ADC_InitStructure.ADC_DataAlign = ADC_DataAlign_Right;
    ADC_InitStructure.ADC_NbrOfChannel = 1;
    ADC_Init(ADC1, &ADC_InitStructure);
    ADC_RegularChannelConfig(ADC1, ADC_Channel_0, 1, ADC_SampleTime_55Cycles5 );
    ADC_Cmd(ADC1,ENABLE);
    ADC_ResetCalibration(ADC1);
    while(ADC_GetResetCalibrationStatus(ADC1));
```

```
    ADC_StartCalibration(ADC1);
    while(ADC_GetCalibrationStatus(ADC1));
    ADC_SoftwareStartConvCmd(ADC1, ENABLE);
}
```

第五步，在 ADC.H 文件中输入如下源程序，其中条件编译格式不变，只要更改一下预定义变量名称，并将刚定义函数的声明加到头文件中。

```
/******************************************************************
                    Source file of ADC.H
******************************************************************/
#ifndef _ADC_H
#define _ADC_H
#include "stm32f10x.h"
void adc1_init(void);
#endif
```

第六步，在 public.h 文件的中间部分添加"#include "ADC.H""语句，即包含 ADC.H 头文件，任何时候程序中需要使用某一源文件中的函数，必须先包含其头文件，否则编译是不能通过的。

```
/******************************************************************
                   Source file of public.h
******************************************************************/
#ifndef _public_H
    #define _public_H
    #include "stm32f10x.h"
    #include "LED.h"
    #include "beepkey.h"
    #include "dsgshow.h"
    #include "EXTI.H"
    #include "timer.h"
    #include "PWM.H"
    #include "USART.H"
    #include "SPI.h"
    #include "24101.h"
    #include "ADC.H"
#endif
```

第七步，在 main.c 文件中输入如下源程序，在 main() 函数中首先选择一个通道，对其进行 20 次采样，然后进行中值滤波，调用显示函数进行动态显示，全部通道采集完成之后再重新开始采集，如此循环。

```
/******************************************************************
                    Source file of main.c
******************************************************************/
#include "public.h"
u8 hour,minute,second;
u8 smgduan[11] = {0xc0,0xf9,0xa4,0xb0,0x99,0x92,0x82,0xf8,0x80,0x90};
u16 smgwei[6] = {0xfbff,0xf7ff,0xefff,0xdfff,0xbfff,0x7fff};
/******************************************************************
* Function Name     : ShowADval
* Description       : Display ADC Value
* Input             : None
* Output            : None
******************************************************************/
//显示 AD 转换后的数值
void ShowADval(u8 cnum, u32 ADVal)
```

```c
{
    u16 i,j;
    for(i = 0;i < 6000;i++)
    {
        GPIO_Write(GPIOE,smgwei[0]);
        GPIO_Write(GPIOG,smgduan[cnum + 1]);        //显示通道号
        for(j = 0;j < 400;j++);
        GPIO_Write(GPIOE,smgwei[1]);
        GPIO_Write(GPIOG,0xbf);                     //显示" - "
        for(j = 0;j < 400;j++);

        GPIO_Write(GPIOE,smgwei[2]);
        GPIO_Write(GPIOG,smgduan[ADVal/1000]);
        for(j = 0;j < 400;j++);
        GPIO_Write(GPIOE,smgwei[3]);
        GPIO_Write(GPIOG,smgduan[ADVal/100 % 10]);
        for(j = 0;j < 400;j++);

        GPIO_Write(GPIOE,smgwei[4]);
        GPIO_Write(GPIOG,smgduan[ADVal % 100/10]);
        for(j = 0;j < 400;j++);
        GPIO_Write(GPIOE,smgwei[5]);
        GPIO_Write(GPIOG,smgduan[ADVal % 10]);
        for(j = 0;j < 400;j++);
    }
    GPIO_Write(GPIOG,0xff);                         //关所有数码管
}
/******************************************************************
* Function Name   : main
* Description     : Main program.
* Input           : None
* Output          : None
****************************************************************** /
int main()
{
        u8 i;
        u8 cnum;                                //通道号,0 表示通道 0
        u32 ADVal;                              //AD 转换结果
        DsgShowInit();                          //数码显示初始化
        adc1_init();                            //AD 转换初始化
        while(1)
        {
            ADVal = 0;
            for(cnum = 4;cnum < 8;cnum++)
            {
                ADVal = 0;
                ADC_RegularChannelConfig(ADC1, cnum, 1, ADC_SampleTime_55Cycles5 );
                for(i = 0;i < 20;i++)
                    {
                        ADC_SoftwareStartConvCmd(ADC1, ENABLE);
                        while(!ADC_GetFlagStatus(ADC1,ADC_FLAG_EOC));
                        //检测是否转换完成
                        ADVal = ADVal + ADC_GetConversionValue(ADC1);
                    }
                ADVal = ADVal/20;
                ShowADval(cnum, ADVal);         //AD 转换结果显示
            }
        }
}
```

第八步，编译工程，如没有错误，则会在 output 文件夹中生成"工程模板.hex"文件，如有错误则修改源程序，直至没有错误。

第九步，将生成的目标文件通过 ISP 软件下载到目标板处理器的 Flash 存储器中，复位运行，检查实验效果。

习题

1. 选择题

(1) STM32F103 处理器 GPIO 的输入模式包括( )。
  A. 输入浮空(GPIO_Mode_IN_FLOATING) B. 输入上拉(GPIO_Mode_IPU)
  C. 输入下拉(GPIO_Mode_IPD) D. 模拟输入(GPIO_Mode_AIN)

(2) STM32F103 处理器 GPIO 的输出模式包括( )。
  A. 开漏输出(GPIO_Mode_Out_OD)
  B. 开漏复用功能(GPIO_Mode_AF_OD)
  C. 推挽式输出(GPIO_Mode_Out_PP)
  D. 推挽式复用功能(GPIO_Mode_AF_PP)

(3) STM32F103 处理器内部集成了多个可编程定时器，其类型包括( )。
  A. 基本定时器 B. 通用定时器 C. 高级定时器 D. 普通定时器

(4) SPI 接口所使用的信号线有( )。
  A. SCK B. MOSI C. MISO D. SS

(5) ADC 进行模数转换包含的关键步骤包括( )。
  A. 采样 B. 量化 C. 编码 D. 解码

2. 判断题

(1) GPIO 是 General Purpose Input/Output 的缩写，即通用输入/输出。

(2) STM32F103 基本定时器只有向上计数工作模式。

(3) 如果将 STM32F103 的 I/O 引脚映射为 EXTI 的外部中断/事件输入线，必须将该引脚设置为输入模式。

(4) 在"一主多从"的 SPI 互连方式下，一个 SPI 主设备可以和多个 SPI 从设备相互通信。

(5) STM32F103 处理器 ADC 转换时间等于采样时间。

3. 简答题

(1) 什么是 GPIO？

(2) STM32F103 处理器内部集成的可编程定时器可以分为几种类型？

(3) 什么是通用同步异步收发器？

(4) SPI 接口信号线有哪些？

(5) ADC 进行模/数转换一般包含哪些关键步骤？

(6) ADC 主要有哪些类型？

4. 编程题

编程实现如下功能：8 个 LED 同时点亮 1 秒后熄灭 1 秒，再同时点亮 1 秒后熄灭 1 秒，如此循环反复。

参 考 文 献

[1] 姚向华,姚燕南.微型计算机原理[M].6版.西安:西安电子科技大学出版社,2023.
[2] 何宾.微型计算机系统原理及应用[M].北京:电子工业出版社,2022.
[3] 李建海,王强,王惠中.微机原理及接口技术[M].北京:清华大学出版社,2023.
[4] 王忠民,王珏,王晓婕.微型计算机原理[M].西安:西安电子科技大学出版社,2021.
[5] 刘兆瑜.微机原理与接口技术[M].北京:电子工业出版社,2021.
[6] 吴宁,闫相国.微型计算机原理与接口技术[M].5版.北京:清华大学出版社,2022.
[7] 马维华.从8086到PentiumⅢ微型计算机原理及接口技术[M].北京:科学出版社,2000.
[8] 李群芳,张士军,黄健.单片微型计算机与接口技术[M].3版.北京:电子工业出版社,2008.
[9] 何宏,张志宏,沈敏,等.单片机原理及应用[M].北京:清华大学出版社,2022.
[10] 庄俊华.单片机原理及应用[M].北京:电子工业出版社,2021.
[11] 何立民.MCS-51系列单片机应用系统设计系统配置与接口技术[M].北京:北京航空航天大学出版社,2001.
[12] 周立功,等.单片机实验与实践教程(三)[M].北京:北京航空航天大学出版社,2006.
[13] 贡雪梅,王昆.单片机实验与实践教程[M].西安:西北工业大学出版社,2014.
[14] 胡汉才.单片机原理及其接口技术[M].4版.北京:清华大学出版社,2018.
[15] 胡汉才.单片机原理及其接口技术学习辅导与实践教程[M].北京:清华大学出版社,2004.
[16] 张洪润.单片机应用技术教程[M].3版.北京:清华大学出版社,2009.
[17] 刘岚,尹勇,撒继铭,等.单片计算机基础及应用[M].武汉:武汉理工大学出版社,2016.
[18] 赵德安.单片机与嵌入式系统原理及应用[M].北京:机械工业出版社,2016.
[19] 黄克亚.ARM Cortex-M3嵌入式原理及应用:基于STM32F103微控制器[M].北京:清华大学出版社,2019.